Modellbahn-Anlagen
perfekt bauen

DAS
MIBA
DIE EISENBAHN IM MODELL
PRAXIS
BUCH

Weltbild

Genehmigte Lizenzausgabe für
Verlagsgruppe Weltbild GmbH, Steinerne Furt, 86167 Augsburg

Umschlaggestaltung: Thomas Uhlig / www.coverdesign.net
Redaktion: Martin Knaden
Satz: VGB Verlagsgruppe Bahn
Gesamtherstellung: Neografia, a.s. printing house, Martin
Printed in the EU
ISBN 978-3-8289-0943-4

2016 2015 2014 2013
Die letzte Jahreszahl gibt die aktuelle Lizenzausgabe an.

Einkaufen im Internet:
www.weltbild.de

Modellbahn – nicht wenige bezeichnen dieses Hobby als die (eigentlich) schönste Nebensache der Welt. Das ist sicher nicht falsch. Jedenfalls ist die Modellbahnerei ganz sicher eines der vielfältigsten Hobbys. Gerade das macht es aber Einsteigern nicht wirklich einfach.

Wer sich auf das Sammeln von Fahrzeugen beschränken möchte, ist fein raus: Vitrinen werden von zahlreichen Herstellern angeboten und lassen sich ohne technisches Fachwissen aufhängen. Fertig. Zugegeben: Schon das Betrachten der sehr unterschiedlichen Fahrzeuge hat tatsächlich einen eigenen Reiz.

Wer allerdings seinen Modellen auch ein wenig Auslauf bieten möchte, sie vielleicht sogar im „natürlichen Habitat" eines epochengerecht gestalteten Umfeldes einsetzen möchte, muss sich früher oder später mit dem Gedanken an eine Modellbahn befassen. Viele Modellbahn-Anlagen kommen jedoch leider über dieses Planstadium nicht hinaus und erblicken das Licht der Welt allenfalls auf papierenen Skizzen oder virtuell-flüchtigen Computerdateien.

Hier will der vorliegende Sammelband Hilfestellung bieten, indem er nicht nur Anschauungsmaterial und Entscheidungshilfen bündelt, sondern sich vor allem als praktischer Wegweiser von der Idee bis hin zur fertig gestalteten Anlage versteht.

Ob Grundsätzliches wie Baugröße, Betriebssystem und Epoche oder Praktisches wie Holzbau, Gleisverlegung und Landschaftsgestaltung – Einsteiger wie „alte Hasen" werden in diesem umfassenden Ratgeber alles finden, was die angesprochene Vielfalt der Tätigkeiten ausmacht. Dabei hilft die schier unerschöpfliche Zusammenstellung von Tipps und Tricks, Zeitverschwendung, unnötige Kosten und damit einhergehende Enttäuschungen zu vermeiden.

Die Modellbahn-Profis der MIBA beschreiben daher alle Arbeiten in verständlich geschriebenen und ausführlich bebilderten Schritt-für-Schritt-Anleitungen. Der Vorteil für Sie: Sie müssen kein ausgefuchster Bastelprofi sein, um sich an den Bau einer Modellbahnanlage zu wagen. Die Autoren legen alle Wert darauf, dass Sie in überschaubarer Zeit und mit ebenso überschaubarem Aufwand zum Ziel kommen.

Der Weg ist das Ziel, sagt man. Wir können dies nur bestätigen, denn schon der Bau einer Anlage macht bereits viel Freude, wenn die Fortschritte Stück für Stück erkennbar werden. Aber auch das fertige Ergebnis wird Sie schließlich mit Stolz erfüllen.

Die MIBA-Redaktion wünscht viel Erfolg bei der Umsetzung der empfohlenen Bautechniken. Und wer weiß, vielleicht wird auch Ihre Anlage dereinst in der MIBA mit einer ausführlichen Fotoreportage porträtiert – hofft jedenfalls

Ihr Martin Knaden
MIBA-Chefredakteur

KAPITEL 1
GRUNDLAGEN

Baugröße, Maßstab, Spurweite

… oder: Wie groß ist meine Modellbahn?

Ein Dampfloktyp in vier verschiedenen Modellmaßstäben und somit vier verschiedenen Abmessungen: die bayerische S 3/6 in den Baugrößen Z, N, H0 und 0 (von unten nach oben), also zwischen 220facher und 45facher Verkleinerung.

„Ich will eine Modellbahn – aber wie groß?" So lautet im Allgemeinen die erste Frage, die sich stellt. Sie dreht sich um die Baugröße oder Nenngröße, also den Darstellungsmaßstab der kleinen Modellbahn im Vergleich zum großen Vorbild.

BAUGRÖSSEN

Die gängigste, beinahe marktdominierende Baugröße wird als H0 (sprich „Ha-Null", von „Halb-Null") bezeichnet. Alles – also sämtliche Fahrzeuge und Gebäude sowie die Miniaturlandschaft – ist gegenüber dem Vorbild 87fach verkleinert. Sogar die Spurweite: 1435 mm Regelspur beim Vorbild entsprechen 16,5 mm beim Modellgleis in H0. Die Baugröße H0 und damit der Modellmaßstab 1:87 setzten sich nach dem Zweiten Weltkrieg wegen der allgemeinen Raumnot rasch durch. Es war der Aufstieg der so genannten „Tischbahn": Dank geringer Radien ließ (und lässt) sich in H0 schon auf einer Tischplatte bequem ein Gleisoval aufbauen. Wenn Sie sich heute die diversen Einsteigersets einmal näher ansehen, so gibt es diese Möglichkeit nach wie vor.

Aber Miniaturbahnen gab es auch schon vorher. In der Baugröße 0 („Null") fuhr die Modellbahn unserer Großväter durch so manches gutbürgerliche Wohnzimmer. Der Maßstab und damit alle Modelle sind fast doppelt so groß wie bei H0 (1:45), die Spurweite beträgt 32 mm. Der große Hersteller Märklin bot seinerzeit ein geradezu riesiges Programm in dieser Baugröße an. Aber auch die bekannte Firma Fleischmann startete nach dem Krieg mit Modellen in diesem Maßstab. Diese historischen Produkte hatten starken Spielzeugcharakter und haben kaum etwas gemein mit modernen exakt maßstäblichen Modellen.

Heute pflegen wieder mehr Modellbahner ihr Hobby in der Baugröße 0, denn es gibt inzwischen wieder recht preisgünstige und gut detaillierte Kunststoffmodelle aus aktueller Fertigung, neben den ebenso exklusiven wie hochpreisigen Kleinserienmodellen. Und auf Tauschbörsen und Versteigerungen, wo gut erhaltene Blecheisenbahnen aus der Glanzzeit der Baugröße 0 angeboten werden, investieren Sammler oft gewaltige Summen in nostalgische Liebhaberobjekte. Bleiben wir bei den gängigen Baugrößen. Die Nenngröße N bezeichnet die Modellbahn im Maßstab 1:160 und halbiert somit H0 beinahe – auch bei der Spurweite, die in N nur 9 mm beträgt. Nach H0 ist N die verbreitetste Baugröße mit einem entsprechend großen Produktangebot zahlreicher Fahrzeug- und Zubehörhersteller. Die weitergehende Miniaturisierung hat einige Vorzüge, aber auch Schwachstellen, die nicht verschwiegen werden dürfen. Falls Sie auf beschränktem Raum eine Modellbahnanlage aufbauen wollen oder eine großzügige Landschaftsgestaltung mit langen Zügen mögen, ist N eine gute Empfehlung.

Dem stehen systembedingte Schwächen entgegen, die sich vor allem auf die Betriebssicherheit negativ auswirken: Wegen der reduzierten Größe und damit einhergehender Verluste an Reibungsgewicht kommt es immer wieder zu Kontaktschwierigkeiten, wenn Lokräder und Schienen nicht peinlichst sauber gehalten werden. Bei weitläufigen Gleisanlagen, auf denen jede Menge Rangierbetrieb abläuft, kann dies mit viel Aufwand verbunden sein.

Mehr noch gelten diese Vor- und Nachteile für die Baugröße Z im Maßstab 1:220. Hier rollen die Modellzüge auf Gleisen mit nur 6,5 mm Spurweite. Hinzu kommt: Nur Märklin stellt als einziger Großserienhersteller hierzulande Fahrzeugmodelle her, wenn auch in einem breiten und vielfältigen Sortiment. Aber im Zubehörsektor ist das Angebot nicht gerade üppig. Wer allerdings in weitläufigen Modellgleisanlagen mit vorbildgerecht langen Zuggarnituren fahren möchte, sollte die Baugröße Z in die engere Auswahl nehmen.

Mit zwei Trugschlüssen muss allerdings aufgeräumt werden. Für Kinderhände sind schon N-Fahrzeuge, mit Sicherheit aber Z-Modelle vollkommen untauglich. Und ein Weiteres: Es ist keineswegs so, dass die Preise für Eisenbahnmodelle entsprechend der Verkleinerung der Modelle sinken – eine N- oder Z-Lokomotive kostet genauso viel wie ihre H0-Schwester.

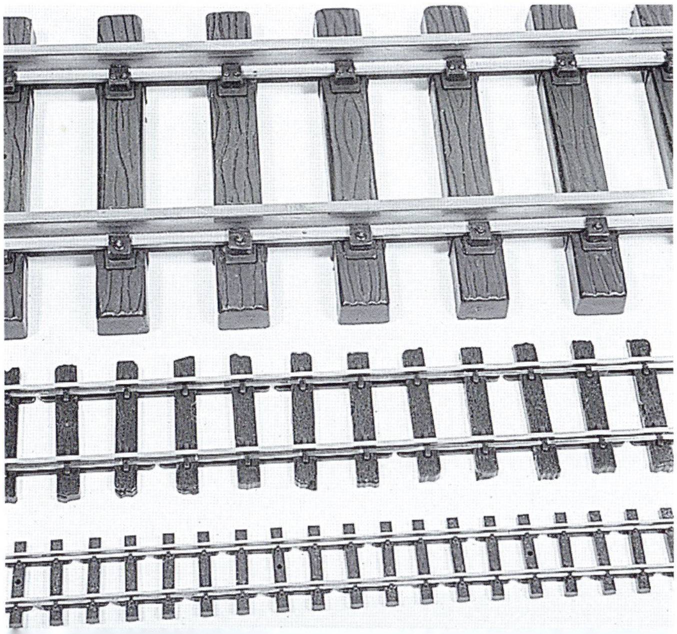

Übersicht: Baugröße, Maßstab, Spurweite

Nenngröße (Baugröße)	Modellmaßstab	Modellspurweite in mm	Vorbildspurweite in mm
Z	1:220	6,5	1435
N	1:160	9,0	1435
Nm	1:160	6,5	1000
TT	1:120	12,0	1435
H0	1:87	16,5	1435
H0m	1:87	12,0	1000
H0e	1:87	9,0	750
H0f	1:87	6,5	600
0	1:45	32,0	1435
0m	1:45	22,5	1000
0e	1:45	16,5	750
1	1:32	45,0	1435
1m	1:32	32,0	1000
1e	1:32	22,5	750
2	1:22,5	64,0	1435
2m	1:22,5	45,0	1000
2e	1:22,5	32,0	750

Noch ein Maßstabsvergleich, diesmal mit Schmalspurfahrzeugen: Von vorne nach hinten sind auf dem Bild oben je eine kleine Dampflok in H0e, Oe („Magic Train“ von Fleischmann) und 2m (von LGB) vertreten; das Bild links gestattet einen genaueren Blick auf die entsprechenden Gleise. Die H0e-Lok ist im Maßstab 1:87 gehalten und fährt auf 9-mm-Gleisen, die 0e-Lok im Maßstab 1:45 verkehrt auf 16,5-mm-Gleisen und für die 2m-Maschine der LGB (Maßstab 1:22,5) braucht es Gleise mit einer Spurweite von 45 mm. Deutlich wird, dass die Verdoppelung der Abmessungen mit einer Verachtfachung des Volumens einhergeht.

In der Mitte ein gedeckter Güterwagen in der Baugröße TT (1:120), daneben seine Brüder in den Baugrößen N (1:160) und H0 (1:87).

Zwischen H0 und N liegt die Nenngröße TT. Mit ihr werden Modellbahnen im Maßstab 1:120 bezeichnet, die auf Gleisen mit 12 mm Spurweite laufen. Ihre Glanzzeit hatte die TT-Bahn (TT von „Table Top") in den Sechzigerjahren. Dann ging der führende Hersteller in Konkurs, und hierzulande verschwand diese Baugröße fast vom Markt. Aber in der DDR und im übrigen Osteuropa entwickelte sich TT zur beliebtesten Baugröße bei den Modellbahnern, und gleichsam als Nebenprodukt der Wiedervereinigung erlebte sie in den letzten Jahren durchaus einen Aufschwung. Die Zukunft wird zeigen, inwieweit noch existierende Sortimentslücken geschlossen werden und ob die Modellbahner der Baugröße TT wieder zu ihrer alten Geltung verhelfen. Denn grundsätzlich vereinigt TT viele Vorzüge von H0 und N in sich.

GROSSE SPUREN

Werfen wir noch einen Blick auf die großen Spuren. Die „Königsspur" der Baugröße 1 (32 mm) kann ebenfalls schon auf eine lange Tradition zurückblicken. Schon vor dem Ersten Weltkrieg gab es Modelle in dieser Größe. Heute bieten Märklin und KM1 Rollmaterial und Zubehör für die Baugröße 1 an. Allerdings haben die Modelle ihren Preis, denn Kundenkreis und Absatzmarkt sind eher beschränkt und die Stückzahlen somit gering. Der Platzbedarf für eine Modellbahn in Nenngröße 1 ist nicht zu unterschätzen: Viele Loks – eine Dampflok der Reihe P 8 misst über Puffer 64 cm – benötigen Mindestradien von über einem Meter. Für noch größere Modellbahnen gilt dies natürlich in verstärktem Maße, etwa für die Baugröße 2 im Maßstab 1:22,5. Hier gibt es jedoch fast nur noch Handarbeitsmodelle, die als Einzelstücke hergestellt werden; eine Lok in dieser Größe kann leicht so viel wie ein gebrauchter Mittelklasse-Pkw kosten – für den Modellbahneinstieg nicht gerade ideale Voraussetzungen.

Baugrößen, Maßstäbe, Spurweiten – ganz schön verwirrend! Und da müssen wir auch das Thema „Schmalspurbahnen" ansprechen. Denn manchmal werden Sie hinter den Baugrößenbezeichnungen noch ein kleines „m" oder „e" finden, also 2m oder H0e. Diese Zusätze sagen uns, dass es sich um eine Schmalspurbahn in der betreffenden Baugröße handelt. Das „m" steht dabei für eine Modellschmalspurbahn nach Meterspurvorbild (1000 mm, etwa RhB), das „e" (abgeleitet vom alten Begriff „Engspur") bezeichnet eine Modellschmalspurbahn nach 750-mm-Vorbild (wie z.B. die noch bestehenden sächsischen Schmalspurbahnen oder das schwäbische „Öchsle"). Für mehr Klarheit sorgt die Tabelle auf Seite 11.

Dies führt uns schlussendlich zur Baugröße 2m und zur bekannten Gartenbahn von LGB. Die sog. „LGB" ist im Maßstab 1:22,5 gehalten und fährt auf Gleisen mit 45 mm Spurweite, ist also eine Schmalspurbahn. Angeboten wird ein äußerst um-

Die Firma Lenz Elektronik fertigt seit 2006 Fahrzeuge und Gleismaterial für die Baugröße 0. Damit gelang eine Wiederbelebung dieser bis dato dahinsiechenden Baugröße. Die Modelle werden in aktueller Detaillierung nach dem neuesten Stand der Technik gefertigt: Digitalsteuerung, Sound und viele zusätzliche Features, wie z.B. eine fernsteuerbare Rangierkupplung, erhöhen den Spielwert enorm. Und das zu einem Preis, der kaum höher liegt als bei so manchem H0-Modell!

Drei Bilder, drei Anlagen, drei Baugrößen: Die Nenngröße Z (links) erlaubt es noch mehr als N (rechts), weitläufige Gleisanlagen auf beschränktem Raum unterzubringen. Unten ein Ausschnitt aus einer Vereinsanlage im Maßstab 1:120 (Baugröße TT).

Modellbau vom Feinsten auf der 0-Anlage des bekannten Modellbahners Marcel R. Darphin. Die Baugröße 0 stellt erhebliche Anforderungen an den Platzbedarf – diese Anlage ist in einem Raum von etwa 12 x 7 m Größe untergebracht.

Die Baugröße H0 ist hierzulande mit Abstand am verbreitetsten; drei Viertel aller Miniaturbahnfreunde entscheiden sich für H0. Die Vorzüge liegen auf der Hand: Das Angebot an Fahrzeugen und Zubehör in allen Preiskategorien ist überwältigend, und der Maßstab 1:87 verbindet eine hohe Detaillierung bei der Modellnachbildung mit oft noch akzeptablem Platzbedarf bei der Anlagengestaltung. Für weiträumige Großanlagen wie jene rechts wird es aber nur in seltenen Fällen reichen. Die Baugröße H0 bietet jedoch alle Möglichkeiten: großzügige Landschaftsgestaltung bei ausreichendem Platzangebot (rechts unten) oder schön durchgestaltete Motive wie diese Bw-Szene auf beschränktem Raum.

Die Bahn der Firma Lehmann ist eine echte Alternative für Gartenbesitzer: wetterfest, kindertauglich und vorbildgetreu.

fangreiches Programm in allen Preisklassen. Besonderer Clou: Die LGB-Modelle sind aufgrund ihrer Größe, Stabilität und Funktionalität nicht nur in besonderem Maße für Kinderhände geeignet, sondern auch noch wetterfest und tatsächlich „freilandtauglich“. Wer über einen Garten, eine Terrasse oder einen geräumigen ausgebauten Dachboden verfügt, sollte die Lehmann-Großbahn in die engere Wahl ziehen.

FAZIT

Bei der Neuanschaffung einer Modellbahn werden zunächst die Baugrößen H0 und N in Betracht kommen. Hier ist die Auswahl in allen Preisklassen bei weitem am größten. Auch in TT und Z existieren ausgebaute Vollsortimente. Wer es gerne größer möchte: Dank der Firma Lenz ist die Baugröße 0 stark im Kommen!

Betriebssysteme und ihre Eigenheiten

... oder: Die geteilte Welt der kleinen Eisenbahn

Unverkennbar Märklin: Das Mittelleiter-Wechselstrom-System besticht durch Funktionalität und einfachen Aufbau.

Zweischienen-Gleichstrom? Mittelleiter-Wechselstrom? Muss sich der angehende oder fortgeschrittene Modellbahner tatsächlich mit diesem Fachchinesisch herumschlagen? Klare Antwort: Er muss! Denn selbst wenn er sich auf die Baugröße H0 und die 16,5-mm-Spur festgelegt hat, so bedeutet dies nicht, dass er alle Fahrzeuge aller Fabrikate freizügig miteinander einsetzen kann. Wie bei Computern, so gibt es auch bei Modellbahnen – auf einer einfacheren Ebene – unterschiedliche Betriebssysteme.

ZWEILEITERSYSTEM

Weltweit scheint sich das Zweileiter-Gleichstrom-System durchzusetzen, in H0, vor allem aber in den anderen Baugrößen. Hierbei sind die beiden Räder aller Fahrzeugachsen gegeneinander isoliert. Über sie nehmen die Triebfahrzeuge von den beiden ebenfalls gegeneinander isolierten Schienen die Fahrspannung zur Versorgung des Motors ab. Die Spannung und somit die Geschwindigkeit lässt sich durch den Fahrregler beeinflussen. Meistens sind Transformator und Regler in einem Gehäuse untergebracht. Soll die Lok die Fahrtrichtung wechseln, muss die Spannung umgepolt werden. Das geschieht üblicherweise am Regler, indem der Drehknopf über den mittig angebrachten Nullpunkt hinaus in die eine oder in die andere Richtung bewegt wird.

Als Nachteil des Zweileitersystems gilt, dass es – je nach Ausführung des Gleisverlaufs – bei Kehrschleifen oder Gleisdreiecken zu Kurzschlüssen kommt, wenn dies nicht durch elektrische Trennung und einen kleinen Schaltungstrick verhindert

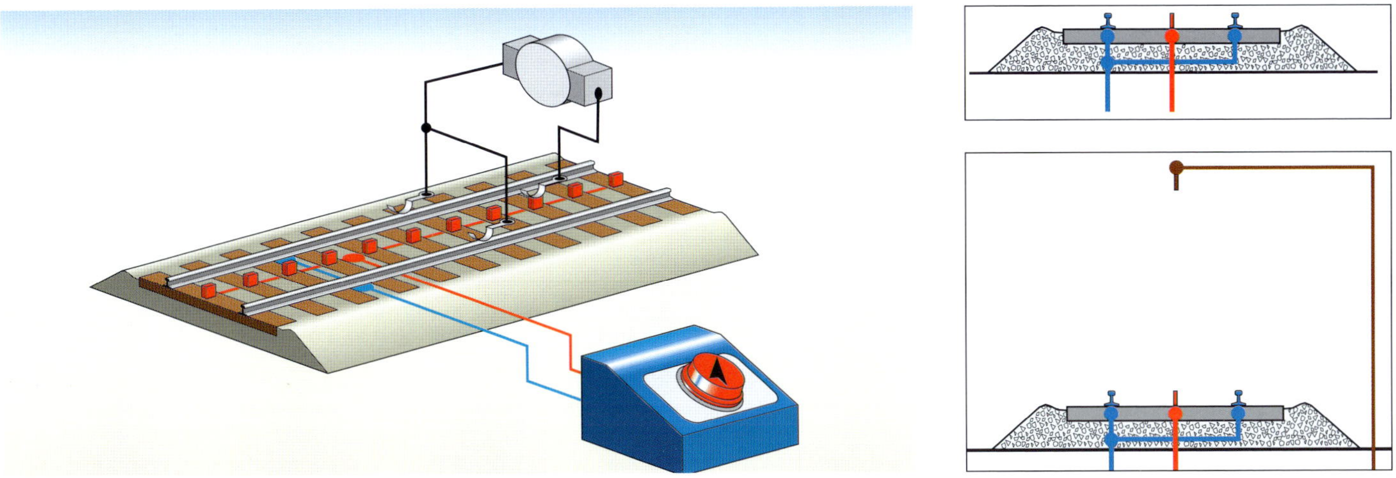

Das Mittelleiter-Wechselstrom-System: Die beiden Schienen sind elektrisch miteinander verbunden und bilden den Leiter, in der Gleismitte befindliche Punktkontakte, über die Schleifer unter den Loks den Fahrstrom abnehmen, den zweiten. Als dritter Leiter könnte der Fahrdraht der Oberleitung dienen: über sie kann eine zweite Lok – natürlich nur eine Ellok – unabhängig auf demselben Gleis gesteuert werden.

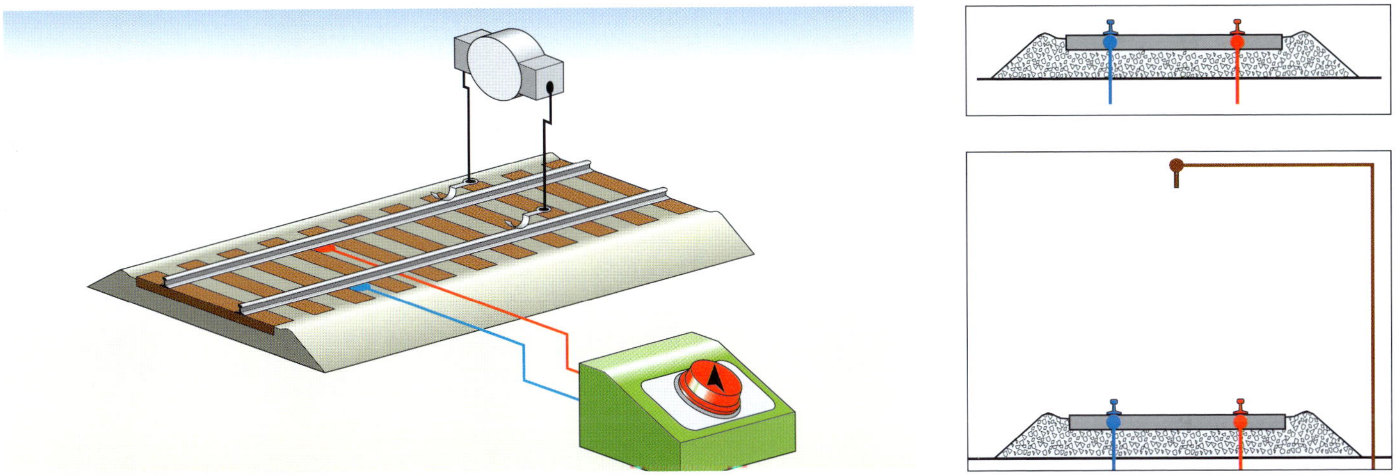

Das Zweileiter-Gleichstrom-System. Die beiden Räder aller Achsen sind gegeneinander isoliert. Über sie nehmen die Loks von den beiden ebenfalls gegeneinander isolierten Schienen die Fahrspannung ab. Auch hier kann über die Oberleitung eine zusätzliche Lok gesteuert werden.

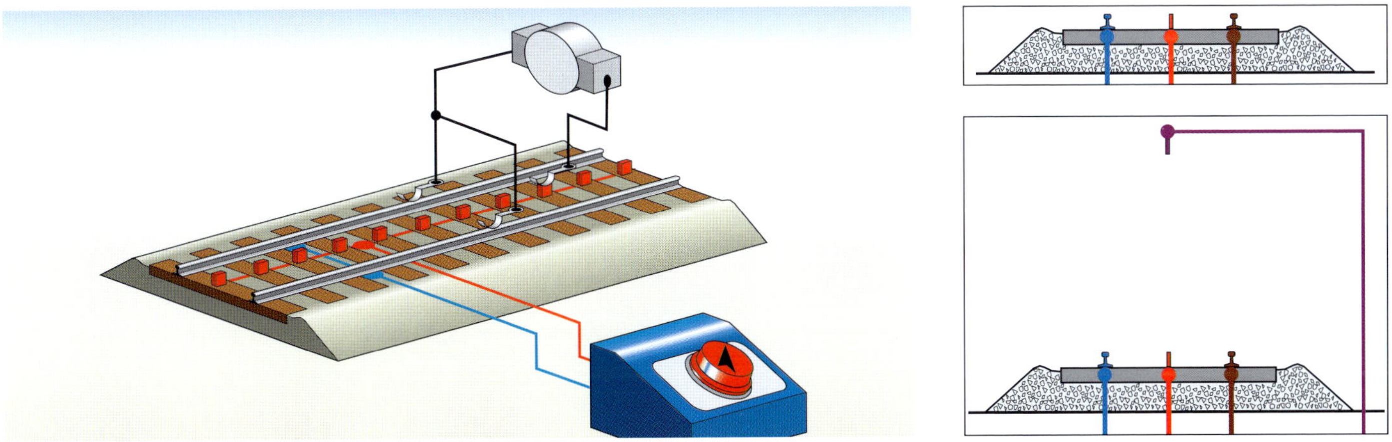

Das Trix-Express-System: Die Stromaufnahme erfolgt über die beiden voneinander isolierten Schienen, die Rückführung über den gemeinsamen Mittelleiter. So lässt sich ein unabhängiger Zweizugbetrieb durchführen, mit Oberleitung sogar Dreizugbetrieb.

H0-Triebfahrzeuge: Wer liefert für welches System?

Hersteller	~	2L=	3L=
Märklin	x	–	–
Fleischmann	x*	x	–
Roco	x*	x	–
Trix	–	x	x**
Liliput	x*	x	–
Piko	x*	x	–
Gützold	x*	x	–
Brawa	x	x	–
Kato	x	x	–

~ Mittelleiter-Wechselstrom
2L= Zweileiter-Gleichstrom
3L= Dreileiter-Gleichstrom („Trix-Express")
x* nur ausgewählte Modelle, in der Regel alle Neuheiten
x** nur noch Sammlermodelle

Waggons aller Fabrikate lassen sich durch Radsatztausch dem gewünschten System anpassen. Triebfahrzeuge aller anderen Baugrößen werden im Zweileiter-Gleichstrom-System betrieben.

wird. Keine Bange: Fast jeder Hersteller hat für entsprechende Gleiskombinationen einfache Lösungen parat. Fleischmann bietet z.B. eine als Bahnübergang getarnte Kehrschleifengarnitur an, Roco einen Kehrschleifen-Weichenantrieb.

Wenn Sie etwa in den USA eine Zweileiter-H0-Lok erwerben, so können Sie sicher sein, dass sie auch daheim auf Ihrer Anlage läuft; Spurweite und Fahrstromsystem sind weltweit genormt. Leider verhält es sich mit den Kupplungen nicht so, denn noch hat beinahe jeder Hersteller ein eigenes Kupplungssystem. Anders als in der Baugröße N, wo die Standardkupplungen der Fahrzeuge aller Hersteller zueinander kompatibel sind, konnten sich die Normenausschüsse auf eine weltweit einheitliche H0-Kupplung noch nicht festlegen. Immerhin gibt es aber bei allen Modellen einen genormten Kupplungsschacht, in den sich jeder Modellbahner seine Wunschkupplung hineinstecken kann – egal, ob dies nun eine der vielen Kurzkupplungen oder eher die konventionelle Haken-Bügel-Kupplung ist.

MITTELLEITERSYSTEM

Zumindest hierzulande ebenso verbreitet wie das Zweileiter-Gleichstrom-System ist das Mittelleiter-Wechselstrom-System des Modellbahn-Marktführers Märklin. Die beiden Schienen sind elektrisch miteinander verbunden und bilden den einen Leiter, in der Gleismitte befindliche Punktkontakte, über die Schleifer unter den Loks den Fahrstrom abnehmen, den zwei-

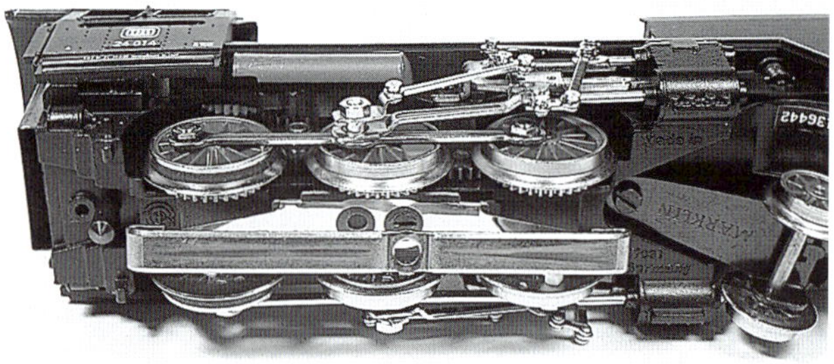

Der so genannte „Skischleifer" ist charakteristisch für das Mittelleiter-Wechselstrom-System von Märklin. Er nimmt den Strom von den Punktkontakten in der Gleismitte ab.

Links das C-Gleis von Märklin mit den Punktkontakten in der Gleismitte. Rechts das Geoline-Gleis von Roco mit Bettung für das Zweileiter-Gleichstrom-System.

Blick unter einen ICE-Triebkopf von Roco. Es handelt sich um ein Triebfahrzeug für das Zweileiter-Gleichstrom-System, bei dem die Spannungszuführung über die gegeneinander isolierten Räder erfolgt.

Alt und neu nebeneinander: Das traditionsreiche Märklin-M-Gleis war in seinen Grundelementen über 60 Jahre lang lieferbar und wurde inzwischen durch das neu entwickelte, wesentlich vorbildgetreuere C-Gleis abgelöst.

Das internationale Zweileiter-Gleichstrom-System orientiert sich an zwischen den Herstellern vereinbarten Normen, sodass etwa diese H0-Diesellok aus US-Produktion problemlos zusammen mit Erzeugnissen europäischer Herkunft eingesetzt werden kann. Lediglich die Kupplung ist hier nicht gebräuchlich und muss getauscht werden.

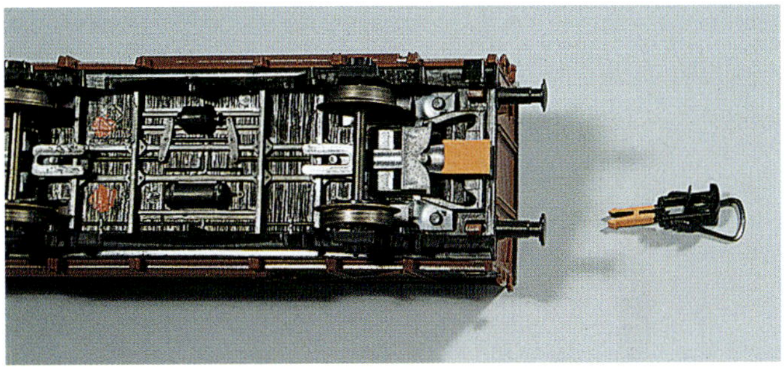

Der genormte Kupplungsschacht und Kurzkupplungsdeichseln gehören heute zum Standard. Dies hat zwei Vorteile: Der Modellbahner kann ganz einfach seine Wunschkupplung einklipsen und beim Einsetzen von „Kurzkupplungsköpfen" wird der unnatürlich große Abstand zwischen den Fahrzeugen deutlich verkürzt.

ten. Diese Art der Fahrstromversorgung bietet zwei nicht zu unterschätzende Vorteile: Zum einen sorgt sie für hohe Betriebssicherheit, denn die Stromabnahme ist bei weitem nicht so empfindlich gegenüber Verschmutzungen auf dem Gleis wie beim Zweileitersystem. Zum anderen spielt die Art der Gleisfigur keine Rolle mehr, da die Stromabnahme immer über den Mittelleiter und die Rückführung immer über beide Außenschienen erfolgt. Schaltungstricks bei Kehrschleifen oder Gleisdreiecken sind prinzipiell nicht erforderlich.

Das wirkt zunächst bestechend, doch wer genau hinsieht, wird etwa die in der Gleismitte aus den Schwellen herausragenden Punktkontakte als optisches Manko empfinden. Häufig taucht auch der Einwand auf, wer sich für das Mittelleiter-Wechselstrom-System entscheidet, könne eben nur Märklin-Fahrzeuge einsetzen. Das stimmt so nicht. Die Waggons vieler Zweileiter-Hersteller können schon beim Kauf kostenlos mit Märklin-kompatiblen-Radsätzen ausgerüstet werden. Und auch viele Gleichstromloks sind in der Wechselstromausführung erhältlich – allerdings mit einem gewissen Preisaufschlag, denn sie müssen mit Schleifer und dem Märklin-typischen Fahrtrichtungsumschalter (zumeist ein Disitaldecoder) versehen sein.

DREILEITERSYSTEM

Abschließend noch ein Blick auf das Dreileiter-Gleichstrom-System von Trix-Express. Es hatte seine Blütezeit in den 50er- und 60er-Jahren und hat heute nur noch nostalgische Bedeutung. Die Stromaufnahme erfolgte über die beiden voneinander isolierten Schienen, die Rückführung übernahm ein gemeinsamer Mittelleiter. In der Praxis ließ sich so ein unabhängiger Zweizugbetrieb durchführen, mit Oberleitung sogar Dreizugbetrieb. Diesen Vorzügen standen aber gravierende optische Mängel gegenüber: Die hohen Schienenprofile, der auffällige durchgehende Mittelleiter sowie die hohen Spurkränze genügten nicht mehr den gestiegenen Ansprüchen.

Vor einiger Zeit wurde das Trix-Express-System vom Hersteller offiziell eingestellt; für Modellbahneinsteiger kommt es daher nicht mehr in Frage.

Die Fahrzeuge der verschiedensten Hersteller aller anderen Baugrößen – also N, TT, H0m und H0e, 0, 2m, aber auch die Z-Bahnen von Märklin – werden im Zweileiter-Gleichstrom-System betrieben.

FAZIT

Das internationale Zweileiter-Gleichstrom-System für alle Baugrößen hat inzwischen weltweit die größte Verbreitung gefunden. Eine Alternative besteht lediglich in H0 im Mittelleiter-Wechselstrom-System von Märklin. Die Vorzüge des Gleichstromsystems liegen in einer riesigen Auswahl und im etwas günstigeren Preisniveau, das Wechselstromsystem besticht durch seinen einfachen Aufbau und durch Betriebssicherheit, was es vor allem auch für Kinderhände geeignet macht.

In N sind sogar die Kupplungen genormt und somit die Fahrzeuge aller Hersteller freizügig miteinander einsetzbar. In H0 haben sich die Hersteller immerhin auf einen „Normschacht“ geeinigt, in den der Modellbahner dann seine Wunschkupplung – seien es Bügelkupplungen oder die verschiedenen Bauarten der Kurzkupplungsköpfe – einstecken kann.

Das Trix-Express-System, wie es auf der Anlage unten betrieben wird, erfreute sich in den 50er- und 60er-Jahren großer Beliebtheit wegen seiner Betriebssicherheit und der Möglichkeit, zwei Züge unabhängig auf einem Gleis zu steuern. Heute hat es keine Bedeutung mehr.

Die sechs Epochen der Modellbahn

... oder: Wann spielt meine Anlage?

Kaum ein anderes Fahrzeug verdeutlicht den Strukturwandel der Epoche III bei der Deutschen Bundesbahn wohl besser als der Uerdinger Schienenbus. Zu Beginn als Retter der Nebenbahn umjubelt, wanderte er mit Ausnahme einiger Museumsbahnen auf dem Schrott.

Die elegante Ellok E 19 markiert den Höhepunkt des Lokomotivbaus vor dem Zweiten Weltkrieg: die Modellbahner sprechen von der Epoche 2c.

Sie haben sich über den Zeitraum, in dem das Geschehen auf Ihrer Modellbahnanlage angesiedelt sein soll, noch keine Gedanken gemacht? Aus technischer Sicht mag das ein unwichtiger Punkt sein, aber bald werden Sie feststellen, dass ein ICE neben einer alten Länderbahnlok unnatürlich erscheint und einfach deplatziert wirkt. Und die plausible Erklärung: „Die kommt aus dem Museum und ist gerade auf Sonderfahrt" passt auch nicht immer ...

Grundsätzlich ist erlaubt, was gefällt. Das ist gut und soll auch für die Gesamtbreite des Modellbahnhobbys Gültigkeit haben. Und wenn es ganz verbissene Hobbykollegen gibt, die absolut keinen Spaß verstehen, sollte Sie das nicht weiter stören. Dennoch darf ich Ihnen zu einer gewissen Disziplin und Epochentreue raten. Auf einer Anlage, die um das Jahr 1960 „spielt", mit all den vielen noch vorhandenen Dampfloks, stören moderne Autos oder futuristische Gebäude. Insgesamt sollten Modellzüge in einem homogenen Ambiente verkehren.

Hier kann man die Einstufung in Epochen, die in gewisser Weise sogar „genormt" ist, am besten als Hilfestellung verstehen. In der Entwicklungsgeschichte der europäischen Eisenbahnen lassen sich bestimmte Zeitabschnitte deutlich ablesen:

an den Fahrzeugen und ihrer Technik, aber auch im Bau- und Signalwesen. Viele Hersteller geben Ihnen inzwischen durch die Angabe der Epochen neben den Produkten in den Katalogen eine solche Hilfe mit auf den Weg. Übrigens kann ein gewisser selbst auferlegter Epochenzwang die Kauflust kanalisieren und zügeln. Seit den Anfängen der Eisenbahn lassen sich sechs große Epochen feststellen, die wiederum in kleinere Perioden unterteilt sind. Die tabellarische Übersicht auf dieser Seite möge zur ersten Orientierung dienen. Die Angaben entsprechen übrigens der NEM 806D. NEM steht für „Normen Europäischer Modellbahnen", mit denen ein herstellerübergreifender, unabhängiger und internationaler Ausschuss von Fachleuten versucht, bestimmte Standards für Modellbahnprodukte festzuschreiben. Die Angaben zu Modellfahrzeugen und Zubehör betreffen die Angebotssortimente quer durch die Baugrößen der unterschiedlichsten Hersteller und mögen nur als grobes „Barometer" gelten. Die Tabelle zeigt es: Wer Wert auf ein umfassendes Modellangebot legt, in dem sogar „Fahrzeugexoten" und Einzelgänger (beim Vorbild) vorhanden sind, ist in den Epochen IIIb und V bestens aufgehoben. Im Gegensatz dazu muss man Fahrzeugmodelle nach Vorbildern aus der Frühzeit der Eisenbahn mit der Lupe suchen; sie sind ein Betätigungs-

Eisenbahnepochen im Überblick

Epoche	Periode	Zeitraum	Bemerkungen	Fahrzeuge	Zubehör
I	a	1835 – 1865	Anfänge der Eisenbahn	0	0
	b	1865 – 1885	Entstehung der Staatsbahnnetze	+	+
	c	1885 – 1910	Entwicklung der Heißdampfloks	++	+
	d	1910 – 1920	Schwarzanstrich der Loks in Preußen	+	+
II	a	1920 – 1924	Übergang der Staatsbahnen auf das Reich	+	+
	b	1924 – 1937	Gründung der DRG (Deutsche Reichsbahn Gesellschaft)	++	++
	c	1937 – 1949	Reichsbahn, ab 1945 Wegfall des „Reichsadlers"	+	+
III	a	1949 – 1956	Gründung der DB, „DR"-Ost	+	+
	b	1956 – 1970	„neues" DB-Zeichen, allmählicher Traktionswechsel	+++	+++
IV	a	1970 – 1980	Einführung der UIC-Kennzeichnung	++	+++
	b	1980 – 1990	Zweiklassige IC ab 1979	++	++
V	a	1990 – 1994	Lokanstrich in „Karminrot"	+++	++
	b	1994 – 2006	DB AG mit neuem Logo	+++	++
VI		ab 2007	Einführung der 12-stelligen TSI-Nummern an Tfe	+	++

0 = kaum Modelle vorhanden + = überschaubares Modellangebot ++ = zahlreiche Fahrzeuge, viel Zubehör +++ = es bleiben kaum Wünsche offen

Zwei Anlagen, zwei Epochen: Rechts ein typisches Länderbahnmotiv aus der Zeit kurz nach der Jahrhundertwende (Epoche Ic), unten der Bahnhof „Bestwig" zur Reichsbahnzeit Mitte der Zwanzigerjahre (Epoche IIb).

feld für Kleinserienhersteller und Selbstbauer. Der Einsteiger sollte bei der Entscheidung zugunsten „seiner" Epoche darauf achten, dass ein gewisses Angebot an Fahrzeugen und Zubehör verfügbar ist.

FAZIT

Epochen sollen den Modellbauer nicht knebeln, sondern dienen lediglich als Richtschnur oder Empfehlung. Jeder Modellbahner kann für sich selbst entscheiden, inwieweit begründete Abweichungen oder „Auswüchse" seine Freude und den Spaß am Hobby steigern oder nicht. „Model railroading is fun" – dieses Leitmotiv der US-Modellbahner sollte auch für uns gelten.

Die Epoche III ist die erste Wahl bei den meisten Modellbahnern, das Angebot an Fahrzeugen und Zubehör ist überwältigend. Die beiden Bilder geben eine Vorstellung davon, warum dies so ist: In keiner anderen Epoche war die Fahrzeugvielfalt so groß. „Alte" Vorkriegsbauarten lassen sich freizügig zusammen mit Ellok- und Diesellok-Neuentwicklungen aus den 50er- und 60er-Jahren einsetzen – Garantie für spannenden Betrieb.

Die Epoche IV, wie sie der Anlagenausschnitt oben repräsentiert, war eine Zeit des Übergangs: Die letzten Dampfloks verschwanden von den Gleisen, das Zeitalter der modernen Bahn mit ICE, „Pendolino" und neuen Elloks war noch nicht angebrochen. Typisch war die ozeanblaubeige Farbgebung der Fahrzeuge.

Neubaustrecke mit ICE – moderne Eisenbahn in Epoche V.

KAPITEL 2

DIE MODELLBAHNWERKSTATT

Wo die Finger nicht mehr reichen

Halten und Greifen

Modellmotive leben durch Details, die oft so winzig sind, dass man sie kaum greifen kann. Pinzetten sind da genau das Richtige, wie die hier abgebildete Spitzpinzette zeigt.

Werkzeuge, um etwas festzuhalten, sind unentbehrlich in der Werkzeugkiste des Modellbahners. Oft geht es einfach nur darum, ein Werkstück zu fixieren, um beide Hände zum Bearbeiten frei zu haben. Oder das Werkstück selber ist so klein, dass es sich selbst dem Zugriff feinmotorischer Pianistenfinger entzieht. Für diese und viele andere Einsatzzwecke gibt es genug Hilfsmittel, die einem das Leben einfacher machen.

PINZETTEN

Beginnen wir mit dem Fall, dass unsere zittrigen und krummen Finger einfach nicht in der Lage sind, den einen Millimeter großen Niet für die Dampfloksteuerung zu greifen. Was tun? Richtig – eine Pinzette muss her. Pinzetten gibt es in verschiedenen Formen, von denen die klassische mit einer Spitze wohl die bekannteste ist. Sie sollte auch in keiner Modellbau-Werkzeugkiste fehlen, wobei sich am besten die Pinzetten mit leicht angeriffelten Greifflächen bewährt haben. Vaters glatte Briefmarkenpinzette beschädigt zwar die wertvolle „Blaue Mauritius“ nicht – aber wem einmal ein winziges Kunststoff- oder Metallbauteilchen fortgesprungen und im grobflorigen Teppichboden gelandet ist, weiß, wovon die Rede ist.

Daneben gibt es verschiedene andere Formen von Greifflächen für die unterschiedlichsten Einsatzzwecke. Eine Sonderpinzette soll aber an dieser Stelle noch erwähnt werden – die Festhaltepinzette: Während man die Schenkel einer normalen Pinzette zusammendrücken muss, um einen Gegenstand zu „packen“, ist es bei der Festhaltepinzette genau umgekehrt. Aufgrund ihrer Überkreuzkonstruktion sind die Schenkel zusammengedrückt und öffnen sich erst, wenn die Griffflächen in der oberen Hälfte der Pinzette zusammengedrückt werden. Ein Anwendungsgebiet dieser Pinzetten ist übrigens die Wärmeableitung beim Löten: Liegen zwei Lötstellen dicht nebeneinander, setzt man die Festhaltepinzette dazwischen und kann so eine Lötstelle bearbeiten, ohne dass sich die andere gleich wieder löst. Gute Pinzetten sucht man übrigens im Baumarkt oft vergeblich. Besser ist der Gang zu Händlern für Goldschmiede- oder Zahnarztbedarf, weil die dort erhältlichen Pinzetten deutlich präziser gefertigt sind.

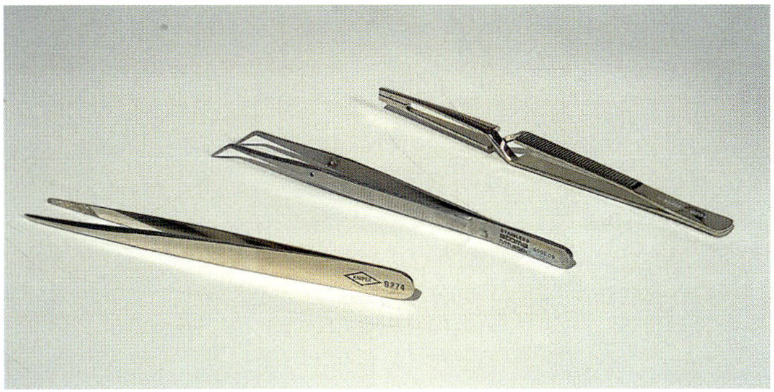

Pinzettenformen: normale Spitzpinzette, Spitzpinzette mit abgewinkelten Spitzen zum Erreichen von verwinkelten Stellen und schließlich Festhaltepinzette mit überkreuzten Schenkeln (als Wärmeableitpinzette mit verstärkten Spitzen, um mehr Wärme aufzunehmen).

Ein kleiner Schraubstock für Bastelarbeiten ist unverzichtbar. Er sollte für die empfindlichen Werkstücke Plastikkappen an den Backen haben. Notfalls kann man die Werkstücke auch durch Zwischenlagen von Kreppklebeband, Schaumstoff oder Ähnlichem schützen.

KLEMMVORRICHTUNGEN

In vielen Fällen muss man ein Werkstück stationär einspannen, um beide Hände zu seiner Bearbeitung frei zu haben. Hier wollen wir zunächst nur Geräte für das Basteln betrachten, im nächsten Kapitel finden sich dann Haltevorrichtungen für gröbere Arbeiten, wie sie beispielsweise beim Anlagenbau stattfinden.

In keiner Bastelwerkstatt darf ein kleiner Schraubstock fehlen. Für die meisten Basteleien braucht er nicht unbedingt am Tisch festgeschraubt zu werden, sondern wird mit einer oft in den Schraubstockfuß integrierten Schraubklemme befestigt. Beim Kauf ist darauf zu achten, dass sich die Gewinde schön leichtgängig bewegen lassen und die beiden Haltebacken exakt parallel zueinander sind. Falls sie das nicht sind, wird das Werkstück nämlich nicht gleichmäßig eingespannt, kann sich verdrehen oder wird sogar beschädigt.

Nicht selten sind Arbeiten, bei denen zwei Teile miteinander verklebt oder verlötet werden. Hierfür bräuchte man oft genug eine dritte Hand – und ein praktisches Werkzeug mit dieser Bezeichnung gibt es tatsächlich. Die „Dritte Hand" hält Werkstücke mithilfe kleiner Klemmen, die am Ende von Gelenkarmen sitzen, welche sich in beliebige Positionen drehen lassen. Eine angebaute Lupe erleichtert die Betrachtung filigraner Bastelarbeiten.

Unverzichtbar sind kleine Schraubzwingen, die es inzwischen in unzähligen Ausführungen gibt. Mit ihrer Hilfe lassen sich mehrere Teile zusammenklemmen, um sie gemeinsam zu bearbeiten, oder kleine Montagevorrichtungen bauen. Klebstoffe können unter dem Druck einer Schraubzwinge aushärten.

Die „Dritte Hand" löst Halteprobleme. Hier sind gleichzeitig zwei Werkstücke zu positionieren sowie Lötzinn und Lötkolben zu halten.

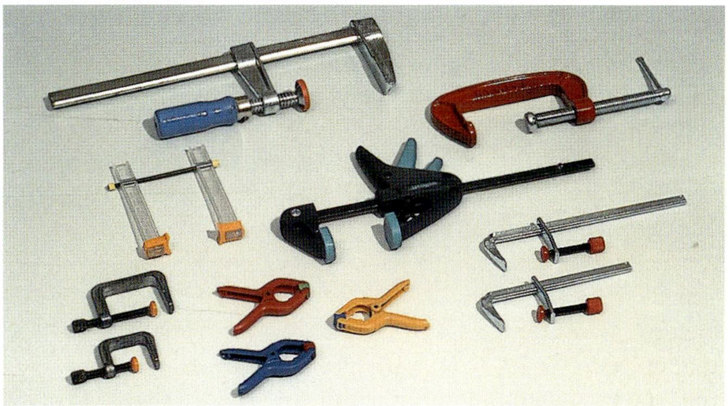

Schraub- und Klemmzwingen gibt es in allen möglichen Größen und Ausführungen. Um kleine Teile zu klammern, taugen auch alltägliche Haushaltsgegenstände wie schlichte Gummibänder oder Haarklipse (links).

Eine Haltezange in der Anwendung: Verbogene Drähte richtet man, indem man ein Ende in einen Schraubstock einspannt und das andere mit einer stabilen Kombi- oder Flachzange unter starkem Zug ein paar Mal verdreht, bis der Draht wieder gerade ist. Knicke bekommt man auf diese Art allerdings nicht weg.

Gerade das Thema Haltevorrichtungen ist für die Werkzeugkonstrukteure offenbar ein unerschöpfliches Thema – es lohnt sich, im Baumarkt immer mal wieder nach neuen Kreationen Ausschau zu halten.

ZANGEN

Während Pinzetten nur zum Halten von kleinen Gegenständen gedacht sind, die dabei keinen großen Kräften ausgesetzt sind, kann man mit Zangen schon deutlich kräftiger zupacken und sie zum Halten von Werkstücken beim Bearbeiten verwenden. Grundsätzlich lassen sich Zangen zum Halten und Zangen zum Schneiden unterscheiden. Zangen zum Halten sind etwa Justier- und Flachzangen, für gröbere Arbeiten auch Grip- und Wasserpumpenzangen (die wir Modellbahner glücklicherweise recht selten brauchen). Ebenfalls zum Halten eignen sich Kombi- und Mechanikerzangen, die – ihr Name verrät es – auch noch für andere Arbeiten geeignet sind. Zangenformen gibt es fast unendlich viele, und wir wollen nur auf die eingehen, die für unsere Modellbahnwerkstatt wichtig sind.

Die Kombinationszange – kurz Kombizange – ist eine Art Alleskönner unter den Zangen: Sie vereint Greifen und Schneiden in einem Werkzeug. Die Schneiden eignen sich zum Trennen von Draht, Nägeln, kleineren Kabeln und Ähnlichem. Die gezahnten, „scharierten" Greifbacken halten flache Teile und kleine Werkstücke fest und das so genannte Brennerloch (die verzahnte elliptische Aussparung) eignet sich zum Greifen und Drehen vor allem runder Teile.

Ähnlich im Aufbau ist die „Flachrundzange mit Schneide", wie sie die Norm offiziell nennt. Die Funktion ist hier ähnlich wie bei Kombizangen, nur ist sie wesentlich schlanker gebaut – der Kopf mit den Greifbacken ist deutlich länger und schmaler. Die längere Version (200 mm) wird „Storchschnabelzange" genannt, die kürzere (bis 160 mm) „Radiozange". Auch mit diesen beiden lässt sich greifen und schneiden. Mit den schlanken, halbrunden Greifbacken, die innen verzahnt sind, lassen sich enge und schwer zugängliche Stellen gut erreichen. Die sehr präzise bearbeiteten Spitzen greifen auch dünnste Teile fest und sicher.

In jede Werkstatt gehört außerdem eine Rundzange. Neben Haltefunktionen dient sie auch dem Biegen von Rundungen. Mit den sich verjüngenden Backen können verschiedene Biegeradien erzielt werden.

Wenn es darum geht, kleinere Teile vorübergehend zu halten oder zusammenzupressen, dann genügt in vielen Fällen eine ganz banale Holzwäscheklammer.

Die Flach- und die Rundzange (unten, links im Bild) dienen ausschließlich dem Greifen und Halten, während die Kombizange (rechts im Bild) und die Flachrundzange mit Schneide auch noch Schneiden zum Trennen von Drähten haben. Diese Schneiden sind in der Regel weniger belastbar als jene speziellen Seitenschneider, weshalb man sie nicht zum Trennen harter Materialien wie Stahl verwenden sollte.

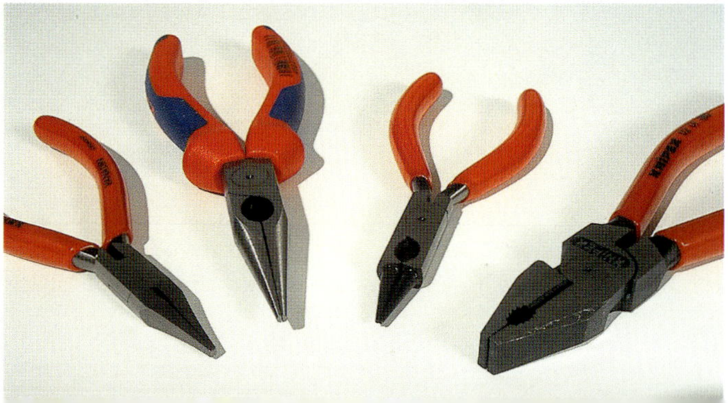

Genaues Messen bringt genaue Ergebnisse

Messen und Markieren

Das genaueste Messmittel in unserer Bastelwerkstatt ist ein Messschieber, hier bei der Innenmessung eines Radsatzes.

Am Anfang eines Bauprojektes ist die Idee, aber gleich danach kommt die Frage nach der Größe – und spätestens dann muss man mehr oder weniger genau messen. Beim Anlagenunterbau mag eine Genauigkeit im Millimeterbereich ausreichen, im Gebäude- oder Fahrzeugmodellbau kommt es hingegen oft auf Zehntel- oder gar Hundertstelmillimeter an. Neben den Längen müssen auch noch die Winkel stimmen – und all das erfordert die richtigen Hilfsmittel.

Jeder kennt den Zollstock, der korrekt eigentlich „Gliedermaßstab“ heißt, und das Rollbandmaß. Beide sind geeignet für gröbere Messungen und beim Anlagenbau wird sie kaum jemand missen wollen. Im Grunde ist das Bandmaß das vielseitigere Messmittel: Man kann mit ihm auch Innenmessungen durchführen, und es lässt sich außerdem genauer ablesen. Beim zwei bis drei Millimeter starken Zollstock kommt es leicht zu Ablesefehlern, wenn man nicht exakt senkrecht auf die Skala schaut. Bei dem nur Zehntelmillimeter starken Bandmaß oder einem Stahlmaß kommt das naturgemäß nicht vor.

Bei einem Bandmaß ist darauf zu achten, dass es arretierbar ist. Manche Typen arretieren sich automatisch und rollen erst beim Drücken eines Knopfes wieder auf, andere rollen sich immer wieder auf, wenn sie nicht arretiert werden. Welches Prinzip man bevorzugt, ist Geschmackssache. Auf jeden Fall muss das Band pfleglich behandelt werden und darf keine Knicke bekommen, sonst sind exakte Messungen nicht mehr möglich.

Für kleinere Basteleien ist das Stahllineal ein sehr brauchbares Messmittel, und es sollte in keiner Werkstatt fehlen. Stahllineale sind in verschiedenen Längen zwischen 20 und 50 cm erhältlich. Die kürzeren Ausführungen verfügen oft über eine Skala in Halbmillimeterabständen. Plastiklineale eignen sich für Messungen genauso und sind wegen ihrer Transparenz oft praktischer. Aber sie eignen sich nur sehr bedingt zum Führen eines Bastelmessers, weil man schnell in die Messkante „rutscht“ und das Lineal auf Dauer Kerben und Scharten erhalten wird. Sehr praktisch ist allerdings ein Geodreieck aus durchsichtigem Kunststoff zum Bestimmen von Winkeln.

MESSSCHIEBER UND MIKROMETER

Wenn es um Millimeterbruchteile geht, sind zwei exaktere Messmittel erforderlich: der Messschieber (umgangssprachlich auch Schieblehre genannt) und der Mikrometer. Ein Messschieber ist in der Modellbahnwerkstatt unentbehrlich, selbst wenn er deutlich teurer als ein Lineal ist. Auch wenn es sehr preiswerte Modelle gibt, sind die rund € 20,– für einen guten Messschieber aus rostfreiem Stahl mit Nonius gut angelegt. Der Nonius ist der Clou des Messschiebers. Mit seiner Hilfe

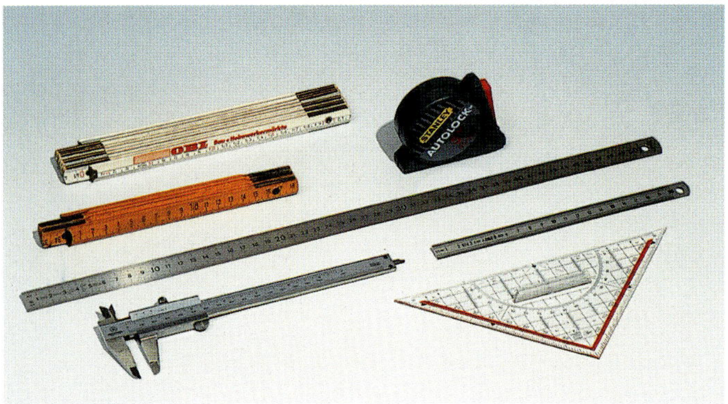

Stahllineale, Zollstock und Bandmaß (hinten) sind für gröbere Messungen mit einer Genauigkeit von ca. einem Millimeter. Mit dem Stahlmaß kann man schon bis zu einem halben Millimeter genau messen; mit dem Messschieber bis zu einem Zwanzigstelmillimeter. Das Geodreieck schließlich ist unverzichtbar zum Messen von Winkeln.

Mit dem Bandmaß kann man auch Innenmessungen durchführen, wie hier bei einem Modulkasten. Dazu ist zu dem angezeigten Maß die Länge des Gehäuses hinzuzurechnen (oben). Für diese Innenmessungen ist allerdings ein verschiebbares Bandmaßendblech notwendig, damit dieses Blech nicht mitgemessen wird (unten).

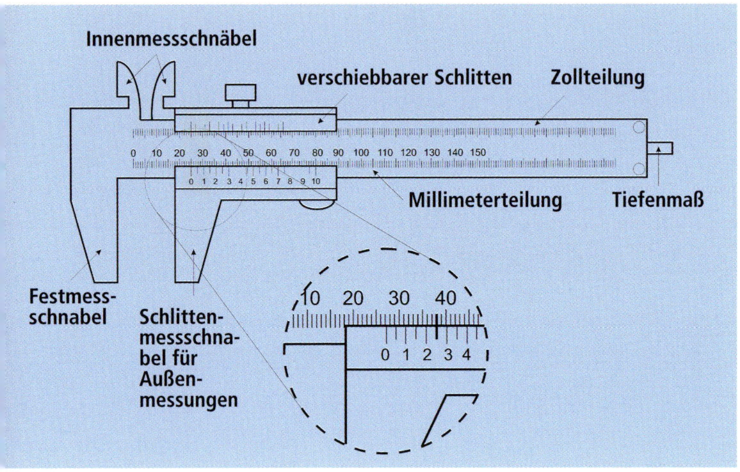

So benutzt man den Nonius einer Schieblehre: Die Markierung vor der Null-Linie des Nonius gibt die vollen Millimeter an, die übereinstimmenden Markierungen oben und unten geben die Bruchteile an; in unserem Fall 2,5 Zehntel, macht also 24,25 mm.

kann man bis zu 1/10, oft sogar bis zu 1/20 Millimeter genau messen (siehe Bild). Seit einiger Zeit gibt es auch Messschieber mit digitaler Anzeige. Sie lassen sich leicht ablesen und zudem in jeder beliebigen Stellung „nullen", was Differenzmessungen ohne umständliche Rechnerei ermöglicht.

Ein Messschieber hat zwei mal zwei Messschnäbel – ein Paar für Außenmessungen und ein Paar für Innenmessungen. Die Messschnäbel für Außenmessungen sind breit, damit sie sich senkrecht auf die zu messende Oberfläche ausrichten können, die Messspitzen für die Innenmessungen sind sehr schmal, damit man auch in kleinen Rundungen ohne große Messfehler messen kann. Wichtig ist, dass man die Messflächen immer genau im rechten Winkel auf die zu messenden Flächen aufsetzt, weil ein Verkanten zu größeren und somit falschen Messwerten führen würde. Neben Innen- und Außenmessungen kann man mit dem Messschieber auch genaue Tiefenmessungen durchführen. Dazu ist der Schlitten mit einem Tiefenmaß verbunden, das unten aus dem Körper des Messschiebers herausfährt. Zur Tiefenmessung öffnet man den Messschieber weit, setzt dann den Tiefenmesser auf den Boden der zu messenden Öffnung und schließt den Messschieber dann langsam, bis die Unterkante des Messschiebers auf die Oberseite der Öffnung aufsetzt. Wichtig ist, dass man die Messspitze des Schiebers genau senkrecht in die Öffnung einführt, damit die bereits erwähnten Messfehler nicht auftreten, und die kleine Verjüngung am Ende des Tiefenmessers zur Innenwand der Öffnung zeigt. So führen eventuelle Verunreinigungen oder ein nicht ganz gratfreier Übergang zwischen Wand und Boden des Lochs nicht zu Messverfälschungen.

Wenn selbst die Genauigkeit des Messschiebers nicht ausreicht, kann man mit dem Mikrometer bis zu 1/100 Millimeter genau messen. Hier werden nicht zwei Skalen linear gegeneinander verschoben wie bei dem Messschieber, sondern zwei Präzisionsgewinde gegeneinander verdreht, wodurch eine höhere Messgenauigkeit erreicht wird. Mit einem Mikrometer lassen sich aber nur Außenmaße messen.

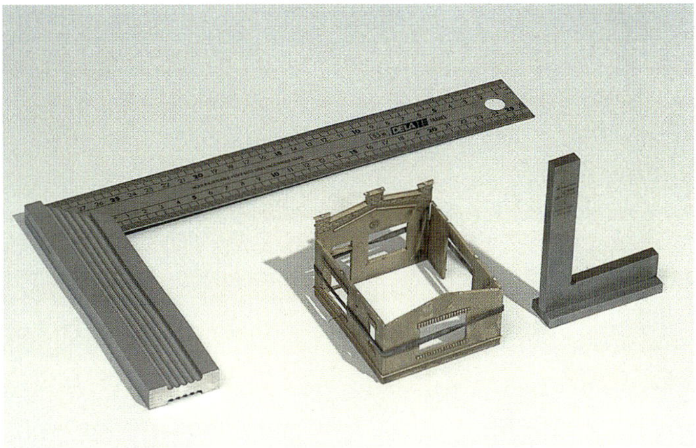

Metallwinkel zur Bestimmung von exakt rechten Winkeln – ein kleiner Standwinkel (etwa für den Gebäudemodellbau) und ein größerer Blechwinkel für den Anlagenbau.

Winkel-Messgeräte: einstellbare Schmiege (hinten), davor rechts ein fester Gehrungswinkel aus Holz und links ein solcher aus Metall, im Vordergrund ein einstellbarer Winkelmesser.

Das kennt jeder Modellbahner: Ein Bahnhof weist eine leichte Neigung auf und abgestellte Wagen fangen an zu rollen. Da fehlte eine Wasserwaage, wie sie zum genauen Ausrichten von Trassenbrettern und Modulen unerlässlich ist.

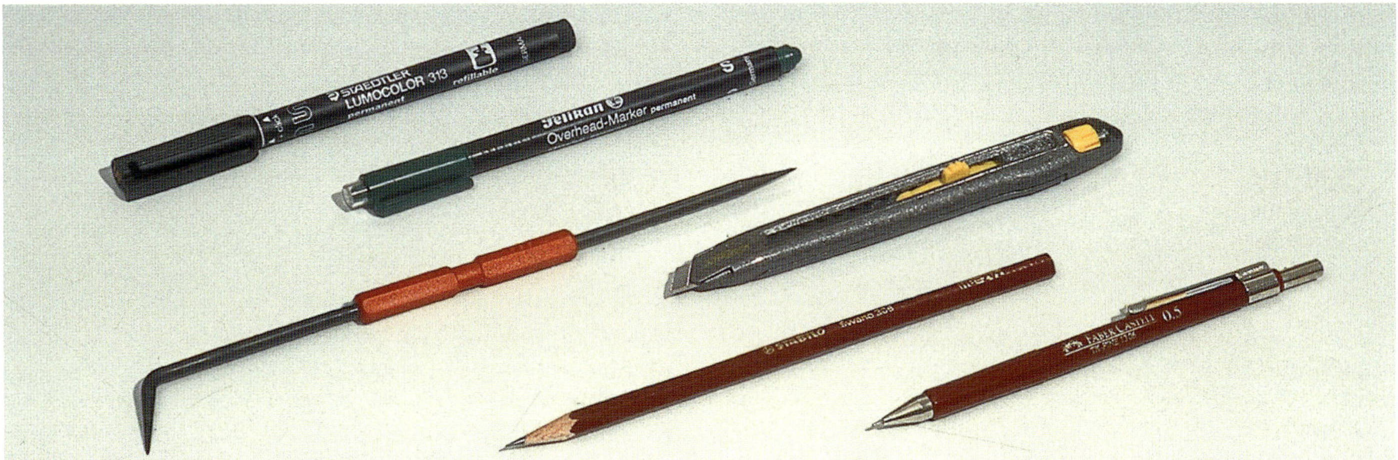

Nützliche Markierungsmittel sind Bleistifte für Holz und Kunststoff, Filzstifte (Folienstifte) für Metall und Kunststoff, Messer und Reißnadel für sehr genaue Anritzungen.

Zangen und Scheren, Messer und Sägen

Schneiden und Sägen

Überblick über die beim Umbau des Bahnhofs „Eschbronn" eingesetzten Trennwerkzeuge: Messer, Scheren, Seitenschneider und Tischkreissäge. Letztere ist für das Herstellen gerader Schnitte in Platten aller Arten unentbehrlich.

Eigentlich will ja der Modellbauer, dass in seinen Händen etwas zusammengefügt wird, etwas Neues entsteht. Aber auf dem Weg dorthin muss vieles erst mal getrennt werden: Drähte und Profile sind abzulängen, Platten und Leisten passend zurechtzuschneiden oder zu sägen.

Bei den Zangen zum Trennen, Schneiden oder Kappen macht man sich einfache physikalische Gesetze und die dadurch auftretenden Kräfte zunutze. Eine Zange besteht im Prinzip aus zwei über ein Gelenk gekreuzt angeordneten Hebeln, wobei der Hebelweg auf der Griffseite normalerweise deutlich länger ist als jener auf der Arbeitsseite. Je größer der Hebelunterschied, desto größere Arbeitskräfte kann man mit der Zange aufbringen; dieses Prinzip macht sich beispielsweise die klassische Kneifzange zum Trennen von Drähten und Profilen zunutze.

Zangen zum Trennen: Hinten links die schon bekannte Kombizange, davor und rechts daneben zwei Seitenschneider in unterschiedlich schweren Ausführungen und rechts vorne eine watenfrei schneidende Zange.

Für uns eignet sich aber der Seitenschneider besser, weil sich die Schnittfläche besser einsehen lässt. Seitenschneider gehören zu den gebräuchlichsten Zangentypen. Mit ihnen können unterschiedlichste Materialien geschnitten werden. Grundsätzlich gilt: Bei guten Seitenschneidern sind die Schneiden induktiv gehärtet, ausreichend scharf, und sie treffen über die gesamte Schneidenlänge präzise aufeinander. Sie schneiden auch einen dünnen Draht „springend" und quetschen ihn nicht bloß ab.

Eine Variante des Seitenschneiders ist der „watenfreie" Schneider, bei dem die Schnittfläche nur einseitig angeschnitten ist. Er ermöglicht dabei das Schneiden ohne Quetschungen, wie sie beim normalen Seitenschneider auftreten. Das ermöglicht zum Beispiel auch das bündige Anschneiden von aus einer Oberfläche herausragenden Profilen, wie bei Gleisprofilen am Anlagenrand. Tipp für schneidende Zangen: Legen Sie zum Schneiden den Draht immer möglichst nahe am Gelenk ein. So erhöhen Sie die Hebelwirkung und schneiden mit wesentlich geringeren Kräften.

Beim Kauf aller Zangen, mit denen man etwas trennen will, sollte man darauf achten, dass die Schnittkanten exakt parallel zueinander sind und keine Kerben aufweisen. Dazu hält man die Zange gegen das Licht und im Idealfall tritt über die ganze Schnittfläche kein Licht, zwischen den Kanten durch.

Eine wichtige Spezialzange für uns ist die Abisolierzange zum Abisolieren von Kabeln und Litzen. Sicher lässt sich die Kabelumhüllung auch per Seitenschneider oder Messer entfernen (oder schlicht mit den eigenen Zähnen), aber auf Dauer empfiehlt sich die Anschaffung einer richtigen Abisolierzange. Es gibt sie in „automatischer“ und „manueller“ Ausführung, wobei Erstere von selber die Dicke der Isolierung und der Kabel-adern abtastet.

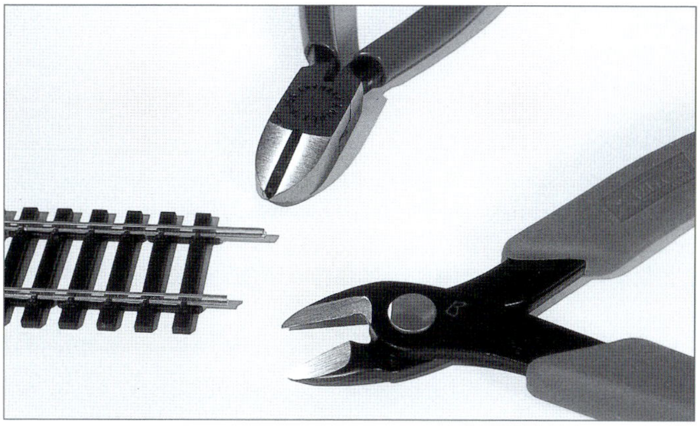

Beim normalen Seitenschneider (hinten) ist die Schnittfläche von beiden Seiten angeschliffen, beim watenfreien (hier von Xuron) hingegen nur von innen. Deshalb lassen sich mit dem watenfreien Schneider bündige Trennungen, z.B. von Schienenprofilen, vornehmen.

MESSER UND SCHEREN

Für das Schneiden von Polystyrolplatten, Balsaholzbrettchen oder auch Papier und Pappe sollte man zunächst ein, zwei Scheren in seiner Werkstatt haben: Eine normale Papierschere zum Schneiden von Papier und Pappe sowie eine kleine spitze Schere, die durchaus auch gebogen sein kann wie eine Nagelschere. Diese ist nämlich hervorragend geeignet, um kleine Korrekturschnitte vornehmen zu können, wie zum Beispiel das Herausschneiden von überflüssigen Flocken aus Modellbäumen und ähnliche Arbeiten.

Vielseitiger als Scheren sind Messer. Sie lassen sich an einem geeigneten Hilfsmittel entlangführen und erzeugen sehr exakte Schnitte. Ein solches Hilfsmittel kann beispielsweise ein Stahllineal, ein Geodreieck oder eine speziell angefertigte Schnittschablone sein. Die universellste Messerart in der Modellbahnwerkstatt ist das Abbrechmesser. Die Klinge hat alle paar Millimeter Sollbruchstellen, und sobald Klinge und Spitze stumpf geworden sind, wird einfach das oberste Stück abgebrochen. Abbrechmesser gibt es in verschiedenen Größen, wovon die kleineren für den Modellbau am besten geeignet sind.

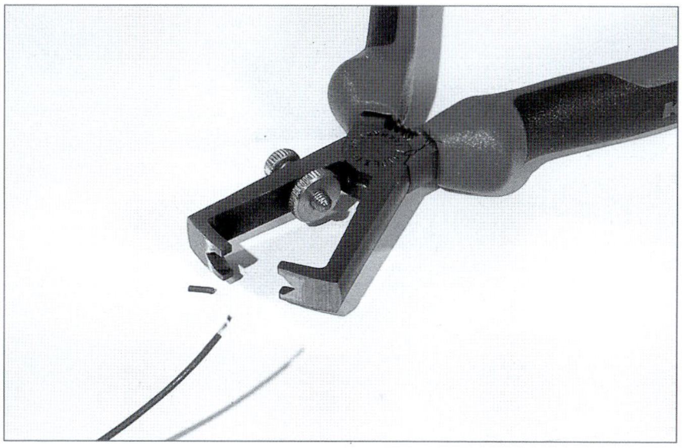

Mit einer Abisolierzange lassen sich Kabel sauber und reproduzierbar abisolieren, weil der Anschlag der Zange einstellbar ist.

Für grobe Arbeiten mit langen Schnitten durch dickere Materialien ist hingegen das klassische Tapetenmesser geeignet. Es hat eine fest eingespannte Klinge, die nach Demontage des Messers gewendet werden kann, wenn sie stumpf ist. Diese Messer sind stabiler und erlauben kraftvoll geführte Schnitte.

Noch ein Wort zum Untergrund beim Schneiden mit Messern: In der Regel lässt es sich kaum vermeiden, dass man beim Schneiden durch das Werkstück hindurch auch in den Untergrund schneidet. Unschön, wenn dies der Wohnzimmertisch oder der Parkettboden ist. Ein ebenes, hartes Sperrholzbrettchen ist eine ideale Schneideunterlage – hart, damit sich die zu schneidenden Materialien nicht durchbiegen können, aber nicht zu hart, da sonst das Messer zu schnell stumpf wird. Mit einer Ausnahme: Das Abtrennen von Messing-Ätzteilen vom Hauptgrat erfolgt auf einem ganz harten Untergrund. Da sich das Messing sehr schwer durchtrennen lässt, neigt es sehr zum Durchbiegen. Hier hat sich eine stabile Glasplatte als Untergrund bewährt, denn sie ist absolut eben und lässt sich leicht reinigen. Mit dem Nachteil, dass die Messerklingen auf diese Art und Weise schnell abstumpfen, muss und kann man hier leben.

Scheren in verschiedenen Größen – eine Papierschere (zweite von links) und eine kleine Nagelschere (ganz rechts) gehören auf jeden Fall zur Grundausstattung der Bastelwerkstatt.

SÄGEN

Ab einer gewissen Materialstärke oder -festigkeit hilft kein Schneiden mehr, und man muss zur Säge greifen. Beim Schneiden wird der Werkstoff durch die scharfe Messerklinge gespalten, hingegen entfernt beim Sägen das Sägeblatt kleine Teile aus dem Werkstück. Deshalb sind die beiden entstehenden Einzelteile auch um die Stärke des Sägeblattes kürzer als das Ursprungsteil, was schon manchmal zu unliebsamen Überraschungen geführt hat … Hier geht es zunächst um die Sägen, welche für die Bastelwerkstatt von Nutzen sind. Sägen für gröbere Holzarbeiten oder zur Metallbearbeitung finden Sie auf S. 42/43 und 52/53.

Die gute alte Laubsäge ist allen von uns bekannt und hat auch für Modellbauzwecke ihre Einsatzgebiete: Wegen ihres großen Bügels erlaubt sie nämlich hervorragend das Ausschneiden von Öffnungen in Platten, wie es beispielsweise bei Fenstern in Wandplatten für selbst gebaute Häuser der Fall ist. Bleibt anzumerken, dass sich für unsere Zwecke oft die feiner gezahnten Sägeblätter für Metall eher anbieten als die gröberen für Holzarbeiten.

Für das Ablängen von Leisten und das Trennen von Profilen sollte hingegen eine Feinsäge im Werkzeugkasten zu finden sein. Auch sie gibt es in verschiedenen Größen mit unterschiedlichen Sägeblattbreiten und -zahnungen. Preiswert und für viele Arbeiten geeignet ist die Roco-Bastelsäge mit ihrem extrem dünnen Sägeblatt. Wichtig beim Arbeiten mit Feinsägen ist ein flacher Ansatzwinkel, damit immer viele Zähne im Eingriff sind und gleichmäßige Schnitte entstehen.

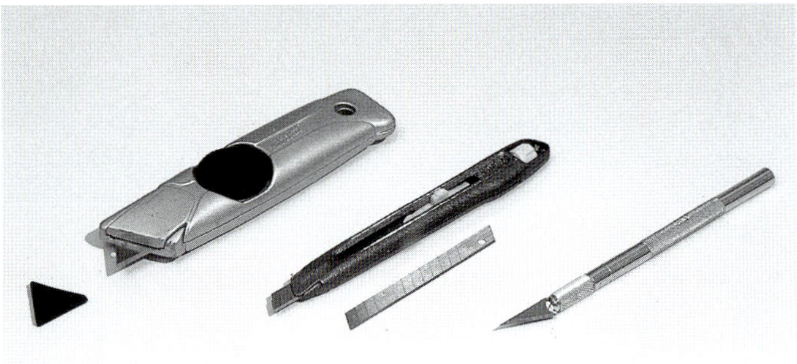

Auf scharfe Messer sollte man immer Zugriff haben: Links ein Tapetenmesser mit fest eingebauter Klinge, daneben ein klassisches Bastelmesser mit Abbrechklinge. Für feinste Anwendungen geeignet ist das Skalpell rechts.

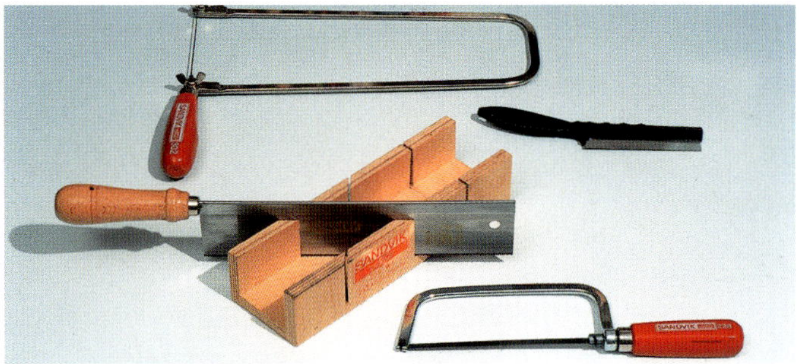

Diverse praktische Handsägen: Laubsäge (hinten), rechts davor die praktische Roco-Bastelsäge, vorne eine normale Feinsäge in einer Gehrungslage und eine Bügelsäge.

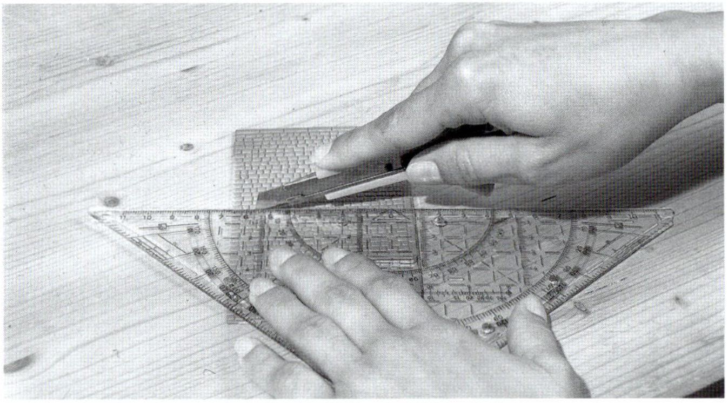

Für gerade Schnitte führt man das Messer entlang eines Stahllineals oder Geodreiecks. Vorsicht bei Letzterem: Die Klinge nicht verkanten, sonst schnitzt man am Geodreieck herum, das dann nicht mehr zu gebrauchen ist.

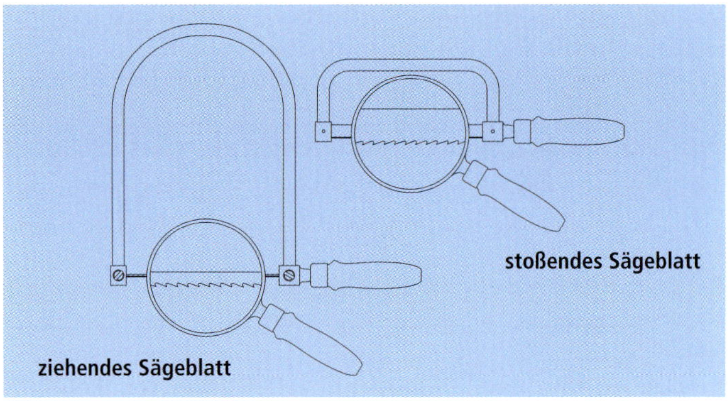

Ganz wichtig ist das richtige Einspannen der Sägeblätter: bei Laubsägen „ziehend“, also mit den Zähnen zum Griff hin. So findet der Sägevorgang beim Ziehen nach unten statt. Bei Feinsägen erfolgt er hingegen „stoßend“, weshalb die Zähne vom Griff wegzeigen.

Der Winkelschneider von Olfa, der eigentlich für das Schneiden von Passepartouts gedacht ist, erzeugt auch hervorragend 45-Grad-Schnitte von Gleisbettungen.

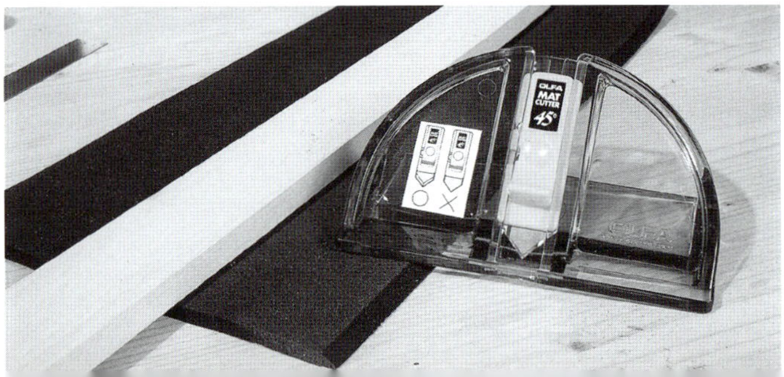

Ein Anwendungsfall, bei dem die Laubsäge unentbehrlich ist, ist das Sägen von Fenstern in Mauerplatten: Loch gebohrt, Sägeblatt durchgesteckt und festgezogen – und los gehts …

Wenns nicht auf Anhieb klappt: das Nacharbeiten

Schleifen und Feilen

Schleifpapiere und Schleifleinen sowie Schleifklötze aus Kork und Gummi (unten). Beim Schleifen mit Schleifklotz muss man Holz immer in Faserrichtung behandeln. Während bei größeren Objekten das Schleifmittel über das Werkstück geführt wird, gehts bei kleineren auch umgekehrt.

Oft genug gelingt die Formgebung eines Werkstücks aus Plastik oder Holz auf Anhieb nicht exakt genug. Dann ist Nacharbeit angesagt, um es endgültig passgenau zu machen. Dem Schleifen und dem Feilen ist gemeinsam, dass man nur Material entfernen kann – dranschleifen geht genauso wenig wie langer sagen.

SCHLEIFEN

Konsequenz: Wenn man von vornherein weiß, dass sich ein Maß beim Sägen nicht exakt einhalten lässt, gibt man im Zweifelsfall etwas zu und sorgt erst durch Abschleifen für exakte Maße. Ein anderes Ziel des Schleifens ist die Oberflächenbehandlung: das Werkstück wird aufgeraut oder glatt geschliffen.

In der Regel schleift man mit Schleifpapier oder Schleifleinen. Dieses gibt es in vielen Körnungen, wobei die Zahl angibt, wie viele Körner sich auf einem Quadratzentimeter befinden. Für normale Bastelarbeiten reichen Körnungen zwischen 80 und 320 völlig aus. Gröbere Körnungen kommen nur für sehr grobe Holzarbeiten in Frage, feinere eher in der Metallbearbeitung und bei Feinschliffen nach Lackierarbeiten. Schleifleinen ist nicht nur haltbarer, sondern auch besser zum Schleifen von gebogenen Flächen geeignet, während Schleifpapier billiger ist.

Schleifpapier und Schleifleinen schneidet man übrigens nie mit der Schere zu. Die scharfen Körner machen die Schneiden stumpf. Besser ist es, das Papier erst zu falten und dann über einer scharfen Kante abzureißen. Es empfiehlt sich, das Schleifpapier beim Schleifen von Flächen um einen Schleifklotz aus weichem Holz oder besser Kork zu wickeln. Dieser Klotz sorgt für eine gleichmäßig ebene Schleiffläche, und er bewährt sich auch beim Brechen von Kanten ausgezeichnet. Während bei Kunststoffen die Schleifrichtung keine Rolle spielt, schleift man bei Holz immer in Richtung der Maserung. Anderenfalls reißen die Fasern aus, und man erhält eine raue, unschöne Oberfläche.

Das Schleifen von Profilen erfolgt ebenfalls in Längsrichtung des Profiles. Allerdings mit Vorsicht, wie bei unregelmäßigen Formen – zu schnell sind Kanten versehentlich rund geschliffen oder erhabene Formen abgeschliffen. Hier kann die Anfertigung eines Gegenprofiles sinnvoll sein oder die Verwendung eines Schleifschwammes. Das ist ein mit Schleifkorn beschichteter Schwamm, der sich relativ flexibel an die Form des zu schleifenden Profils anpasst. Oft hat er eine grobe und eine feine Seite für Vor- und Feinschliff. Für das Oberflächenfinish von stark gekrümmten Flächen oder Profilen eignet sich übrigens auch Stahlwolle.

Ein gar nicht so seltener Sonderfall ist das Schleifen von exakten Winkeln. Hier bewährt sich eine Tellerschleifmaschine mit rotierender Schleifscheibe hinter einem verstellbaren Auflagetisch. Mit ihr lassen sich kantenscharfe und exakte Winkel aller Art sauber schleifen. Und sie ist eine gute Hilfe, wenn man sich langsam an ein bestimmtes Maß herantasten muss.

FEILEN

Mit Feilen lassen sich, bis auf gehärteten Werkzeugstahl, alle Materialien bearbeiten, die im Modellbau Verwendung finden. Daher ist auch die Zahl unterschiedlicher Feilen sehr groß. Bei Feilen besteht die spanende Fläche aus Stahl, in den scharfe „Zähne“ entweder gehauen oder gefräst sind. Gefräste Feilen sind scharfkantiger und erlauben schnelleres Arbeiten, sie werden aber dafür auch schneller stumpf.

Man unterscheidet Feilen für die Metall- und Kunststoffbearbeitung sowie Raspeln, sehr grobe Feilen ausschließlich für die Holzbearbeitung. Der „Hieb“ gibt die Zahnung der Feile an – je größer die Hiebzahl, desto feiner die Feile. Je nach Hiebstufen spricht man von der Schruppfeile für grobe Arbeiten bis zu der Feinschlichtfeile für finale „Feilereien“.

Feilen gibt es mit oder ohne Griff, dem so genannten Feilenheft. Die allerkleinsten von ihnen, die Nadelfeilen, haben keinen Griff. Für sie ist ein Feil- oder Stiftkloben nötig, wenn man die Feilen nicht nur an dem nackten Wellenende greifen möchte. Beim Eisenbahnmodellbau werden hauptsächlich Schlüssel- und Nadelfeilen eingesetzt. Wer plant, viel mit Metall zu arbeiten, sollte sich darüber hinaus ruhig auch einen Satz Mechanikerfeilen mit 250 bis 300 mm Länge für die gröberen Arbeiten zulegen.

Im Architekturmodellbau gang und gäbe, bei Modellbahnern recht selten anzutreffen: Eine Tellerschleifmaschine, mit der man exakt winkelige Schliffe erreichen kann.

Verschiedene Feilenarten und -formen: darunter Flach-, Vierkant-, Halbrund-, Rund- und Dreikantfeilen.

Feilen in verschiedenen Größen von der großen Mechaniker- oder Schlosserfeile bis zur kleinen Nadelfeile. Für uns wichtiger sind die kleineren Feilen.

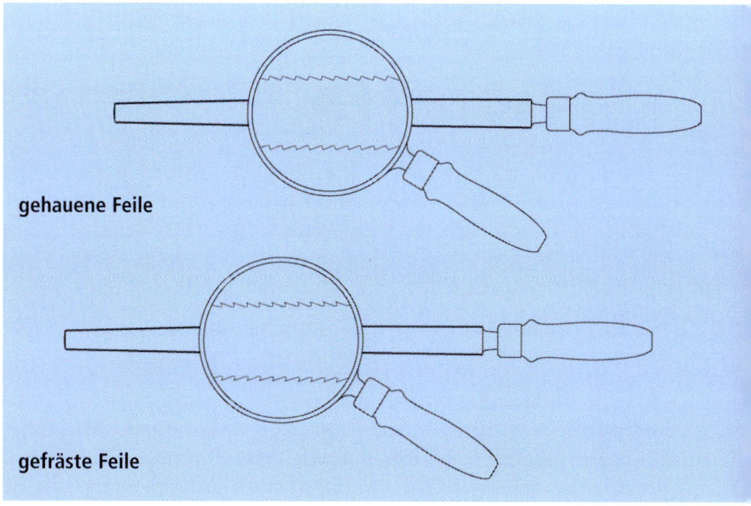

Unterschied zwischen gehauenen und gefrästen Feilen: Gefräste Feilen sind scharfkantiger und erlauben schnelleres Arbeiten, sie werden aber dafür auch schneller stumpf.

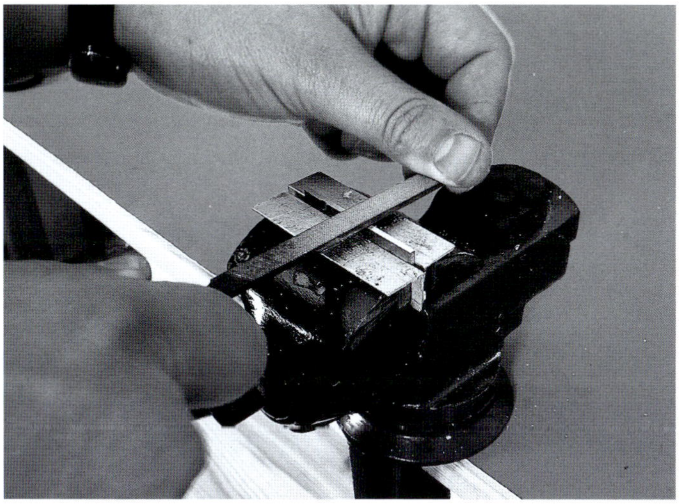

So feilt man richtig (links): Werkstück in Schraubstock einspannen, Feile mit beiden Händen in Richtung der Längsachse bewegen und nur in der Vorwärtsbewegung andrücken. Haben sich die Zähne einer Nadel- oder Schlüsselfeile mal mit Spänen zugesetzt, werden sie mit einer Messingbürste wieder schonend gesäubert (rechts).

Welche Feile für eine bestimmte Arbeit in Frage kommt, ist abhängig vom zu bearbeitenden Material, der abzutragenden Menge und der am Ende gewünschten Oberfläche. Grundsätzlich gilt:

- Je härter das Material, desto feiner der Hieb.
- Großer Hieb gleich großer Materialabtrag.
- Feiner Hieb gleich glattere Oberfläche.

Ein Beispiel: Soll von einem Messingklotz ein Millimeter abgetragen werden und die Fläche am Ende schön glatt sein, beginnt man mit einer großen, groben Feile (Schruppen) und glättet erst den letzten Zehntelmillimeter mit einer kleinen feineren Feile (Schlichten).

Zum Feilen wird das Werkstück zweckmäßigerweise möglichst kurz in einen Schraubstock eingespannt. Die Feilbewegung erfolgt grundsätzlich in der Feilenlängsachse bei gleichzeitiger leichter Verschiebung nach rechts oder links, um der Riefenbildung entgegenzuwirken. Die Feile wird mit der rechten Hand am Griff gehalten und geschoben, während mit der linken Hand die Feile am vorderen Ende auf das Werkstück gedrückt wird. Wichtig: Nur bei der Vorwärtsbewegung Druck auf die Feile ausüben! Beim Zurückziehen muss die Feile frei von Druck sein, ansonsten wird sie, gerade bei der Bearbeitung von Stahl, schnell stumpf.

Mit Schlüssel- und Nadelfeilen lassen sich Metalle, Kunststoffe und Holz bearbeiten. Bei der Holzbearbeitung setzen sie sich allerdings recht schnell zu und müssen häufig gereinigt werden. Dieses geschieht mit einer weichen Messingbürste, mit der die Feile in Hiebrichtung gesäubert wird.

Für alle Zwecke und Materialien

Klebstoffe

Starker Stoff: Zahlreiche, wenn auch nicht alle im Modellbau verwendbaren Klebstoffe auf einem Haufen – das hält!

Das Kleben ist im Modellbau die wohl häufigste Methode zur Verbindung zweier Teile. Dementsprechend vielfältig ist auch das Angebot an Klebstoffen. Nahezu für jede Anwendung und für jedes Material sind spezielle Klebstoffe erhältlich, was die Auswahl nicht gerade übersichtlich macht. Hinzu kommt: Auch Stoffe, die nicht als Klebstoff ausgewiesen sind, eignen sich zum Kleben.

Holz findet im Modellbau vielfältige Anwendung. Vom Anlagenunterbau über Modulkästen bis hin zu Gebäuden und Fahrzeugen ist dieser natürliche Werkstoff zu finden. Pappe und Papier werden aus Holzfasern gewonnen, weshalb sie in ihrem Verhalten zu Klebstoff vergleichbar sind. Der klassische Kleber für Holz ist der Holzleim, der unter Markenbezeichnungen wie Ponal und Uhu-Coll jedem von uns bekannt ist. Es handelt sich hierbei um einen lösemittelfreien Kunstharzkleber auf Wasserbasis, der für alle Verklebungen von Holz mit Holz sehr geeignet ist, solange das Holz unbehandelt ist.

Lackiertes oder behandeltes Holz lässt sich bei glatten Oberflächen besser mit Kontaktkleber und bei sehr rauen Oberflächen mit Acrylkleber aus der Kartusche kleben. Da sich Holz bei Feuchtigkeitsschwankungen ausdehnt, sind feste Zweikomponentenklebstoffe ungeeignet. Auch Heißkleber verklebt Holzteile sehr schnell oder verschließt auch mal Spalte dauerhaft, die Festigkeit von Weißleim erreicht er jedoch nicht. Papier und Pappe lassen sich mit Weißleim ebenfalls gut verkleben, neigen aber zur Wellenbildung. In Verbindung mit Sekundenkleber wird aus Papier und Pappe ein sehr steifes Material, das sich wie Kunststoff verhält. Mit Heißkleber sind beide Materialien auch in der Geländegestaltung sehr gut zu verarbeiten.

Für das weite Feld der Kunststoffe gibt es die meisten Klebstoffe. Der Grund: Kunststoff ist nicht gleich Kunststoff. Wer mal versucht hat mit lösungsmittelhaltigem Alleskleber Styroporplatten zu verkleben, wird das Problem kennen. Dass man aber Plastikbausätze hervorragend mit Verdünnung (Tangit) verkleben kann, ist schon weniger bekannt. Auch für das meist problematische Verkleben von Schaumstoffen findet sich in Baumärkten eine ganze Reihe hervorragend geeigneter, überstreichbarer Klebstoffe auf Acrylbasis. Nicht überstreichbare, aber dafür wasserfeste Verbindungen lassen sich mit Silikonklebern aus dem Sanitärbereich herstellen. Diese elastischen Verklebungen eignen sich gut für das geräuschdämpfende Ankleben von Weichenantrieben. Auch für das schwer zu verklebende PVC sind spezielle Klebstoffe erhältlich.

METALL

Metalle untereinander sollten besser verlötet als verklebt werden. Anders als bei den Kunststoffen lässt sich eine Metalloberläche nicht so einfach anlösen und durch Verdunstung eines Lösungsmittels wieder hart werden. Für eine dauerhafte Verklebung von Metallteilen müssen diese zuvor gereinigt und

Mit Kraftklammern fixierte Blechteile können mit dünnflüssigem Sekundenkleber auch im fixierten Zustand verklebt werden.

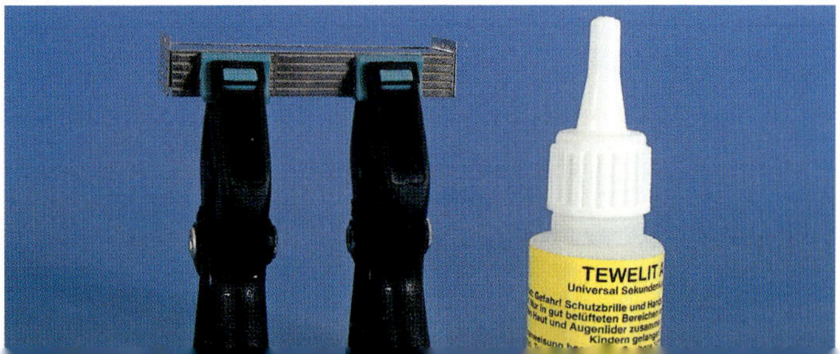

aufgeraut werden. Je nach Größe und Belastung der Klebefläche sind Kontakt-, Sekunden und Zweikomponentenkleber geeignet. In Einzelfällen auch Heiß- oder Silikonkleber.

SAND

Sand und Gestaltungsmaterial stellen besondere Anforderungen an den Klebstoff: Er sollte gut haften, transparent sein und das Streumaterial möglichst nicht verfärben. Hier wird am häufigsten Weißleim verwendet, und zwar pur oder mit Wasser verdünnt. Aber auch Tief- oder Haftgrund aus dem Malerbedarf ist gut geeignet. Vor dem Kauf sollte man ruhig mal seine Nase in den Tiefgrund stecken: Manche riechen furchtbar, andere gar nicht, aber geeignet sind beide.

Die größten Probleme treten auf, wenn unterschiedliche Materialien mit gegensätzlichen Eigenschaften miteinander verklebt werden sollen. Die Tabelle kann zwar nicht alle im Modellbau auftretenden Materialkombinationen berücksichtigen, aber zumindest die gebräuchlichsten.

Welcher Kleber für welches Material

	Holz, Pappe, Papier	Kunststoff	Schaumstoff	Metall	Sand und Gestaltungsmaterial
Alleskleber (UHU)	++	+	0	+	+
Kontaktkleber (Pattex)	++	+	0	++	0
Plastikkleber	0	++	0	0	+
Flüssigkleber	0	++	0	0	+
Verdünnung (Tangit)	0	++	0	0	0
Sekundenkleber (dick)	+	++	+	++	0
Sekundenkleber (flüssig)	+	++	+	++	0
Weißleim (Ponal)	++	0	++	0	++
Haft-/ Tiefgrund	0	0	0	0	++
Acrylkleber	+	+	++	0	0
Silikonkleber	0	+	++	++	0
Zweikomponentenkleber	0	+	+	++	0
Heißkleber	++	+	0	+	0

++ = sehr gut geeignet, + = geeignet, 0 = nicht geeignet

	Holz	Pappe	Papier	Kunststoff	Schaumstoff	Metall	Sand etc.
Holz	1,2,8,10,11,13	1,2,8,10,11,13	1,2,8,10,11,13	1,2,10,11,13	8,10,11	1,2,10,11,13	8,9
Pappe	1,2,8,10,11,13	1,2,8,10,11,13	1,2,8,10,11,13	1,2,10,11,13	8,10,11	1,2,10,11,13	8,9
Papier	1,2,8,10,11,13	1,2,8,10,11,13	1,2,8,10,11,13	1,2,10,11,13	8,10,11	1,2,10,11,13	8,9
Kunststoff	1,2,10,11,13	1,2,10,11,13	1,2,10,11,13	1,2,3,4,5,6,7,10,11,12	10,11	1,2,6,7,10,11,12	1,3,4,8,9
Schaumstoff	8,10,11	8,10,11	8,10,11	10,11	10,11	10,11	8,9
Metall	1,2,10,11,13	1,2,10,11,13	1,2,10,11,13	1,2,6,7,10,11,12	10,11	1,2,6,7,10,11,12	1,8,9
Sand etc.	8,9	8,9	8,9	1,3,4,8,9	8,9	1,8,9	8,9

1 = Alleskleber (UHU), 2 = Kontaktkleber (Pattex), 3 = Plastikkleber, 4 = Flüssigkleber, 5 = Verdünnung (Tangit), 6 = Sekundenkleber (dick), 7 = Sekundenkleber (flüssig), 8 = Weißleim (Ponal), 9 = Haft-/ Tiefgrund, 10 = Acrylkleber, 11 = Silikonkleber, 12 = Zweikomponentenkleber, 13 = Heißkleber

Weißleim eignet sich für alle Arbeiten mit Holz, hier bei der Montage von Holzstapeln als Ladegut.

Für besonders haltbare Verklebungen, beispielsweise an Lokgehäusen, ist Zweikomponentenkleber eine gute Alternative zum Löten.

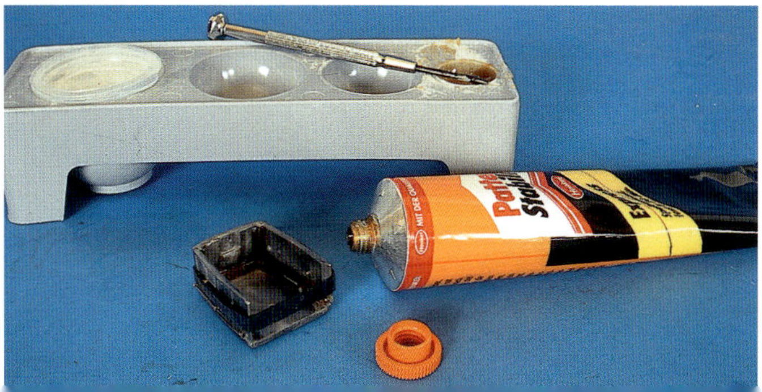

Festhalten und Zusammenpressen

Halten, Zwingen, Klemmen

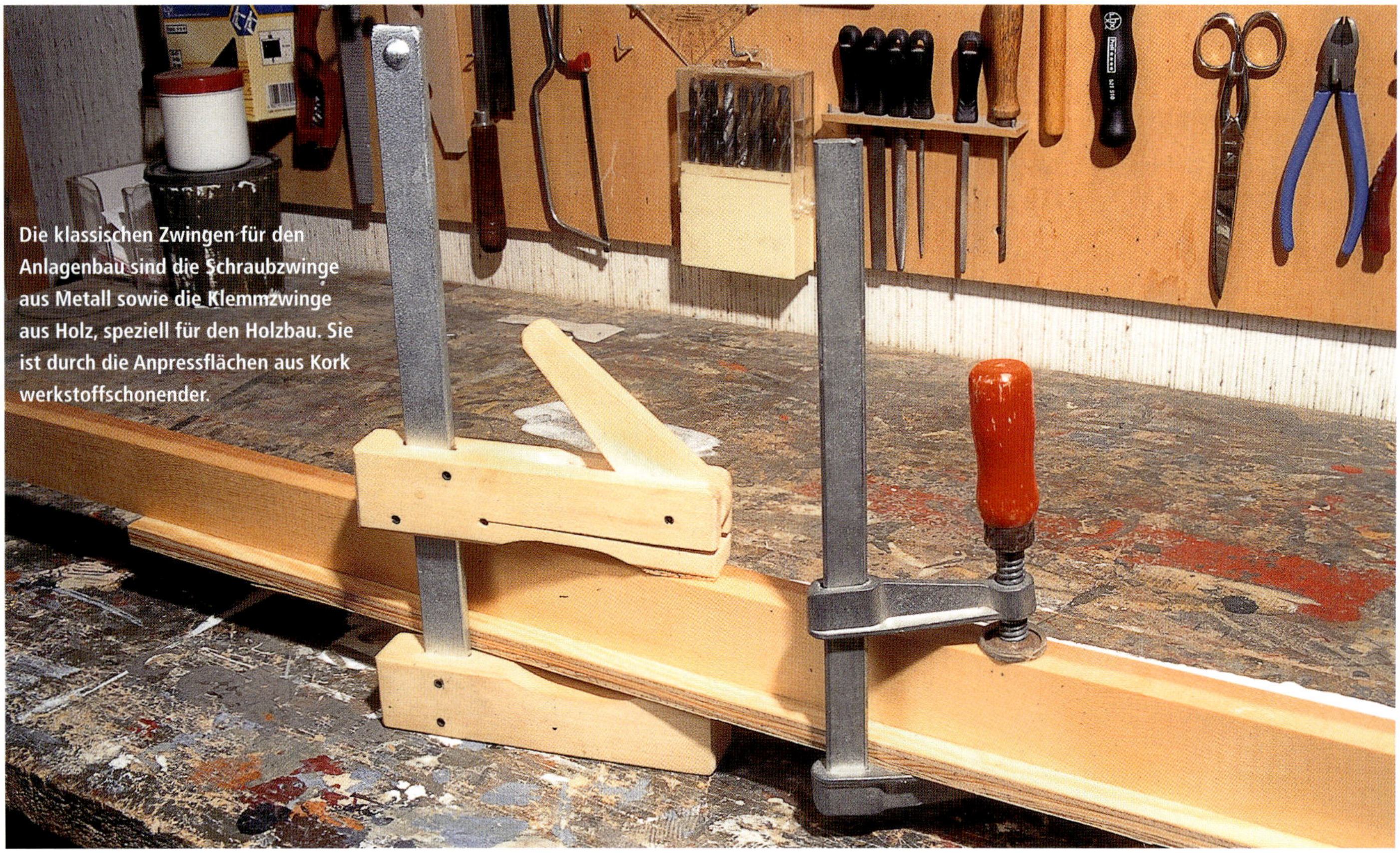

Die klassischen Zwingen für den Anlagenbau sind die Schraubzwinge aus Metall sowie die Klemmzwinge aus Holz, speziell für den Holzbau. Sie ist durch die Anpressflächen aus Kork werkstoffschonender.

Der wichtigste und vielseitigste Werkstoff beim Anlagenbau ist Holz – trotz mancher „moderner" Materialien wird sich daran in Zukunft kaum etwas ändern. Dementsprechend häufig hat der Modellbahner mit der Verarbeitung von Holz zu tun – und mit einer Reihe spezieller Werkzeuge, die hierbei hilfreich sind.

Oft sind es nur zwei Werkstücke aus Holz, die wir halten oder aneinanderpressen wollen, um sie zu bearbeiten oder zu verbinden. Von der kleinen Haarklammer bis zum schweren Schraubstock gibt es die verschiedensten Vorrichtungen – je nach Größe des Werkstücks und Einsatzzweck. Grundsätzlich sind hier zunächst Methoden und Ziele zu unterscheiden:

- Das Festspannen eines Werkstücks, um es zu bearbeiten.
- Das Zusammenfügen von zwei Bauteilen, um sie zu verbinden (zum Beispiel zu verleimen oder zu verschrauben).

Die Werkzeuge, die hierbei zum Einsatz kommen, können durchaus dieselben sein. Mit einer Schraubzwinge lassen sich zwei Bretter zusammenpressen, um Klebeflächen bis zum Aushärten zu fixieren. Man kann aber auch ein Brett mit einer Schraubzwinge auf der Werkbank festzwingen, um es abzusägen oder sonstwie zu bearbeiten. Oft ist vielmehr die Art und Größe des bzw. der Werkstücke entscheidend dafür, welche der Spannvorrichtungen am sinnvollsten einzusetzen ist. Von der Wirkungsweise kann man die Zwingen in zwei Gruppen einteilen: solche mit Federn und solche mit Schrauben.

ZWINGEN UND KLEMMEN

Die Zwingen, die ihren Anpressdruck über eine Feder ausüben, sind im Aufbau etwas einfacher und damit billiger. Sie haben aber den Nachteil, dass sich der Anpressdruck nicht dosieren lässt. Die Schraubzwingen sind in der Konstruktion aufwendiger, ihr Anpressdruck kann aber dosiert werden. Ein Sonderfall sind die hölzernen Klemmzwingen, zu denen wir später kommen.

Zwingen und Klemmen für kleinere Basteleien haben wir bereits im allerersten Kapitel behandelt. In ihren größeren Ausführungen gehören die Schraubzwingen zu den ganz klassischen

Werkzeugen beim Anlagenbau. Ihre Anpresskraft lässt sich an die Erfordernisse der Werkstücke anpassen. Sie bestehen meist komplett aus Metall und sind auch bis zu einer Spannweite von einem Meter erhältlich. Mit diesen großen Zwingen kann man dann auch schon mal einen kompletten Modulkasten zusammenhalten!

Manche Schraubzwingen haben Abdeckungen an den Backen, damit sie sich bei hohem Pressdruck nicht in weiche Werkstücke eindrücken. Und Holz ist oft recht weich, zum Beispiel bei den üblichen Kieferprofilen oder -brettern, die im Anlagenbau verwendet werden! Falls diese Abdeckungen nicht vorhanden sind, empfiehlt es sich, kleine Sperrholzplättchen zwischen Zwinge und Werkstück zu legen, damit im Holz keine unschönen Abdrücke zurückbleiben. Ein paar Schraubzwingen sollten in jeder Anlagenbauwerkstatt vorhanden sein – nicht selten braucht es sogar mehrere Exemplare derselben Größe, wenn man größere Teile verzwingen will.

Problematisch an Schraubzwingen: Oft braucht man drei Hände zu ihrer Bedienung – eine zum Fixieren der beiden zu zwingenden Werkstücke, eine weitere zum Ansetzen der Zwinge und eine dritte zum Festschrauben. Findige Ingenieure haben daher kürzlich die Einhandzwinge erfunden: Bei ihr wird der Anpressdruck durch einen lösbaren Ratschenmechanismus aufgebaut. So lässt sich die Zwinge mit der gleichen Hand ansetzen und festspannen. Zum Lösen des Klemmmechanismus gibt es einen Hebel, der die Klemmung wieder freigibt. Mit den Einhandzwingen kann man zwar nicht so hohe Presskräfte erreichen wie mit den konventionellen Schraubzwingen, aber dafür lässt sich mit ihnen sehr flott arbeiten.

Eine andere Klemmensorte, die im Anlagen- und Modulbau recht sinnvoll einsetzbar ist, sind Klemmzwingen, wie sie beispielsweise von Klemsia angeboten werden. Bei diesen bestehen die Klemmbacken aus Holz und lediglich der Bügel aus Metall. Sie sind in der Regel in Größen von 20 cm Spannweite bis etwa 90 cm erhältlich. Verspannt werden die Backen gegeneinander mithilfe eines Exzenters, der sich in einer Backe befindet. Die Handhabung ist denkbar einfach: Die Klemmzwinge wird an das Werkstück angelegt, die bewegliche Klemmzange wird an das Werkstück gedrückt, und der auf den Exzenter wirkende Hebel wird umgelegt. Korkauflagen an den Anpressstellen verhindern unschöne Druckstellen, wodurch die Klemmzwingen bestens für Holz geeignet sind.

Metallfederzwingen gibt es auch in großer und schwerer Ausführung. Sie bewähren sich vor allem beim Verleimen von Holzteilen. Mit ihnen lässt sich flott arbeiten, allerdings kann ihr Anpressdruck nicht reguliert werden.

SPANNER

Abschließend noch der Hinweis auf eine einfache Lösung: Seil- oder Bandspanner. Bei Seilen sollte man, um die Werkstücke zu schonen, an den Ecken L-förmige Kantenschoner anbringen, die das Seil führen und das Werkstück schützen. In relativ leichter Ausführung sind entsprechende Spannvorrichtungen mit Eckelementen im Baumarkt erhältlich. Dort gibt es auch verschiedenste Ausführungen von Spannern, bei denen – in der Regel durch einen Ratschenmechanismus – ein Band so gespannt werden kann, dass es Werkstücke sauber zusammenpresst.

Mit Einhandzwingen lässt sich das Problem der fehlenden „dritten Hand" lösen, das vielen Heimwerkern und Bastlern bekannt sein dürfte. Trotzdem lässt sich die Anpresskraft dosieren – anders als bei der einfachen Metallfederzwinge (unten).

Für das Zusammenzwingen von Rahmen eignet sich besonders die Seil- oder Bandverspannung. Je nach zu verspannendem Bauteil werden verschiedene Vorrichtungen angeboten, hier mit Unterstützung durch einen Ratschenmechanismus

Per Hand oder elektrisch
Holz sägen

Das gleiche Sägeblatt wie die Feinsäge hat die Gehrungssäge, aber sie ist eingespannt in ein „Gestell", mit dem man alle Winkel in 5°-Stufen einstellen kann.

Ein paar Bretter oder Leisten zersägen? Das ist wohl kein großes Kunststück – vorausgesetzt man achtet auf einige grundlegende Hinweise und die Qualität seiner Arbeitsmittel.

Kleine Bügelsäge oder Fuchsschwanz, elektrische Stichsäge oder stationäre Kreissäge: Wenn's ums Zertrennen von Holzteilen geht, steht der Bastler vor der Qual der Wahl. Eines gilt jedoch immer: Eine Säge muss scharf sein! Stumpfe Sägen verursachen unsaubere Schnitte und Verdruss beim Bastler, denn das Sägen mit einer stumpfen Säge ist eine mühselige Quälerei.

HANDSÄGEN

Wer glaubt, durch die inzwischen preiswerten elektrischen Sägen seien Handsägen entbehrlich, der irrt sich. Es gibt noch viele Anwendungsbereiche, in denen man besser eine Handsäge einsetzt, weil man mit ihr genauer und zügiger arbeiten kann.

Um einen sauberen Sägeschnitt zu erhalten, sind einige Regeln zu beachten:

- Die Säge möglichst in einem sehr flachen Winkel zum Werkstück ansetzen, sodass möglichst viele Zähne im Eingriff sind.
- In gleichmäßigen, ruhigen Zügen sägen und dabei so weit wie möglich die gesamte Sägeblattlänge ausnutzen.

Für viele Handsägen gibt es unterschiedliche Sägeblätter. Mit groben Sägeblättern kann man sehr schnell sägen – entsprechend grob wird aber auch der Sägeschnitt. Je feiner das Sägeblatt, desto feiner auch der Schnitt. Die gröbste Säge im Modellbau ist sicher der bekannte Fuchsschwanz. Er hat ein dickes und damit stabiles Blatt, das nicht durch einen Bügel oder Ähnliches gespannt werden muss. Er eignet sich, um Holz schnell zu zerteilen oder Holzleisten grob abzulängen.

Eine Stufe feiner arbeitet die Rücken- oder Feinsäge. Mit ihr lassen sich sehr gut Leisten ablängen. Passend gibt es so genannte Gehrungsladen, in denen die Säge geführt wird, um winklige Schnitte ausführen zu können. Mit einer Gehrungslade lassen sich Schnitte im 45°- und 90°-Winkel ausführen. Die Gehrungslade sollte mit Schraubzwingen an der Werkbank befestigt werden, damit man mit der einen Hand die Säge führen und mit der anderen Hand das zu sägende Werkstück halten kann.

Um beliebige Schnittwinkel herzustellen, gibt es die Gehrungssäge. Hier wird das Sägeblatt in einem Gestell geführt. Das Sägeblatt kann man um eine vertikale Achse drehen und in 5°-Schritten feststellen. Das zu sägende Werkstück (z.B. eine Holzleiste) wird in einer integrierten Vorrichtung eingespannt. Das gesamte Gebilde sollte mit Schraubzwingen auf der Werkbank festgespannt werden.

ELEKTROSÄGEN

Die verbreitetsten Elektrosägen im Modellbahnbereich sind die Stichsäge und die Kreissäge. Die Kreissäge ist dabei für alles zuständig, was gerade sein soll. Mit der Stichsäge kann man je nach eingesetztem Sägeblatt mehr oder weniger kurvige Schnitte durchführen.

Die Kreissäge ist wegen ihres kräftigen Motors und seiner hohen Drehzahlen ideal für Schnitte durch etwas stärkere Holzplatten. Vielseitig einsetzbar ist die Handkreissäge. Hier wird das Werkstück eingespannt und die Säge über das Werkstück geführt. Für viele Handkreissägen werden aber auch kleine Sägetische angeboten, sodass sie zu Tischkreissägen mutieren können.

Für uns Modellbahner interessant sind so genannte Pendelhaubensägen. Hier befindet sich das Sägeblatt im Ruhezustand in einer Haube, die dann durch das Werkstück zurückgeschoben wird. Dieser Sägeblattschutz klappt nach dem Sägevorgang durch eine Feder wieder zurück und schützt wieder die Finger des Bastlers. Beim Kauf einer Säge ist unbedingt darauf zu achten, dass sich dieser Sägeblattschutz leicht und ruckfrei zurückdrücken lässt, denn nur so ist ein sauberer Schnitt ohne Verkantungen möglich.

Entscheidend für ein sauberes Ergebnis sind die Sägeblätter, welche es für viele Zwecke gibt. Man sollte durchaus etwas tiefer in die Tasche greifen und sich Hartmetallblätter (HM) „gönnen". Sie bleiben deutlich länger scharf als Chromvanadiumblätter (CV). Die Anzahl der Zähne und ihre Verschränkung richtet sich nach dem zu sägenden Material. Für die im Modellbahnbereich oft verwendeten Holzplatten und Leisten eignet sich am besten ein relativ feines Hartmetallblatt.

Die Schnitttiefe kann bei den Kreissägen eingestellt werden. Damit die Zähne im richtigen Winkel ins Material „eintauchen", sollte dies auch sorgfältig getan werden. Nur so wird der Schnitt sauber. Optimal sind etwa 5 bis 10 mm über die Materialstärke hinaus.

Das Multitalent für den Modellbahner schlechthin ist die Stichsäge. Man unterscheidet bei ihnen zwischen Pendelhubsägen und solchen ohne Pendelhub. Bei den Pendelhubsägen wird die Hubbewegung des Sägeblattes mit einer pendelnden Bewegung überlagert. Das führt zu einer erheblich höheren Sägeleistung – leider aber zu Lasten der Sauberkeit des Sägeschnittes. Stellt man den Pendelhub auf die kleinste Stufe, wird der Sägeschnitt schon recht sauber, und der Pendelhub entfaltet trotzdem seine Wirkung.

Im Handel wird eine fast unübersehbare Zahl von verschiedenen Sägeblättern für Stichsägen angeboten. Sie unterscheiden sich in der Richtung der Zähne (je nachdem, ob man ein Werkstück von vorne oder hinten bearbeitet), in der Größe und Anzahl der Zähne (feiner und damit langsamer Schnitt oder grober und damit schneller Schnitt), in der Länge des Sägeblattes und vielem anderen mehr. Erwähnenswert sind noch die Sägeblätter, die beidseitig mit Zähnen ausgerüstet sind. Sie sind speziell für das Sägen enger Bögen gedacht, wo ein normales Sägeblatt an seine Grenzen kommt.

Ein sehr nützliches Zubehör für die Stichsäge ist der Stichsägetisch. Die Säge wird dabei so eingespannt, dass das Sägeblatt nach oben aus dem Sägetisch herausschaut. So kann man sehr flott und flexibel die verschiedenen Werkstücke sägen, da man nicht jedes Teil wieder neu einspannen muss.

DER SPEZIALIST: DIE LOCHSÄGE

Mit ihr lassen sich kreisrunde Öffnungen in Platten schneiden bzw. sägen. Die Lochsäge besteht aus einem Teller, in den je nach gewünschtem Durchmesser kreisförmig gebogene Sägeblätter eingespannt werden. Dieser Teller sitzt auf einem Bohrer, der dann in eine normale Bohrmaschine eingespannt wird. Zentriert wird die Lochsäge durch einen Bohrer in der Mitte.

Für das Sägen von Holzleisten ist die Feinsäge ideal. Die Gehrungslade ermöglicht senkrechte Schnitte im 45- und 90-Grad-Winkel.

Ein Multitalent beim Anlagenbau ist die Stichsäge, vor allem in Verbindung mit einem kleinen Sägetisch.

Ein Spezialist für kreisrunde Löcher ist die Lochsäge mit kreisrund gebogenen Sägeblättern. Eingespannt wird die Lochsäge in eine Bohrmaschine.

Gerade Schnitte durch Holzplatten erzeugt eine Kreissäge. Für den Anlagenbau besonders nützlich und vielseitig ist die Handkreissäge.

Holzteile richtig verbinden

Dübeln und Schrauben

Für eine Dübelverbindung werden die ersten Zapfenlöcher mit einer schablonenähnlichen Hilfsvorrichtung mittig und senkrecht in das Stirnholz gebohrt.

Wer Holzteile mechanisch miteinander verbinden will, also ohne oder zumindest nicht nur mit Leimeinsatz, muss zunächst entscheiden, ob die Verbindung dauerhaft oder wieder lösbar sein soll. Die Verbindungsmöglichkeiten mit Leim, Dübeln und Schrauben können dabei miteinander kombiniert werden.

Die Dübelverbindung ist eine der klassischen Verbindungsarten aus dem Möbelbau. Sie kommt zur Anwendung, wenn die Verbindung von außen nicht erkennbar (wie etwa eine Schraubverbindung), aber dennoch formschlüssig sein soll. Die Kraftübertragung von einem zum anderen Teil übernimmt dabei der Holzdübel, ein kleiner Holzstab mit einem Durchmesser von 4 bis 8 mm je nach erforderlicher Stabilität und einer Länge von etwa 2 cm. Die Oberfläche des Dübels ist in der Regel längsgeriffelt, damit er sich besser ins Holz drücken kann.

GUT GEDÜBELT

Eine passgenaue und stabile Dübelverbindung herzustellen ist nicht so einfach, wie man zunächst vermuten sollte. Wir zeigen beispielhaft die Verbindung von zwei Sperrholzplatten im rechten Winkel. Kurz gesagt, wird in beide Teile ein senkrechtes Loch gebohrt, in eines der beiden Löcher wird der Dübel eingesetzt, und das andere Teil wird darauf aufgesteckt. Die Löcher müssen natürlich senkrecht zur Verbindungsfläche sein, dürfen eine bestimmte Tiefe nicht überschreiten und müssen in beiden Teilen genau deckungsgleich gebohrt werden. Um die gewünschte Bohrlochtiefe einzuhalten, kann man einen Bohrständer verwenden. Darüber hinaus werden auf dem Markt zahlreiche Hilfsmittel angeboten, die sehr nützlich sind, wie zum Beispiel ein auf die Bohrmaschine aufschraubbarer Tiefenanschlag.

Eine Dübelverbindung besteht in der Regel immer aus zwei Dübeln – wegen der Verdrehsicherheit. Die Löcher für jene Dübel werden als Erstes in die Stirnfläche des einen Brettes gebohrt. Hierzu bietet Proxxon ein Gerät an, das den Bohrer führt und ein hinreichend senkrechtes Loch erzeugt. Das Gerät wird ähnlich wie ein Schraubstock auf das Werkstück aufgesetzt und so weit auf der Stirnfläche verschoben, bis die richtige Bohrlochführung entsprechend dem gewählten Dübeldurchmesser an der Stelle sitzt, wo wir das Loch in die Stirnfläche bohren wollen. Dann wird es festgespannt. Beim Bohren durch diese „Schablone“ sollte man dennoch die Bohrmaschine möglichst senkrecht ausrichten, damit Bohrer und Bohrlochführung nicht allzu sehr beansprucht werden. Weitere Dübelöffnungen entstehen auf dieselbe Art und Weise.

Die korrespondierenden Löcher in das gegenüberliegende Teil bohrt man am besten mithilfe eines Bohrständers. Aber wo exakt kommen die Löcher hin? Messen und markieren ist zu ungenau – das wird bestimmt nichts. Dafür gibt es einen kleinen, aber wirkungsvollen Trick: Markierungspins. Man steckt sie in die bereits gebohrten Löcher der Stirnfläche, setzt das gegenüberliegende Teil dann in der gewünschten Lage auf, richtet es entsprechend aus und drückt es dann kräftig an. Der sich dabei ergebende Abdruck des Pindorns markiert genau die Stelle, wo die Dübellöcher zu bohren sind.

Dabei ist es wichtig, den Tiefenanschlag des Bohrständers richtig einzustellen, damit man das Werkstück nicht durchbohrt. Es sollte bis maximal zwei Drittel der Materialstärke gebohrt werden. Wenn alle Löcher gebohrt sind, können die Teile zur Probe zusammengesteckt werden. Nun werden die Dübel in die zuletzt gebohrten Löcher gedrückt oder mit einem kleinen Hammer eingeschlagen. Das zweite Holzteil wird dann einfach draufgesteckt und fertig ist die Verbindung. Um die Verbindung dauerhaft zu fixieren, werden die beiden Teile aber noch miteinander verklebt.

HOLZSCHRAUBEN

Eine ähnliche Wirkung wie Dübelverbindungen erzielen Holzschrauben – nur weniger elegant, denn die Schraubenköpfe sieht man von außen (solange sie nicht versenkt und verspachtelt werden). In der Regel ist das beim Anlagenbau aber kein Problem. Größter Vorteil: Eine Schraubverbindung bleibt lösbar. Bei Holzschrauben gibt es zunächst die verschiedensten Kopfformen und „Schraubenantriebe" (siehe Zeichnung). So nennt der Fachmann das, was der Laie als Schraubenschlitz bezeichnet. Für Holzschraubverbindungen sind Schnellbauschrauben (z.B. Spax) mit Senkkopf und Kreuzschlitz am verbreitetsten.

Aber Achtung: Kreuzschlitz ist nicht gleich Kreuzschlitz (siehe Zeichnung). Für jede Art werden besondere Schraubenzieher und Bits für den Elektroschrauber angeboten. Man muss darauf achten, konsequent zueinanderpassende Schraubenköpfe und Schraubendreher zu verwenden. Wer fortwährend die falschen Bits verwendet, demoliert den Schraubenkopf und ruiniert sein Werkzeug.

Holzschrauben gibt es mit durchgehendem Gewinde bis zum Schraubenkopf und mit einem glatten Schaft. Mit den Letzteren kann man sehr schnell gut verspannte Verbindungen herstellen und das funktioniert folgendermaßen:

Um etwa zwei 16 mm starke Tischlerplatten rechtwinklig miteinander zu verbinden, spannt man die Teile zunächst so ein, dass sie in der gewünschten Lage fest zueinander stehen. Als Schrauben kommen hier am besten 4x40-mm-Schrauben mit glattem Schaft zum Einsatz. Damit das Holz nicht splittert, wird mit einem 2-mm-Bohrer etwa 3 cm tief vorgebohrt. Dann setzt man die Schraube an und dreht sie ein. Die Schraube greift dank ihresglatten Schafts am Kopf nur in das untere

Kleine Markierungspins kommen in die Löcher. Die Spitzen drücken sich in das Gegenwerkstück als Markierung für die Dübellöcher.

An den so markierten Stellen werden die Löcher mithilfe eines Bohrständers senkrecht gebohrt. Wichtig hierbei ist das Einstellen des Tiefenanschlages.

Nun werden die Dübel in das zuletzt gebohrte Holzteil eingesetzt oder eingeschlagen. Das andere Holzteil wird dann mit den Löchern auf die Dübel aufgesetzt und kräftig aufgedrückt.

Wenn Holzteile sehr oft gelöst werden, wird die Verbindung am besten mit Maschinenschrauben hergestellt. Bei der Verwendung von Flügelmuttern ist noch nicht mal Werkzeug erforderlich.

Schrauben sind das A und O in der Modellbau-Verbindungstechnik. Es gibt sie in unzähligen Formen und Größen sowie mit mehreren Kopfformen und Antrieben.

Schrauben nach DIN

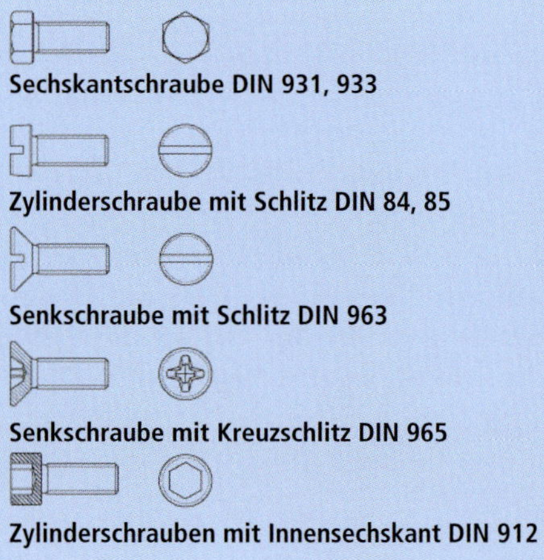

Schraubenköpfe nach DIN

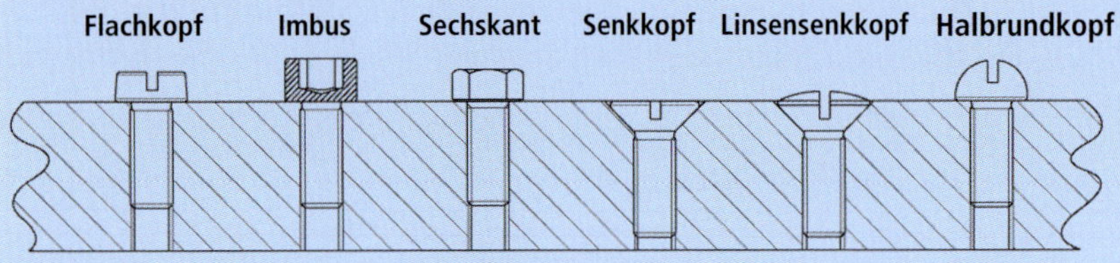

Schraubenantriebe nach DIN und Werksnormen

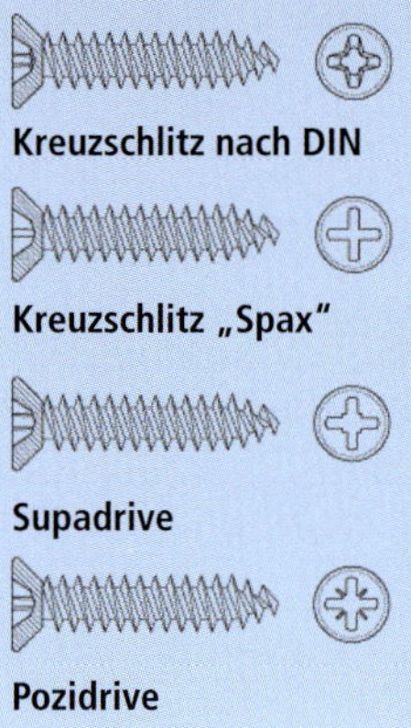

Werkstück, während das obere mit jeder Schraubenumdrehung fester an das untere herangezogen wird. Bei Schrauben mit durchgehendem Gewinde müsste man das obere Werkstück auf den Gewindedurchmesser, hier 4 mm aufbohren, damit das Gewinde nicht greift und beide Werkstücke zusammengezogen werden können.

Damit die Schraube auf jeden Fall komplett versenkt ist, also nicht über die Oberfläche des Werkstückes hinaussteht, kann man das vorgebohrte Loch mit einem speziellen Fräser (Ansenker) ansenken, der einfach in die Bohrmaschine eingespannt wird. Die damit erzeugte Vertiefung hat die Form des Kopfes einer Senkkopfschraube.

MASCHINENSCHRAUBEN

Für eine Verbindung, die häufig gelöst und in gleicher Weise wieder geschlossen oder verspannt wird, eignen sich Holzschrauben nicht. Sie schneiden sich ja ins Holz, das dabei entstandene Gewinde wird bei mehrmaligem Rein- und Rausdrehen aufgeweitet und hält nicht mehr. Hierfür gibt es Maschinenschrauben, die dann nicht in das Holz selber greifen, sondern durch die zu verschraubenden Teile gesteckt und auf der anderen Seite mit einer Mutter festgezogen werden.

Die für den Modellbau interessanten Schrauben sind solche mit metrischem Gewinde, erkennbar am vorgestellten „M“ in Verbindung mit dem Außendurchmesser in Millimetern. M6 bezeichnet also eine Schraube mit einem metrischen Gewinde mit 6 mm Durchmesser. Wie bei den Holzschrauben unterscheidet man eine Maschinenschraube aber nicht nur im Gewinde, sondern auch im Schraubenkopf. Die für den Modellbauer interessanten Schraubenköpfe sind in der Zeichnung dargestellt.

Wichtig: Das Loch, durch das die Schraube gesteckt wird, muss genau so groß sein oder etwas größer als der Durchmesser der Schraube. Eine Schraubverbindung hält ohnehin nur über den Anpressdruck, den die Schraube auf die beiden zu verbindenden Teile ausübt. Um ebendiesen Anpressdruck ausüben zu können, müssen besonders große Unterlegscheiben verwendet werden, damit die Zugkraft, die durch das Anziehen der Mutter in der Schraube erzeugt wird, über ebendiese Scheibe auf eine möglichst große Fläche verteilt wird. Verwendet man eine zu kleine Scheibe, drückt sie sich in das Holz und die Verbindung lockert sich.

Für Verbindungen, die sehr oft gelöst werden sollen, lohnt sich der Einsatz von Maschinenschrauben mit Flügelmuttern. Der Anpressdruck reicht für den Modellbahnbereich völlig aus, die Verbindung lässt sich ohne Werkzeuge festziehen und das im Handumdrehen. Vor allem bei sich häufig ändernden Modulaufbauten bewährt sich diese Verbindungsmethode.

Hobeln, Stemmen, Raspeln, Schleifen
Nacharbeiten von Holz

Klassische Holzbearbeitungswerkzeuge sind Hobel und Stechbeitel, welche in verschiedenen Breiten angeboten werden.

Selten sehen Holzteile nach der ersten groben Bearbeitung mit Säge, Fräse oder Bohrmaschine optimal aus. Oft sind auch noch kleinere Maßabweichungen zu beheben. Je nach Einsatzzweck stehen also mehr oder weniger umfangreiche Nacharbeiten an. Ein knapper Überblick über Methoden und Werkzeuge.

Zu unterscheiden sind dabei das Nacharbeiten der Form, wie etwa das Abrunden von Kanten, das Herstellen von Aussparungen, das „Dünnermachen" von Holzleisten und andererseits das Nachbehandeln der Oberflächen. Sie können uneben, zu rau fürs Lackieren oder manchmal auch zu glatt sein. In jedem Fall wird durch die Oberflächenbehandlung Material abgetragen.

HOBELN

Für den Modellbahner kommt eigentlich nur ein Handhobel in Frage. Es gibt natürlich auch elektrische Handhobel und Hobelbänke – aber schließlich betreiben wir keine Schreinerei.

Ein Fall für den Hobel ist eine in einer oder beiden Dimensionen zu dicke Leiste. Man spannt sie ein und hobelt sie so lange ab, bis die gewünschte Dicke erreicht ist. Wichtig ist, den Hobel so einzustellen, dass die Schneide nur knapp aus dem Hobel heraussteht, damit man bei jedem Hobelvorgang nur ganz wenig Material abträgt. Ansonsten bleibt der Hobel möglicherweise im Holz stecken, und die ganze schöne Oberfläche der Leiste ist dahin. Der Hobel wird in langen gleichmäßigen Zügen über das Werkstück geführt. Gleichmäßig Material abzutragen ist dabei gar nicht so einfach, da man insbesondere bei langen Werkstücken nicht in einem Zug arbeiten kann. Übung macht den Hobelmeister …

STEMMEN

Der Stechbeitel (wird auch als Stemmeisen bezeichnet) trägt ebenfalls schichtweise das Material ab. Das Abstemmen mit einem Stechbeitel ist immer dann gefragt, wenn nur auf einem kurzen Abschnitt des Werkstückes etwas abzutragen ist – beispielsweise um zwei Leisten miteinander zu verzapfen. Dazu wird mit einer Feinsäge die Leiste bis zur gewünschten Tiefe angesägt, jeweils an den Enden der Verzapfungsstelle. Das Holz dazwischen wird dann mit dem Stechbeitel ganz leicht ausgestemmt.

Gearbeitet wird dabei immer in Richtung der Holzmaserung. Wichtig: Immer mit der abgeschliffenen Fläche auf das Werkstück aufsetzen. Sonst besteht die Gefahr, dass man zu tief in das Holz „eindringt". Den Stechbeitel hält man am besten mit dem Griff in der linken Hand und sorgt mit einem Holzhammer in der rechten für den notwendigen „Vortrieb".

RASPELN

Mit einer Raspel lässt sich ziemlich zügig Material abtragen, z.B. um eine Kante abzurunden oder eine kleine Vertiefung in eine Leiste oder den Plattenrand hineinzuarbeiten. Die „klassische" Raspel ist – laienhaft ausgedrückt – nichts anderes als eine grobe Feile und wird auch so gehandhabt. Mit der rechten Hand hat man den Griff in der Hand und mit der linken die Spitze. So wird die Raspel über das Werkstück geführt und zwar immer von der Mitte des Werkstückes zum Rand. Die Raspel funktioniert nur in einer Richtung! Also muss die Feile nach jedem Hub wieder neu angesetzt werden. Da die Raspel auf der einen Seite gerade und auf der andern etwas gewölbt ist, lassen sich mit ihr sowohl plane Flächen als auch Rundungen herausarbeiten.

Oft sind nach ein paar Hüben die Zähne der Raspel mit Holzspänen zugesetzt. Sie ist dann nicht mehr in der Lage, noch Material abzutragen, und muss erst mit einer weichen Drahtbürste wieder gesäubert werden. Die Raspel ist ein verhältnismäßig grobes Werkzeug und hinterlässt nach der Bearbeitung eine noch recht unebene Oberfläche, die erst geschliffen werden muss.

Eine andere Art von Raspel ist äußerst nützlich etwa für das flächenhafte Bearbeiten von Styrodur im Landschaftsbau. Es handelt sich dabei um eine Raspel mit auswechselbaren Stahlschneiden. Mit ihr lassen sich wunderbar Landschaftsformen aus Hartschaumblöcken (z.B. Styrodur) herausarbeiten.

SCHLEIFEN

Der letzte Schliff ist bei den meisten Holzarbeiten beinahe unausweichlich: Die Kanten nach einem Sägeschnitt müssen geschliffen werden, je nach Sägeschnitt auch die Schnittfläche oder Holzoberflächen vor dem Lackieren. Auch hierbei besteht wieder die Wahl zwischen einem elektrischen Gerät und der althergebrachten Handarbeit. Nachdem das manuelle Schleifen mit Schleifpapier und Schleifklotz bereits behandelt wurde (S. 35), wollen wir an dieser Stelle mehr auf die maschinellen Schleifprozesse eingehen.

Für umfangreichere Schleifarbeiten sollte man in jedem Fall eine elektrische Schleifmaschine verwenden. Die Heimwerkerindustrie bietet hier verschiedene preiswerte Geräte an. Für unsere Modellbahnwerkstatt kommen in Frage:

- Bandschleifer
- Schwingschleifer
- Exzenterschleifer
- Deltaschleifer

Band- und Schwingschleifer eignen sich hervorragend für die Flächenbehandlung. Der Exzenterschleifer ist ein flexibles Gerät auch für kleinere Flächen. Mit dem Deltaschleifer kommt man wegen seines kleinen dreieckigen Schleiftellers auch in Ecken hinein. Bei allen Schleifmaschinen muss man sehr darauf achten, dass keine Wellen und Wölbungen in der Oberfläche entstehen – gerade mit dem Bandschleifer geht das ruck, zuck.

Ein sehr flexibles Werkzeug ist die Raspel. Mit ihr lässt sich Holz frei bearbeiten, um beispielsweise Vertiefungen oder Rundungen einzuarbeiten.

Eine andere Ausführung von Raspel eignet sich hervorragend für das flächenhafte Bearbeiten von Styrodurflächen, beispielsweise im Landschaftsbau.

Den letzten Schliff gibt das Schleifen. Mühsam, aber präzise ist das Handschleifen.

Sehr praktisch sind kleine Handschleifmaschinen. Hier ein Exzenterschleifer mit einem sich exzentrisch drehenden Schleifteller.

Wenn Metallteile verbunden werden

Weich- und Hartlöten

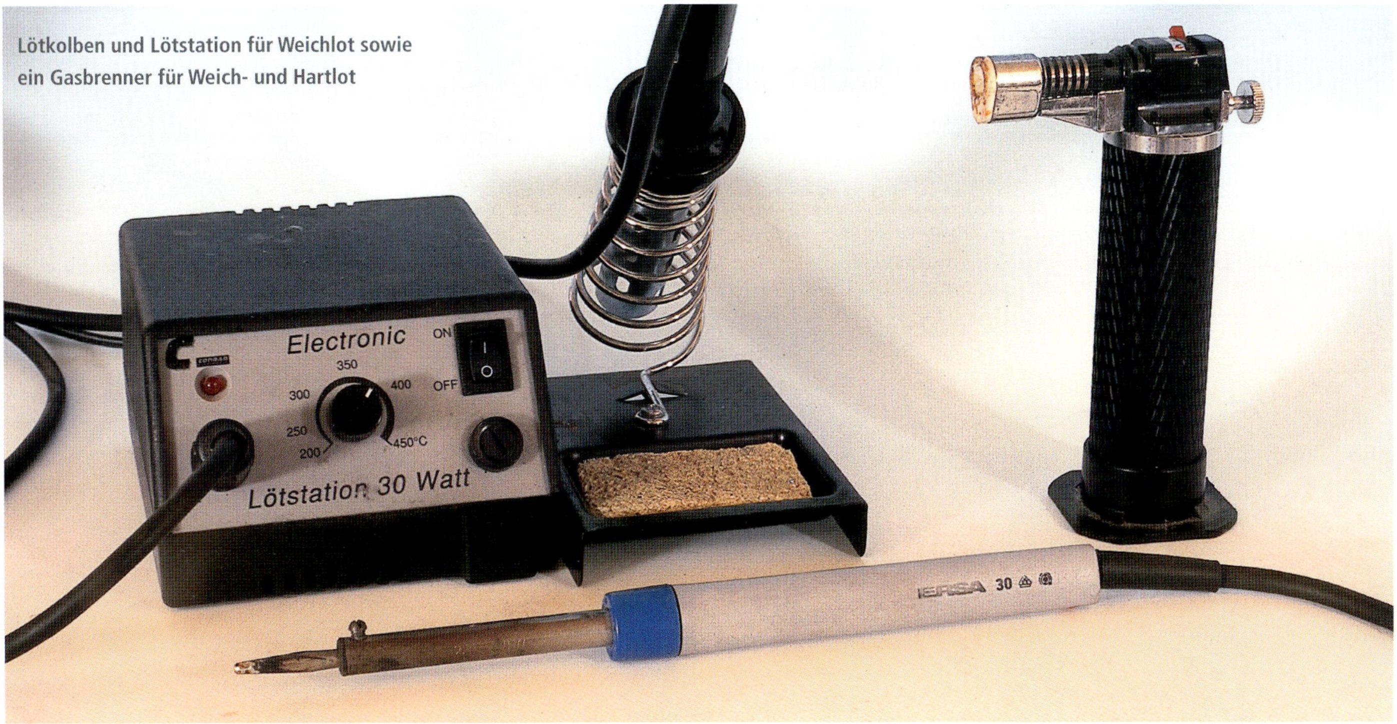

Lötkolben und Lötstation für Weichlot sowie ein Gasbrenner für Weich- und Hartlot

Die haltbarsten Verbindungen für Bauteile aus Metall untereinander entstehen durch Weich- und Hartlöten. Es lassen sich allerdings nicht alle Werkstoffe verlöten, und die Handhabung von Lot und Lötgerät ist etwas komplizierter als beim Kleben.

Weichlöten lassen sich alle NE-Metalle und Stähle, mit Ausnahme von Aluminium. Für Aluminium sind teure Speziallote erhältlich, deren Verarbeitung nicht einfach ist. Auch die spätere Lötstelle ist weit weniger belastbar. Zum Löten werden Lötkolben oder Flammlötgerät, Lot und Flussmittel benötigt.

WEICHLÖTEN

Weichlöten bedeutet nicht nur, dass das dafür erforderliche Lötzinn weich ist, sondern auch, dass die Löttemperaturen nur zwischen 180 °C und 450 °C liegen. Die Komplettausstattung einer Modellbauwerkstatt besteht aus:

- Flammlötgerät
- Lötkolben mit gut 80 W Leistung für gröbere Arbeiten
- Lötgriffel mit ca. 30 W Leistung für feinere Arbeiten und Elektronik
- Lötzinn (Durchmesser 1-2 mm) mit eingebettetem Flussmittel
- Lötpaste für feine Lötstellen
- Lötfett für größere Verbindungen
- hitzebeständige Löt-Unterlage

Unbedingt achten sollte man auf eine speziell beschichtete, auswechselbare Lötspitze. Lötspitzen aus Kupfer neigen zum Verzundern und nehmen dann kein Lot an, wodurch man schnell die Lust am Löten verliert. Eine hitzebeständige Lötunterlage (zum Beispiel jene von Fohrmann) ist ebenfalls äußerst hilfreich. Zangen, Klammern, Feilen, Stecknadeln und ähnliche Werkzeuge dienen der Fixierung der Bauteile beim Löten. Zum Reinigen dienen kleine Drahtbürsten und Stahlwolle sowie Schmirgelleinen für grobe Arbeiten.

Die sorgfältige Vorbereitung der Verbindungsstellen und das geeignete Lot, aber auch die richtige Größe des Lötkolbens sind entscheidend für die Haltbarkeit der Lötverbindung. Jedes Metall oxidiert unter Luft- und Wärmeeinwirkung. Vor jedem Lötvorgang muss die harte Oxidschicht an den Oberflächen mit einer Stahlbürste oder dem Roco-Rubber so lange behandelt werden, bis sie metallisch blank ist. Andere Verschmutzungen, wie Öl, Fett oder auch nur Fingerabdrücke, sind mit Spiritus oder Azeton zu entfernen.

Bei elektronischen Bauteilen sollte als Flussmittel nur Kolophonium eingesetzt werden. Fittingslotpasten oder Lötwasser enthalten Säuren, welche die elektronischen Bauteile und sogar

Löten sollte man auf einer Lötunterlage, diese ist für das Kolben- und Flammlöten geeignet.

Aus Pertinaxplatten entsteht eine Vorrichtung zum exakt rechtwinkligen Verlöten von Blechen.

die Leiterbahnen beschädigen können. Bei Blechen mit größeren zu verlötenden Flächen hingegen sind Lötfett und Lötwasser gut geeignet. Für kleine Bauteile, wie z.B. die Messinggussteile eines Bausatzes, ist Lotpaste ideal, da hierbei nicht zu viel Lot aufgetragen wird.

Schlacken oder Krusten bilden sich nach längerem Gebrauch auch bei den besten Lötspitzen. Da sie das Löten erheblich erschweren, werden sie mit einem weichen Lappen oder einem angefeuchteten Schwamm abgewischt. Viele Lötstationen haben bereits einen im Lötkolbenständer integrierten Reinigungsschwamm. Für verzunderte Lötspitzen aus Kupfer ist ein Salmiakstein die letzte Möglichkeit zur Reinigung. Die derart gereinigte Spitze muss anschließend mit Lötfett benetzt und mit Lot verzinnt werden. Ist die Löttemperatur erreicht, fließt das Lötzinn von selbst über die Lötspitze. Große Tropfen überflüssigen Zinns werden in das feuchte Schwämmchen oder in einen Lappen gewischt. Unvorsichtiges Wegschleudern des heißen Lötzinns kann hässliche Brandflecken verursachen.

Jetzt werden beide Lötstellen auf die erforderliche Schmelztemperatur des Lotes gebracht. Das Lötzinn muss unbedingt an der Verbindungsstelle aufgeschmolzen werden, und nicht nur an der Lötkolbenspitze. Ansonsten werden die Bauteile nur miteinander verklebt – man spricht dann von einer „kalten" Lötstelle. Sie ist nur schlecht elektrisch leitend und von geringer Festigkeit.

Das Zinn muss von selbst auf die Oberfläche und in die Ritzen und Spalte kriechen. Hierhin wird es durch die Kapillarkraft wie von selbst gesaugt, wenn vorher alles blank war. Oberstes Gebot beim Löten: Je weniger Lot, desto besser!

Also: Zu verlötende Bauteile gut vorbereiten, sicher auf hitzebeständiger Unterlage fixieren, die mit Lötfett benetzte Lötkolbenspitze erwärmen und erst zuletzt das Lot der erwärmten Lötstelle zuführen. Immer nur so wenig Lot wie nötig verwenden!

HARTLÖTEN

Im Gegensatz zum Weichlötvorgang wird beim Hartlöten die Verbindung erheblich fester und haltbarer. Anstelle der weichen Zinnlegierungen werden Messing- oder Neusilberlote verwendet. Die Löttemperaturen liegen wesentlich höher, etwa zwischen 650 und 900 °C. Hier ist für den Lötkolben endgültig

Sie eignet sich etwa dazu, Wagenkästen von Kleinserien-Messingbausätzen sauber und maßhaltig zu verlöten.

Schluss, für das Hartlöten benötigen wir:

- einen geeigneten Gasbrenner mit regulierbarer Flamme
- speziellen Lötdraht
- spezielles Flussmittel
- eine hitzebeständige Löt-Unterlage

Der Gasbrenner sollte mindestens eine Temperatur von über 650 °C erreichen.

Prinzipiell taugt auch Messingdraht als Hartlot. Für unsere Zwecke sind aber die recht teuren Silberhartlotstäbe mit und ohne Flussmantelumhüllung wegen ihrer geringen Arbeitstemperatur von ca. 620 °C besser geeignet. Obwohl die Temperatur der Flammenkrone selbst bei einem einfachen Butangasbrenner etwa 1400 °C beträgt, reicht die Wärmeenergie zum Hartlöten größerer Werkstücke nicht aus.

Das Flussmittel ist fürs Hartlöten unerlässlich, da es Oxidation an den Oberflächen verhindert. Da diese gerade bei höheren Temperaturen sehr rasch stattfindet, geht ohne geeignetes Flussmittel so gut wie nix.

Auch beim Hartlöten sollte eine Lötunterlage zur Hand sein, will man Brandspuren auf dem Arbeitstisch vermeiden. Wie beim Weichlöten müssen die Lötstellen blank geputzt und absolut fettfrei sein. Außerdem müssen die Bauteile die

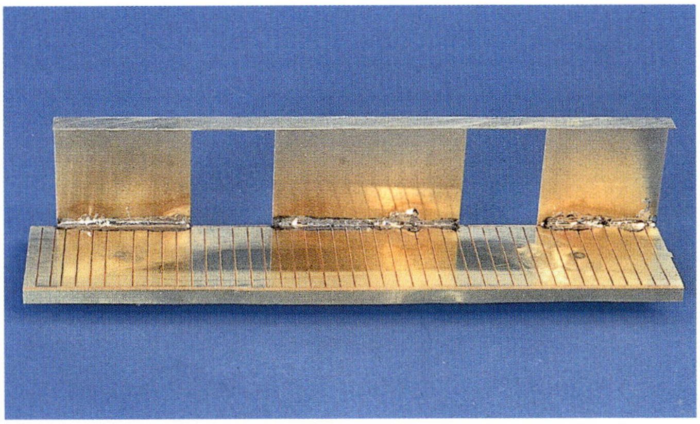

Das erste Seitenteil ist an die Bodengruppe gelötet.

Der fertig verlötete Wagenkasten.

Lote und Temperaturen

Kurzbezeichnung	Zusammensetzung	Löttemperatur
Weichlote		
L-PbSn40	60 % Blei, 40 % Zinn	235 °C
L-Sn60Pb	60 % Zinn, 40 % Blei	183 °C
L-Sn60PbAg	60 % Zinn, ~36 % Blei, Rest Silber	180 °C
Hartlote		
L-CuP8	92 % Kupfer, 8 % Phosphor	710 °C
L-CuZn40	60 % Kupfer, 40 % Zink	900 °C
L-CuZn46	54 % Kupfer, 46 % Zink	845 °C
L-Ag75	75 % Silber, 22 % Kupfer	770 °C
L-Ag40Cd	40 % Silber, 20 % Cadmium, 19 % Kupfer, Rest Zink	610 °C
L-Ag20	20 % Silber, 44 % Kupfer, 0,2 % Silicium Rest Zink	810 °C

Lötstellen und Lötfehler

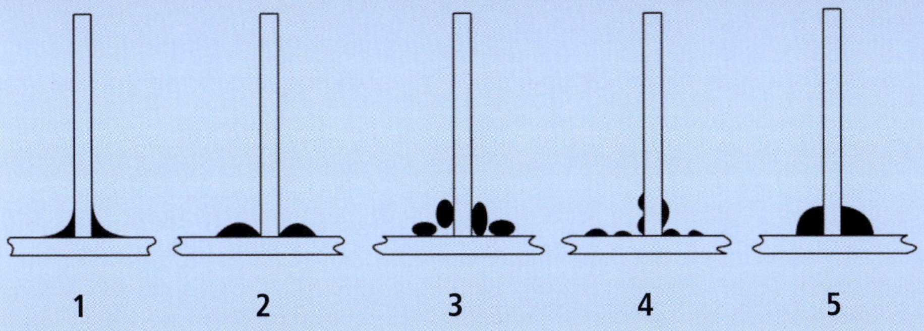

1 gute Lötstelle

2 Lot nur einseitig angenommen, unverlötetes Teil nicht sauber oder nicht heiß genug

3 Lot klebt in Tropfen, Lötstelle nicht sauber oder nicht heiß genug

4 Lötstelle mit nicht verlöteten Bereichen, nicht komplett sauber

5 Lötstelle mit zu viel Lot

höheren Temperaturen natürlich schadlos verkraften. Die beiden zu verlötenden Bauteile werden mit der Flamme vorsichtig dunkelrot erhitzt. Gleichzeitig wird der Lötstab herangeführt, damit sich durch die Wärme das Flussmittel auf der Lötstelle verteilt. Bei richtiger Vorgehensweise bildet sich sofort eine Schutzschicht, die bei steigender Wärmezufuhr das Lot in die Ritzen und Fugen fließen lässt. Ist der Hartlotvorgang nicht erfolgreich verlaufen, muss man wieder ganz von vorne (mit Reinigen, Blankmachen usw.) beginnen. Das Flussmittel lässt sich kalt nur schwer entfernen. Daher sollte man die noch heiße Lötstelle schnell unter heißem Wasser abschrecken, die meisten Flussmittelreste springt dadurch sofort ab.

Welche Werkzeuge wann besorgen?

Schritt für Schritt zur Werkstatt

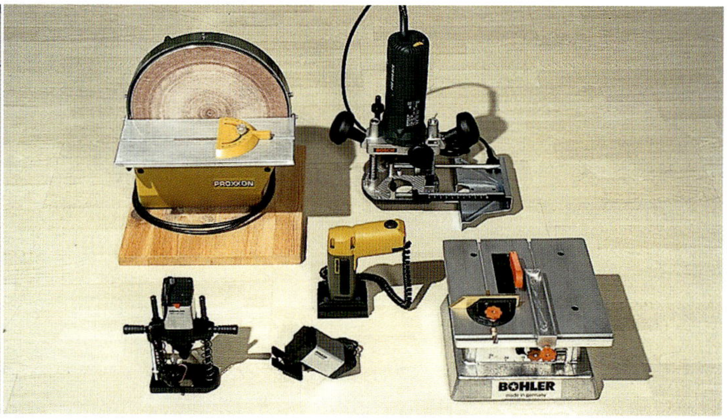

Links die Grundausstattung der Modellbahnwerkstatt. Vieles davon dürfte in den meisten Haushalten bereits vorhanden sein. Rechts einige nützliche Geräte für die „2. Stufe der Werkstattreform": Tischkreissäge, Tellerschleifer, Oberfräse, 12-V-Stichsäge, Schwingschleifer.

Braucht der Modellbahner wirklich eine Werkstatt, die vollgestopft ist mit den tollsten Werkzeugen? Muss man die alle auf einmal kaufen? Wenn nicht: Welche Werkzeuge sollte man sich nun wann zulegen? Ein letztes Kapitel will Bastlern und Anlagenbauern ein paar Hinweise geben, was in die Erstausstattung gehört und wann welche Ergänzungen wirklich sinnvoll sind.

Ganz klar: Die folgenden Aufstellungen erheben weder Anspruch auf Vollständigkeit noch auf Objektivität. In jedem Bastelkeller werden andere Schwerpunkte gesetzt. Für den Anfang sind folgende Werkzeuge sinnvoll:

Werkzeuge

- Stahllineale 20 und 30 cm
- Zollstock
- Messschieber
- Bandmaß
- Wasserwaage 40 cm
- Geodreieck mit 20 cm Kantenlänge
- kleiner Standwinkel
- mittelgroßer Blechwinkel
- Druckbleistift und superfeine wasserfeste Faserstifte
- Bastelmesser mit Abbrechklinge
- Bastelmesser mit Spitzklinge
- kleine Bastelschere für feine Arbeiten
- größere Papierschere für lange Schnitte
- Bastelsäge mit feinem Sägeblatt
- Feinsäge evtl. mit Gehrungslade
- Laubsäge
- Satz Nadelfeilen
- Satz Schlüsselfeilen
- Messingbürste zum Reinigen der Feilen
- Schleifklotz aus Kork mit passendem Schleifpapier
- Glasradierer
- Satz Pinzetten
- Satz kleine Klemmzwingen
- verschiedene Schraub- oder Einhandzwingen
- kleiner Schraubstock
- kleine Flach- und Rundzange
- kleiner und mittlerer Seitenschneider, ggf. watenfreier Schneider
- mittelgroße Kombizange
- Abisolierzange
- Satz Uhrmacherschraubenzieher
- Satz mittelgroße Schraubenzieher (Flach und Kreuz)
- Satz Imbus- (Außensechskant-) Schlüssel
- Satz Maulschlüssel
- kleiner und mittelgroßer Hammer
- Stechbeitel
- Satz Spachtel
- 12-Volt-Kleinbohrmaschine mit Einsatzwerkzeugen, passend dimensioniertem Trafo und Bohrständer
- Heimwerker-Bohrmaschine mit Drehzahlregelung
- je ein Satz Holz- und HSS-Bohrer
- Stichsäge mit Drehzahlregelung
- Schwingschleifer
- Lötkolben mit Entlötgerät

Mit diesen Werkzeugen dürften sich schon die meisten Projekte aus der Modellbahnpraxis bewerkstelligen lassen. An manuellen Werkzeugen ist der Bestand dann auch weitgehend komplett. Nach und nach können noch einige Elektrogeräte dazukommen:

- 12-Volt-Tischkreissäge
- 12-Volt-Stichsäge
- 12-Volt-Oberfräseinrichtung
- 12-Volt-Schwingschleifer
- Heimwerker-Oberfräse mit Drehzahlregelung
- Tellerschleifer

Alles Weitere ist zu speziell, um hier allgemeine Empfehlungen machen zu können. Ein passionierter Fahrzeugbauer braucht andere Werkzeuge als ein Elektrotechnik-Freak, und dieser wiederum setzt andere Akzente als ein Anlagenbauer.

Wie viel Ordnung muss sein?

Werkzeuge richtig aufbewahren

In dieser Werkstatt von Volker Hamburger hat alles auf 1,5 x 1,5 m seinen Platz. Eine Werkstatt muss nicht groß sein!

Kennen Sie das? Sie müssen etwas messen und suchen den Zollstock. Auf der Werkbank, denn da sollte er eigentlich sein. Ist er aber nicht. Auf dem Dachboden, denn da haben Sie letzte Woche Maß genommen. Im Keller, wo Sie vorgestern den Hammer wieder gefunden haben. Sie finden den Zollstock schließlich in der Küche, denn dort haben Sie zuletzt die Lücke für den Herd ausgemessen. Was tun, um solche Situationen in Zukunft zu vermeiden? Ganz klar: Vier Zollstöcke kaufen – einen für die Werkbank, einen für den Dachboden, einen für den Keller und einen für die Küche!

Man kann sicher geteilter Meinung darüber sein, wie viel Ordnung in Bastelkeller und Werkstatt erforderlich ist. Jeder möge seinen eigenen Weg finden zwischen kreativem Chaos und penibler Baumarktsortierung. Für alle Wege gibt es jedenfalls Hilfsmittel zur Werkzeugaufbewahrung, auf die wir hier natürlich nur einen flüchtigen Blick werfen können.

Da ist zunächst die „normale“ Werkzeugkiste. Früher bestand sie aus Metall und ließ sich an der Oberseite mithilfe von zwei Griffen ziehharmonikaartig auseinanderklappen. Neben diesen gibt es heute Werkzeugkisten aus Kunststoff. Nach dem Öffnen findet man oben meistens einen Einsatz, den man mit einer variablen Facheinrichtung, etwa für kleinere Werkzeuge, versehen kann. Darunter gelangt man zu einem größeren Abteil für die Aufbewahrung von größeren oder selten gebrauchten Werkzeugen. An der Vorderseite dieser Kunststoffboxen findet man oft kleinere Schubladen oder ähnliche Einsätze, die man wiederum mit einer Facheinteilung versehen kann, und in denen man dann Kleinteile wie Schrauben, Nägel und Ähnliches verstauen kann. Praktischerweise lassen sich diese Kästen überallhin mitnehmen, ohne groß umräumen zu müssen. Nachteilig ist allerdings die geringe Kapazität.

Ein Verwandter der Werkzeugkiste ist der Werkzeugkoffer, in der Regel als Alukoffer. Aus Aluminium ist aber nur der Beschlag, das Gerüst des Koffers besteht aus Holz und die Inneneinrichtung aus Kunststoff. Der untere Teil des Koffers verfügt über eine (variable) Facheinteilung, während sich in der Oberseite Taschen oder Einschübe für Werkzeuge befinden. Nachteilig ist, dass viele Teile beim Aufstellen des Koffers aus ihren Fächern und Halterungen herauspurzeln können, sodass ein heilloses Durcheinander entsteht. Dieses lässt sich mit kleinen Sortierkästen beheben, die in unzähligen Größen und Einteilungen erhältlich sind. Sie lassen sich natürlich nicht nur im Koffer, sondern auch einzeln verwenden.

Wenn man auf die Mobilität keinen Wert legt, kann man die Werkzeuge auch stationär aufbewahren. Es steht mehr Platz zur Verfügung, die Werkzeuge lassen sich übersichtlicher ordnen.

Steht die Werkbank vor einer Wand, so sollte man dort eine dicke Holzplatte (etwa aus billiger Tischlerplatte) anbringen. Hier lassen sich mittels verschiedenster Haken und Nägel die Werkzeughalterungen anbringen. Da man alles stets vor Augen hat, findet man alles sehr schnell und merkt sofort, wenn

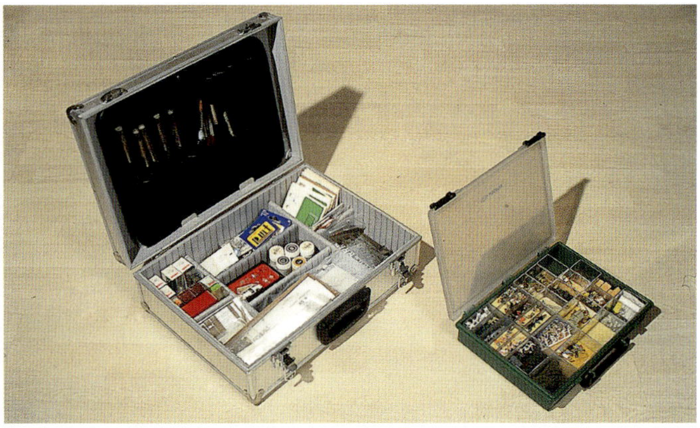

Werkzeug und Ausstattungsteile zur Detaillierung finden sich in diesem preiswerten Aluminiumkoffer. Ein eingelegtes Kleinteilemagazin verhindert, dass alles lose herumpoltert.

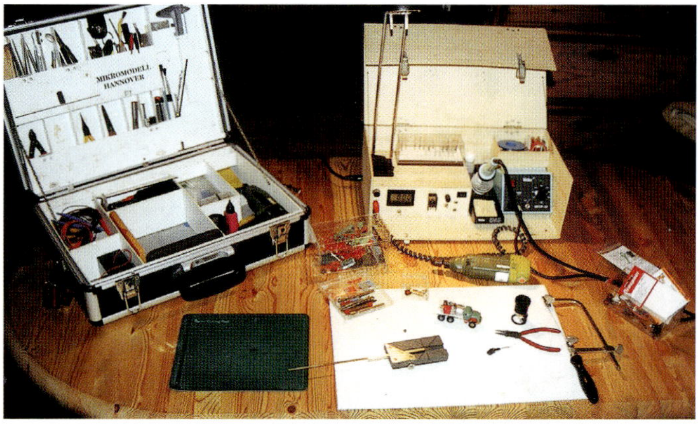

Auch eine Lösung: Die mobile Werkstatt, untergebracht in einem Alukoffer und in einer kleinen Holzkiste, lässt sich bequem am Wohnzimmer-Couchtisch aufbauen.

was nicht am rechten Platz ist. Wem diese „selbst geschnitzte“ Lösung zu hemdsärmelig ist, kann konfektionierte Systeme im Baumarkt erstehen – doch haben diese ihren Preis ohne nennenswerte Vorteile zu bieten.

Ist keine freie Wand vorhanden? Vielleicht lässt sich auch unter der Arbeitsplatte der Werkbank eine ausreichend dimensionierte Schublade einbauen. Entsprechende Beschläge und Bausätze gibt‘s im Baumarkt. Leider kann man die Schublade nicht immer offen lassen, da sie bei der Arbeit stört.

Das Nonplusultra ist ein professioneller Werkzeugschrank aus Stahl mit mehreren kugelgelagerten Schubladen, die auch mit variablen „Inneneinrichtungen“ und Aufteilungen versehen werden können. Aber dann muss man schon auf die eine oder andere Lokomotive verzichten …

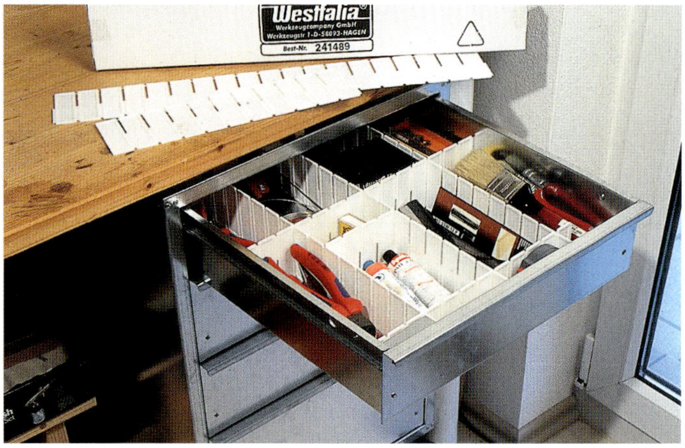

Hier wurde ein Metall-Schreibtischcontainer mit einer flexiblen Facheinteilung von Westfalia versehen. Er fand unter der Werkbank Platz.

An diesem preiswerten Werkzeugbord sind die wichtigsten Werkzeuge übersichtlich angeordnet.

KAPITEL 3

PLANUNG

Das Anlagenthema

... oder: Aller Anfang ist schwer

Nach so viel grauer, aber notwendiger Theorie kommen wir langsam ans „Eingemachte", nämlich zur Modellbahnanlage. Bevor Sie elanvoll zur Tat schreiten, sollten Sie sich über einige Punkte Gedanken machen: über Anlagenthema und -form, über die eventuelle Zerlegbarkeit und den Transport.

Ihre Traumanlage ist vor Ihrem geistigen Auge schon fertig? Einen großen Durchgangsbahnhof mit abzweigender Nebenbahn soll es geben, ein Bahnbetriebswerk mit allem, was dazugehört, und einen Güterbahnhof mit viel Rangierbetrieb auch? Das Ganze soll in eine weiträumige, pittoreske Mittelgebirgslandschaft eingebettet werden? Am besten, Sie sehen sich solche Anlagen auf Ausstellungen an, denn in den eigenen vier Wänden dürfte ein derartiges Projekt nur selten zu realisieren sein. Setzen Sie sich bei Anlagenthema, -planung und -bau nur solche Ziele, die Sie in absehbarer Zeit verwirklichen können. Nur dann haben Sie Erfolgserlebnisse, die Sie zufrieden stellen und weiter motivieren.

Wer vorschnell drauflosbaut, tappt rasch in Fallen, aus denen er sich nicht mehr befreien kann – Anlagen mit dem Titel „Die Unvollendete" gibt es zuhauf.

Zuerst zum Thema. In erster Linie wird der vorhandene Raum die Motivwahl beeinflussen, wenn nicht sogar bestimmen. Hierzulande sind Rechteckanlagen – in Größen zwischen 1 x 2 m und 1,40 x 3,50 m – weit verbreitet. Das muss nicht unbedingt eine grundsätzliche Empfehlung sein. Aus England oder den USA sind Anlagenformen bekannt, die sich oft als praktikabler erwiesen haben. Dort finden sich etwa häufig ziemlich schmale und lang gestreckte Anlagen, die quasi immer an der Wand entlang verlaufen. Die Vorteile liegen in langen Fahrstrecken und in guter Zugänglichkeit bei Aufbau und Wartung. Grundsätzlich werden betriebliche Gründe die Entscheidung für eine bestimmte Anlagenform bestimmen.

DAS WUNSCHTHEMA

Auf Ihrer Traumanlage soll es einen großen Durchgangsbahnhof mit abzweigender Nebenbahn geben, ein Bahnbetriebswerk mit allem, was dazugehört, und einen Güterbahnhof mit viel Rangierbetrieb auch? Das Ganze soll in eine weiträumige, pittoreske Mittelgebirgslandschaft eingebettet werden? Dann gebe ich Ihnen einen Rat: Knacken Sie den Lotto-Jackpot, kaufen sich eine Turnhalle und hängen Ihren Job an den Nagel – Sie werden vermutlich bis an Ihr Lebensende mit dem Anlagenbau beschäftigt sein, ohne fertig zu werden.

Überlegen Sie also vorab, auf welche Art von Betrieb Sie am meisten Wert legen:

- Ihnen hat es ein rangierintensiver Kopfbahnhof angetan. Wie wir nun wissen, treten aber bei kleinen Baugrößen systembedingt leichter Kontaktschwierigkeiten auf, die den Rangierbetrieb zum Geduldsspiel machen können. Für Z und N eignet sich dieses Thema also weniger, mindestens TT oder besser noch H0 sind angeraten. Bei den üblichen Platzverhältnissen geht das aber wohl nur auf Kosten der Fahrstrecken.
- Wie wäre es mit einem reinen Durchgangsbahnhof und viel Streckenfahrt? Ein Idealfall für alle, die Züge fahren sehen wollen und auf intensiven Rangierbetrieb notfalls verzichten können. Dann können die Baugrößen N oder Z die ideale Lösung bieten, denn sie ermöglichen auf gleichem Raum wesentlich längere Fahrstrecken als H0.
- Bahnbetriebswerke (Bw) stehen derzeit ganz oben auf der Themenliste vieler Modellbahner. Quer durch alle Epochen ist es inzwischen dank rühriger Hersteller in den unterschiedlichsten Größen und Ansprüchen darstellbar. Loksammler kommen auf diesem Wege zu einem passenden Umfeld für ihre Modelle. Mit einer Drehscheibe – etwa von Roco, Märklin oder Fleischmann – und einem Fahrtrafo lässt sich sofort

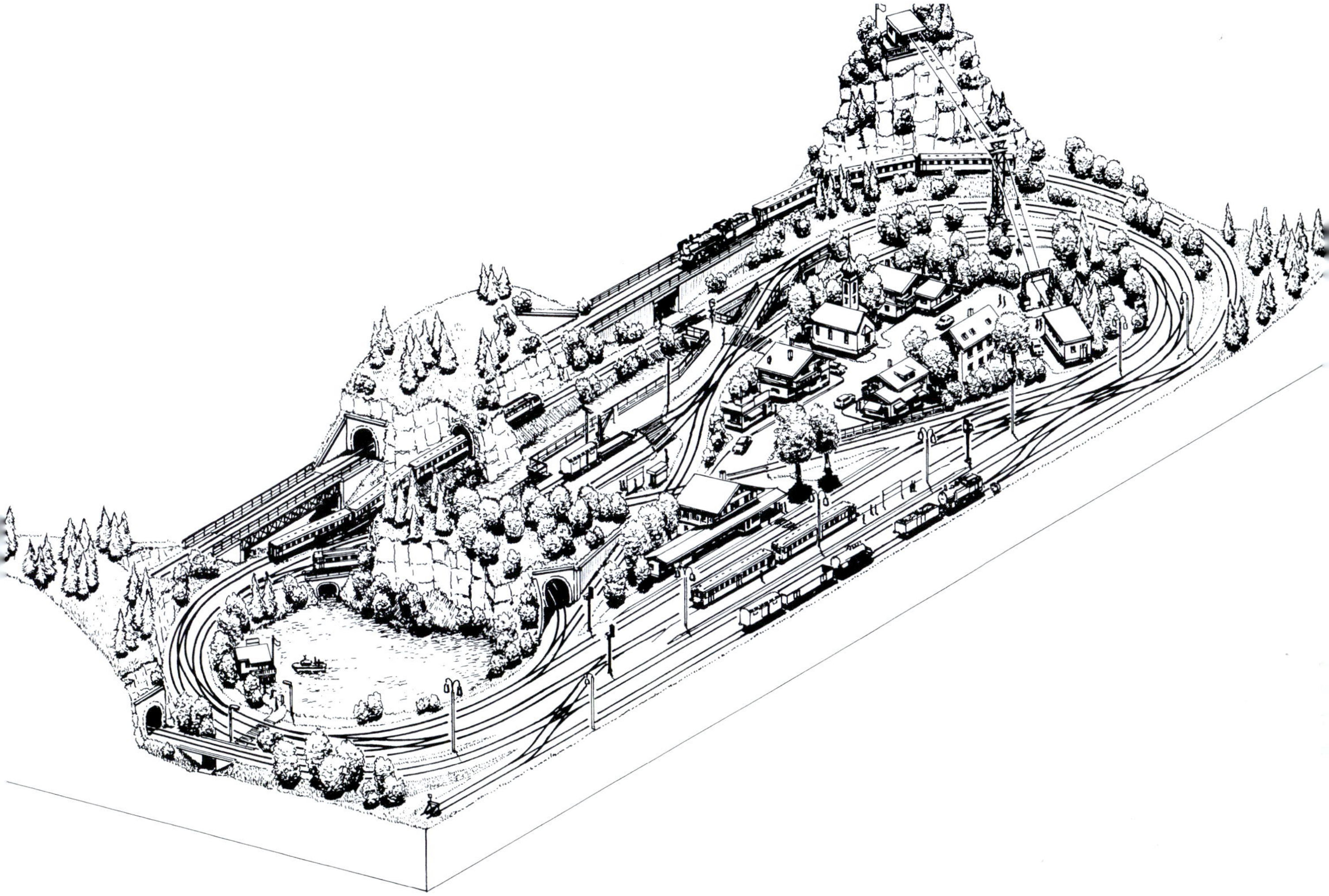

Erlaubt ist, was gefällt! Ein sympathischer Grundsatz, den auch wir Modellbahner uns zu eigen machen sollten. Aber Vorsicht: Wenn das Ergebnis nur Ihnen alleine gefällt, haben Sie etwas falsch gemacht. Wie bei diesem Negativbeispiel – ein Anlagenentwurf, der nicht als ernsthafter Vorschlag gedacht ist. Zum einen ergibt der Gleisverlauf überhaupt keinen betrieblichen Sinn, und zum anderen präsentiert sich der Zubehörbereich als regelrechter „Jahrmarkt". Die Seilbahn wirkt ebenso deplatziert wie der von Gleisen umkreiste See im Vordergrund. Die Rangiermöglichkeiten sind mehr als bescheiden, das Flair eines kleinen ländlichen Bahnhofs will sich im Modell partout nicht einstellen. Kritisch sind schließlich auch die engen und offen liegenden Radien zu bewerten; die drei „Parallelkreise" sind durch maulwurfshügelähnliche Erhebungen und Tunnels nur unzureichend getarnt. Fazit: Hier wurde versucht, auf beschränkter Fläche möglichst viel unterzubringen – ein häufiger grundsätzlicher Planungsfehler.

ein betriebsfähiges Teilstück für reichlich Fahrzeuge in Betrieb nehmen.

- Eingleisige Nebenbahn oder zweigleisige Hauptstrecke? Das ist letztendlich eine Frage des Platzes: Reicht er vorn und hinten nicht (und das ist der Normalfall), so sollten Sie Ihr Wunschthema abspecken und sich auf das Wesentliche beschränken. Der Reiz gemütlich-nostalgischer oder moderner Nebenbahnen wird Sie früher oder später einfangen. Heute gibt es genügend sehr schöne Fahrzeuge für alle Epochen, und auch Zubehör ist reichlich vorhanden. Eine Kleinstadt mit Landhandel und zwei, drei Industriebetrieben nebst Gleisanschlüssen bietet jede Menge Rangiermöglichkeiten neben dem eigentlichen Fahrbetrieb auf der Strecke.

DIE ANLAGENFORM

Wenn Sie Ihr Thema gefunden haben, folgt zwangsläufig die Raumaufteilung der Anlage. So ganz nebenbei legen Sie dabei auch Bauabschnitte fest, um in angemessener Zeit ans Ziel zu kommen. Vielleicht sollten Sie überhaupt erst einmal mit einem Teilstück anfangen und es so auslegen, dass Erweiterungen jederzeit möglich sind. Das kürzt zunächst die Bauzeit ab, verteilt und schont das Budget und sorgt zwischendurch für das eine oder andere Erfolgserlebnis.

Wie man ein Thema in bestimmte Grundformen einpassen kann, zeigt die Skizzenfolge. Wichtig ist, auf die Vorgaben des Raumes Rücksicht zu nehmen: Da gibt es Fenster oder Heizkörper, die einerseits umbaut werden müssen, andererseits aber irgendwie zugänglich bleiben sollen. Auch die maximale Anlagentiefe unterliegt gewissen Spielregeln; bei normaler Körpergröße kann man noch ca. einen Meter weit „in die Anlage hineingreifen".

Wenn Sie sich auf ein Anlagenthema festgelegt haben, wird es Ihnen nicht schwerfallen, ein schlüssiges Betriebskonzept zu konstruieren. Ganz unabhängig von der Baugröße sollte – zu-

Anlagenthema Bahnbetriebswerk: Wer seine Loks in stilechtem Ambiente präsentieren will, findet hier ein geeignetes Umfeld. Besonders in den Baugrößen H0 und N bieten die Hersteller alle erforderlichen Zubehörteile an. Drehscheibe oder Schiebebühnen schaffen weitere betriebliche Möglichkeiten.

Anlagenthema Bahnhof: Nicht jeder wird so viel Platz haben, um einen mittleren Bahnhof wie diesen samt Stadt, Bahnhofsvorfeld und langen Strecken nachzubilden. Die Kunst liegt in der Beschränkung – erschließen Sie sich den Reiz eines nostalgischen oder modernen Nebenbahn-Bahnhofs mit zwei oder drei Gleisanschlüssen zu Gewerbebetrieben …

mindest im sichtbaren Bereich der Anlage – ein plausibler Ablauf erkennbar sein. Das einfachste Betriebsschema kennt zwei Orte A und B, zwischen denen Transportaufgaben bewältigt werden. Einer dieser Orte kann sich sogar im verdeckten Abstellbahnhof, dem so genannten „Schattenbahnhof", befinden, ohne dass dies einem sinnvollen Betrieb Abbruch tut.

Noch trickreicher: Der Zug kommt von A (aus dem Schattenbahnhof), fährt über B – der auf der Anlage sichtbaren Betriebsstelle – nach C (wieder in den Schattenbahnhof) und umgekehrt. Dieser Betrieb ist schon auf einem simplen Oval mit Teilübertunnelung der Fahrstrecke möglich. Dank der Abstellgleise im verdeckten Teil lassen sich Überholungen oder (und) Zugkreuzungen durchführen.

Schon lässt sich ein sinnvoller Betrieb darstellen – etwa mit beladenen Kohlenzügen, die ankommen, und leeren Kohlenzügen, die in die andere Richtung fortfahren. Der ahnungslose Betrachter fragt sich, wer da in der Kürze der Zeit den Zug wohl entladen hat? Niemand, denn mit kleinen Tricks lassen sich solche Überraschungsmomente leicht erzielen: In diesem Fall existieren zwei gleiche Zuggarnituren, eine beladene und eine unbeladene … Natürlich lassen sich im Schattenbahnhof auch nur einseitig angeschlossene Stumpfgleise vorsehen, um Triebwagen oder Wendezüge, wie eine S-Bahn-Garnitur, pendeln zu lassen.

DER SCHATTENBAHNHOF

Wer ausreichend Platz zur Verfügung hat, kann für diesen Betriebsteil einen eigenen Anlagenbereich vorsehen – etwa bei einer mehrschenkligen, E- oder L-förmigen Anlage. Blenden und Kulissen würden den Schattenbahnhof den Blicken des Betrachters entziehen, der Zugriff bei Störungen oder Wartungsaufgaben wäre aber problemlos möglich. Wird der Schattenbahnhof mit der eigentlichen Anlage überbaut, so muss schon bei der Planung auf Zugänglichkeit und Eingriffsmöglichkeiten geachtet werden. Garantiert ergeben sich Betriebsstörungen nämlich dort, wo sie am schwierigsten zu beheben sind …

Grundsatz Nr. 1 beim Bau eines Schattenbahnhofs: Gleise und Weichen, Antriebe und Steuerung müssen reibungslos funktionieren. Vermeintlich billige Lösungen und „Wackelkandidaten" haben hier nichts verloren, denn wenn alles fertig ist, lassen sich Nachbesserungen nur noch schwer durchführen. Und: Das Gleisverlegen im Schattenbahnhof muss mit derselben Sorgfalt erfolgen wie im sichtbaren Bereich; oft sind Entgleisungen nur die Ursache unsauber verlegter Gleise.

Die Zubehörindustrie bietet eine Vielzahl von Schattenbahnhofssteuerungen an, mit denen auch ein „Laie" hervorragend zurechtkommt. Hier seien als Beispiele die Systeme Lauer von Mondial, Uhlenbrock oder Heki genannt. Achten Sie beim Kauf auf einen ausreichenden Service und vor allem auf eine gesicherte Nachschubquelle. Nichts ist unangenehmer, als wegen einiger gerade nicht verfügbarer Kleinteile den Anlagenbau unterbrechen zu müssen. Auch wenn Sie über die raffinierteste Steuerung verfügen, sollte die Gleisführung immer überschaubar und auf das Notwendigste beschränkt bleiben. Rangieren wird ohne direkte Einsicht stets problematisch sein. Also: Machen Sie sich mit der Ihnen zusagenden Steuerung vertraut und planen dann speziell darauf den Gleisplan Ihres Schattenbahnhofes.

Die perspektivische Ansicht des Bahnhofsteils zeigt, dass in dem scheinbar bescheidenen Vorschlag jede Menge Betriebsmöglichkeiten stecken.

Als Alternative kann übrigens die Kehrschleife durch einen „Fiddle yard“ ersetzt werden, einen kleinen Schattenkopfbahnhof für zwei oder drei Zuggarnituren.

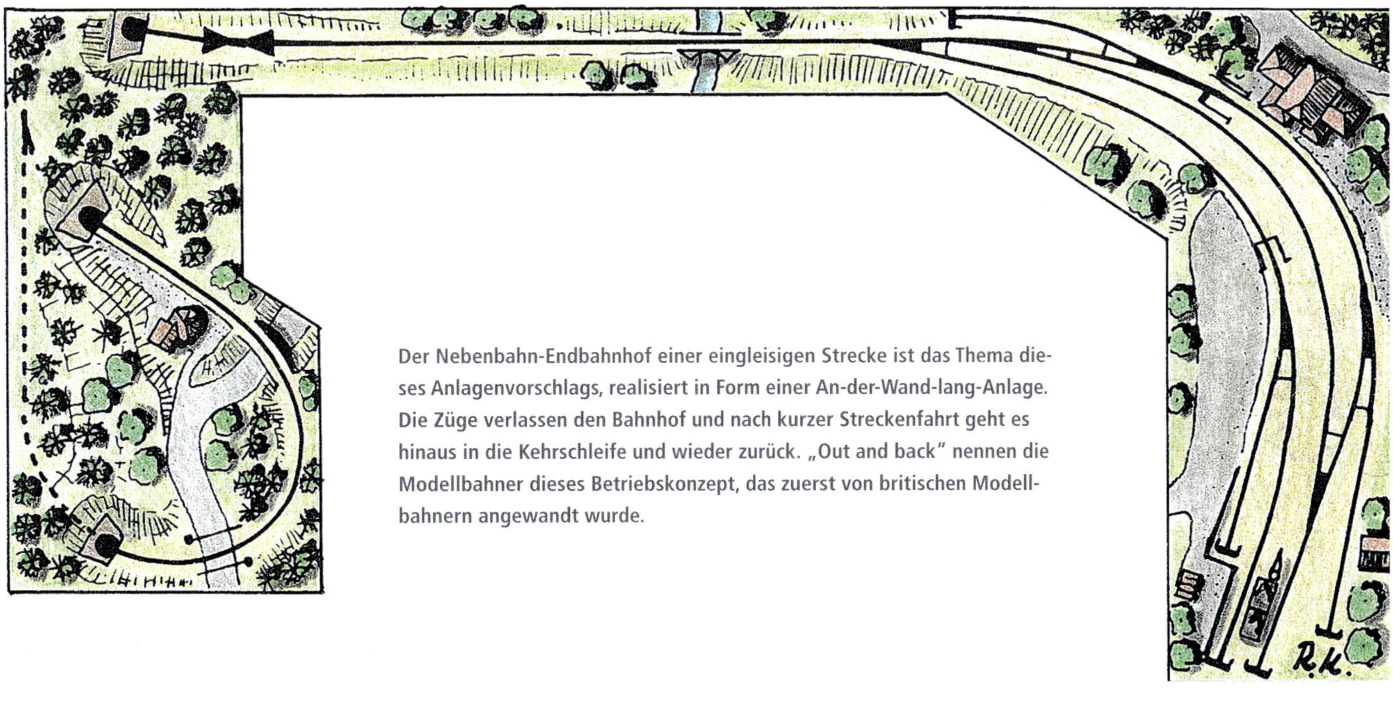

Der Nebenbahn-Endbahnhof einer eingleisigen Strecke ist das Thema dieses Anlagenvorschlags, realisiert in Form einer An-der-Wand-lang-Anlage. Die Züge verlassen den Bahnhof und nach kurzer Streckenfahrt geht es hinaus in die Kehrschleife und wieder zurück. „Out and back“ nennen die Modellbahner dieses Betriebskonzept, das zuerst von britischen Modellbahnern angewandt wurde.

FERTIGANLAGEN

Aus Kunststoff gezogene Fertiggelände gibt es beispielsweise von Firmen wie Noch oder Kibri. Sie geben das Thema praktisch vor und lassen wenig Raum für eigene Ideen. Die Trassen für die Modellgleise stehen fest. Langweilige Streckenverläufe, gedrängte Bahnhofsfiguren, enge Radien und mitunter problematische Steigungsverhältnisse müssen in Kauf genommen werden. Die Anlagenform entspricht meist dem klassischen Rechteck mit Erweiterungsoptionen über Ansatzstücke. Fertiggelände eignen sich also allenfalls für den Einstieg und werden kaum auf Dauer den wachsenden Ansprüchen genügen.

FAZIT

Beschränken Sie sich auf die Darstellung Ihres Grundthemas und beginnen Sie nicht mit einer Monsteranlage. Die Anlagengröße muss auch Ihre Zeit- und Budgetvorgaben berücksichtigen. Denken Sie schon jetzt daran, dass die Anlage – vielleicht anlässlich eines Umzugs – in Teilstücke (so genannte „Segmente") zerlegt und transportiert werden muss.

Nicht alles, was Sie ursprünglich wollen, wird in letzter Konsequenz auch umsetzbar sein. Geben Sie kein Geld für Dinge aus, die in Ihr Thema nicht hineinpassen. „Klasse statt Masse" heißt bei allem die Grunddevise, ganz besonders beim Schattenbahnhof.

Eine Lösung für alle, die keine Lust und/oder keine Zeit für den Anlagenbau haben und sofort loslegen wollen, sind Fertiggelände, wie sie z.B. von den Zubehörherstellern Kibri und Noch angeboten werden.

ANLAGENFORM UND STRECKENFÜHRUNG

1 Das erste Beispiel zeigt eine Rechteckanlage mit Verkehr von Ort zu Ort: von Schattenbahnhof A über die unterirdische Ausweiche B zum Endbahnhof C in Kopfform und mit Betriebswerk. Die Anlage sollte von drei Seiten zugänglich sein, erstens wegen der Breite und zweitens wegen der offenen Streckenführung im unteren Teil. Ohne Schwierigkeiten ließe sich die Gleisführung im Untergrund zu einem Rundkurs ergänzen.

2 Rundum- oder An-der-Wand-entlang-Anlage. Bei mäßiger Anlagentiefe ergeben sich beachtliche Streckenlängen. Auch lassen sich Einzelmodule an der Wand entlang aufreihen. Bahnhöfe können auf etwas breiteren Grünflächen aufgebaut werden. Die Strecke verläuft hier von Punkt zu Punkt. Die Ausweichstation ist verdeckt angeordnet. Auch bei diesem Beispiel ließe sich die Ringstrecke schließen, und zwar indem kurz vor C eine Verbindung von B zur Strecke geschaffen wird.

3 Anlage in U-Form. Hier steht der Modellbahner mitten im Betriebsgeschehen. Der Mittelteil bietet sich als Platz für den hauptsächlichen Bahnhof an. Auf den Schenkeln können die Strecken zum unterirdischen Betriebsbahnhof geführt werden. Da die drei Regionen der Anlage nie gemeinsam dem frontalen Blick ausgeliefert sind, können sie mit unterschiedlichen Motiven ausgestaltet werden. Tunnelberge am Übergang vom Mittelteil zu den Schenkeln dienen dann als „Zwischenvorhänge" zur deutlichen Unterscheidung der verschiedenen Szenen.

4 L-Anlage. Für ihre Gestaltungsmöglichkeiten gilt Ähnliches wie für die U-Anlage. Das hier vorgeschlagene Betriebsschema zeigt einen Endbahnhof mit Kehrschleifenstrecke. Zum reinen Punkt-zu-Punkt-Betrieb dienen der Gleisstutzen oder Endbahnhof A im Untergrund.

5 Noch mehr Gestaltungs- und Betriebsmöglichkeiten bietet die Anlage in Kamm- oder Zungenform. Das dargestellte mögliche Gleisschema bietet ein Arbeitsfeld für zwei Fahrdienstleiter. Auch hier wurde die an sich mögliche Ringstrecke nicht eingeplant. Warum eigentlich Ringstrecke? Der wichtigste Grund für sie: Man kann auf ihr Dauerfahrten durchführen, etwa zum Einfahren neuer Loks oder zum Ausprobieren selbst gebauter Antriebe.

6 Auf dieser L-Anlage sind gleich zwei Abzweige untergebracht, einer als ausgewachsener Trennungsbahnhof, der andere auf freier Strecke. Sieht man genauer hin, dann entdeckt man ein uraltes Modellbahn-Planschema: die Strecke mit zwei Kehrschleifen, Ringverkehr also gleich mitgeliefert. Punkt-zu-Punkt-Verkehr ist freilich auch gewährleistet, wenn die Schattenbahnhöfe A und C2 als Wendestationen gebraucht werden.

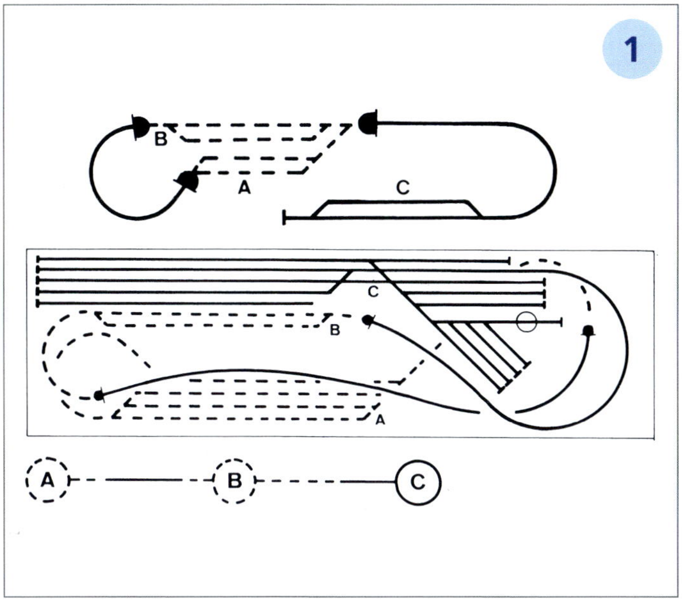
1
B
A
C
C
B
A
A
B
C

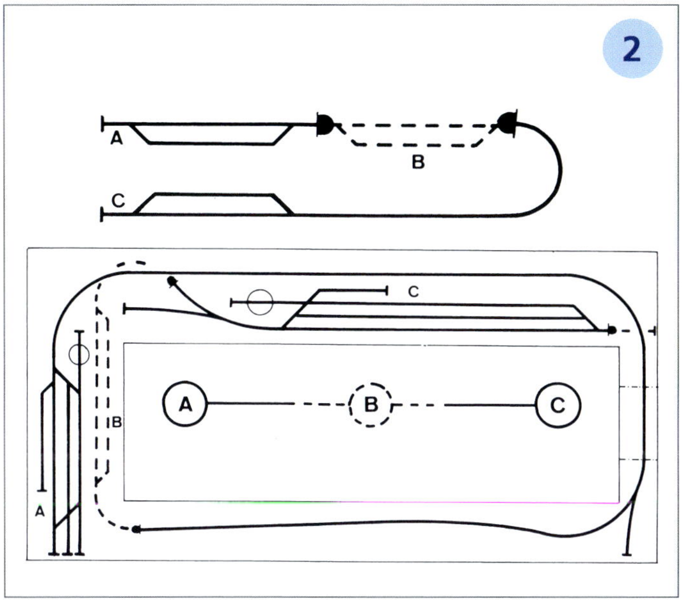
2
A
B
C
C
B
A
A
B
C

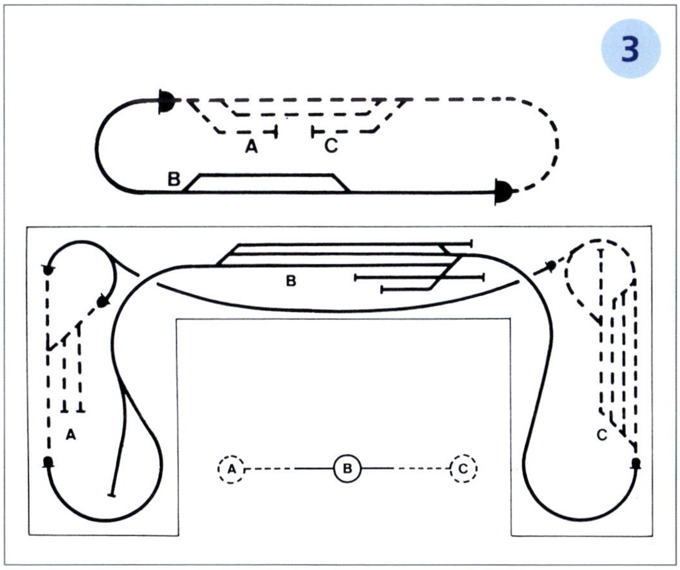
3
A
C
B
B
A
C
A
B
C

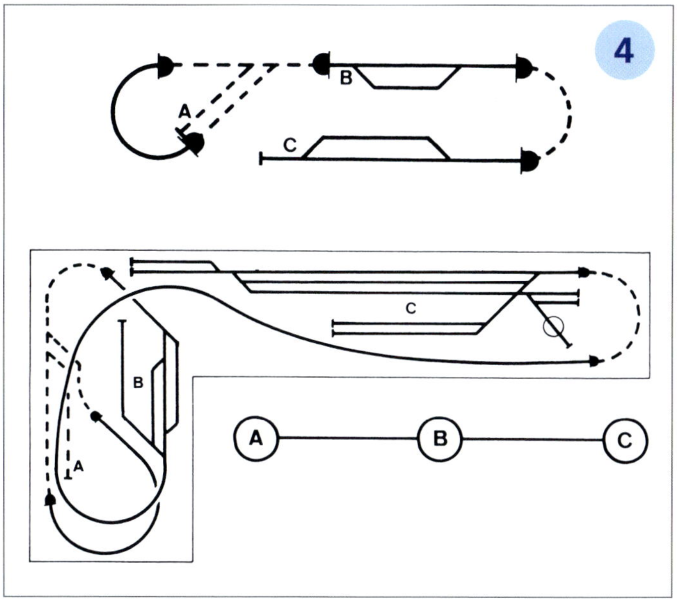
4
B
A
C
C
B
A
A
B
C

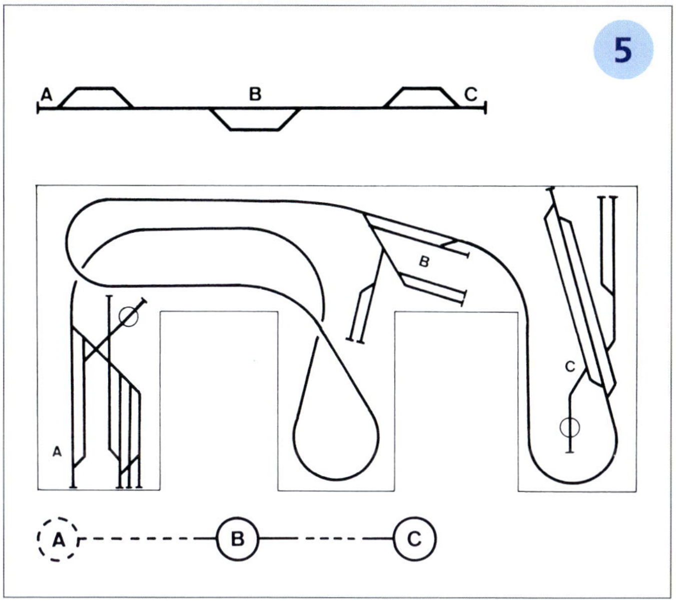
5
A
B
C
B
C
A
A
B
C

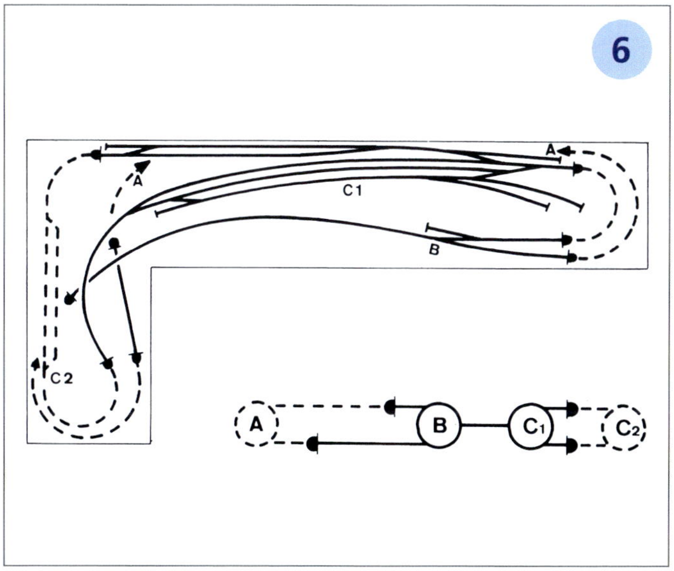
6
A
A
C1
B
C2
A
B
C1
C2

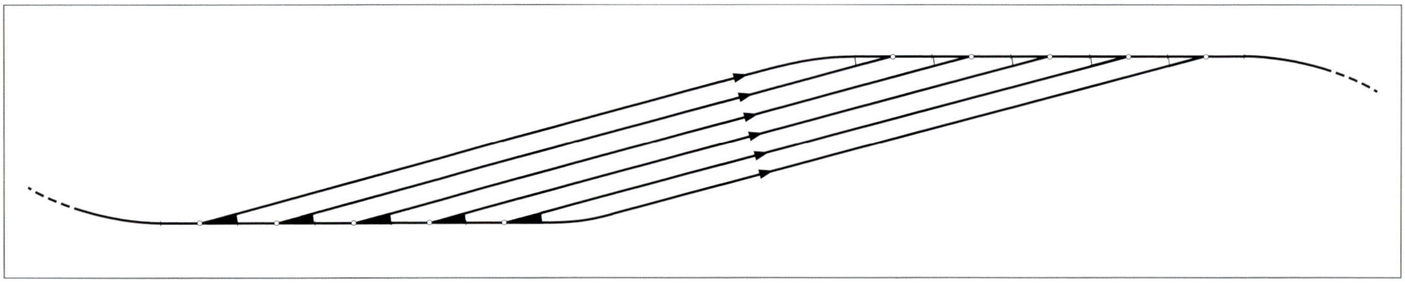

Nach Möglichkeit sollten alle Gleise in einem Schattenbahnhof die gleiche Länge aufweisen um einen freizügigen Einsatz zu gewährleisten. Der Betriebssicherheit ist es außerdem förderlich, wenn die Ausfahrten immer in der Hauptsache über den geraden Strang der Weichen erfolgen.

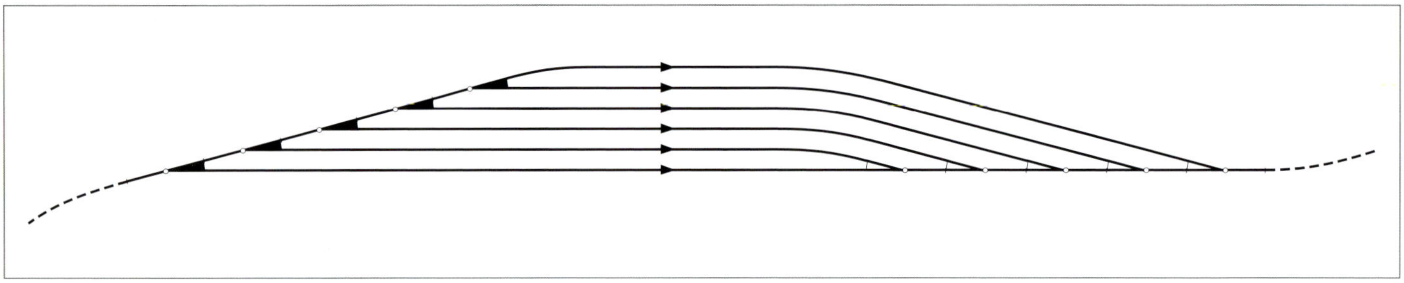

Ein weiterer Unsicherheitsfaktor wird eliminiert, wenn der Schattenbahnhof nur in einer Richtung befahren werden kann. Außerdem schont dies den Geldbeutel, denn man braucht nur die Hälfte der doch recht teuren Weichenantriebe.

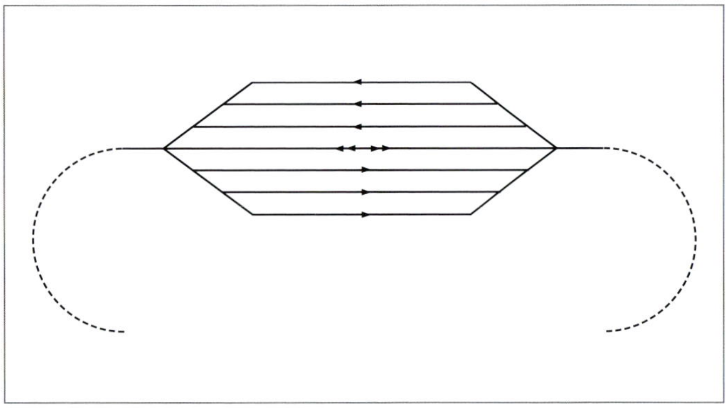

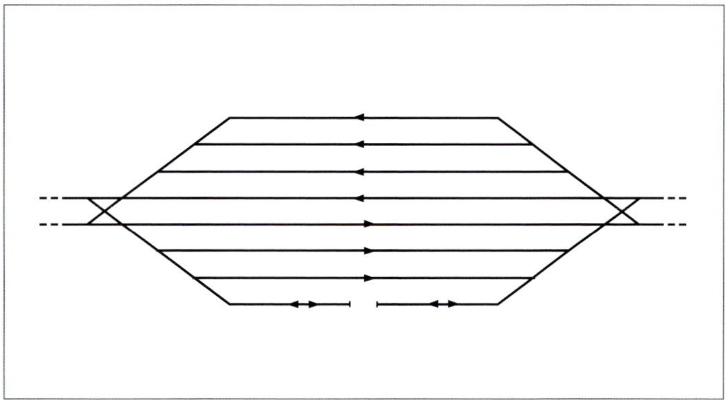

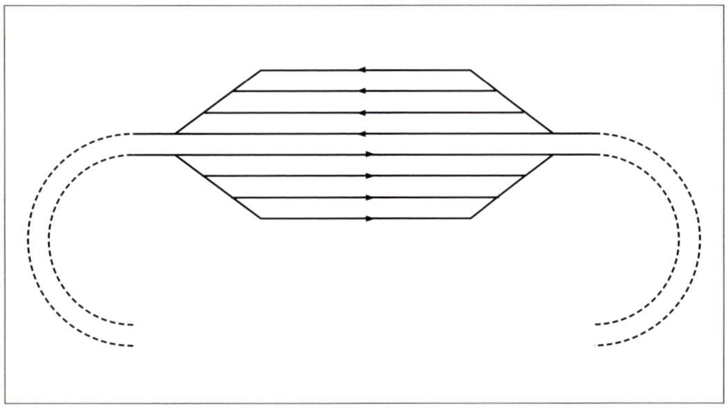

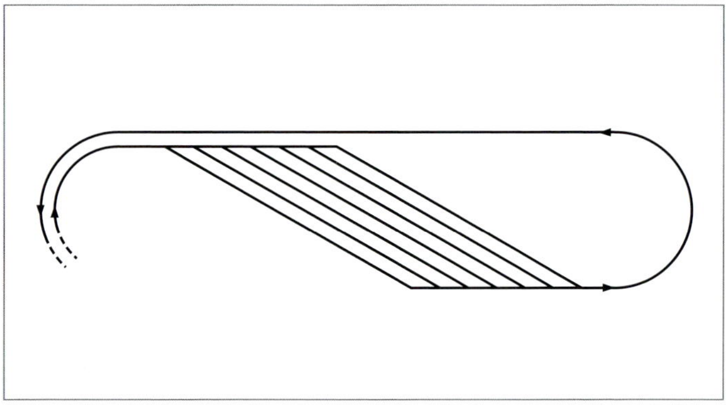

Ganz oben der Schattenbahnhof bei einem eingleisigen Oval. Für beide Fahrtrichtungen sind Richtungsgleise vorhanden, ein Gleis bleibt immer für Durchfahrten frei. Darunter die zweigleisige Variante. Bei beiden sind die betrieblichen Möglichkeiten arg beschränkt. Besitzen die beiden Hauptgleise jedoch Weichenverbindungen, wird ein abwechslungsreicher Betrieb ermöglicht, der sich nicht nur auf „Karussellfahren" beschränken muss. Stumpfgleise für Wendezüge sind nur aus jeweils einer Fahrtrichtung zu benutzen. Unten rechts das Prinzip eines Schattenbahnhofs im Zusammenhang mit einer Kehrschleife.

Von der Idee zum Gleisplan

... oder: So vermeide ich Pannen und Reparaturen

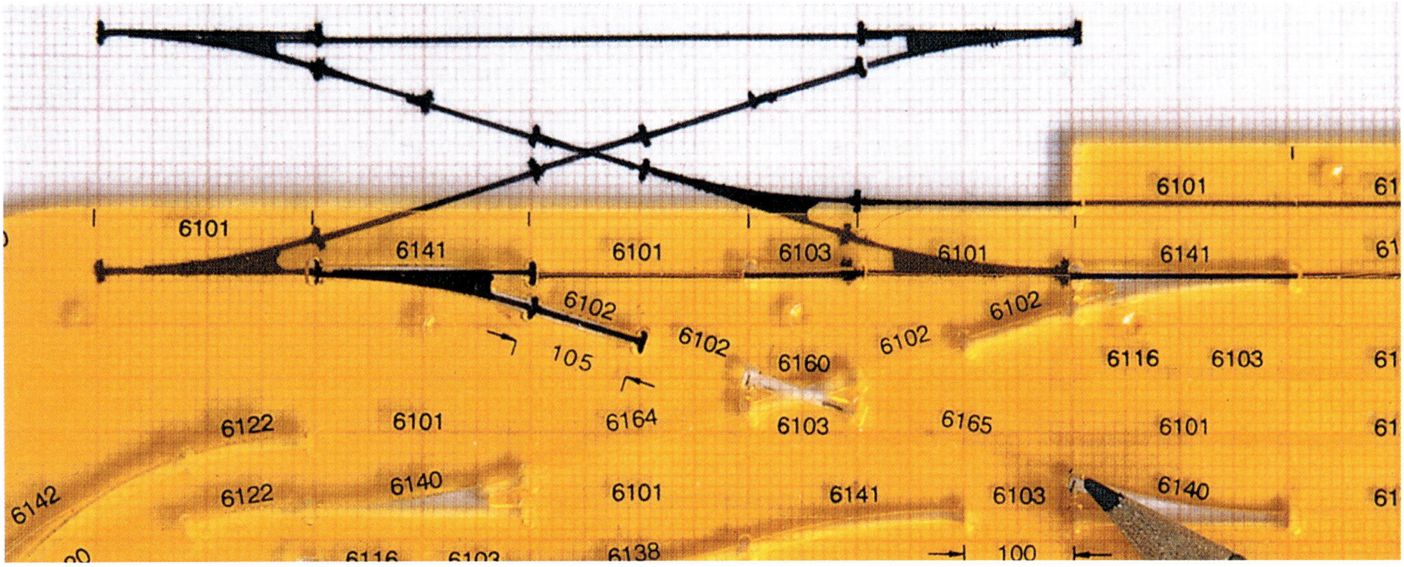

Sie haben sich jetzt für Baugröße und Epoche, Thema und Anlagenform entschieden. Bevor Sie nun Ihre Ideen zu Papier bringen und einen Gleisplan entwickeln, müssen Sie sich für ein Gleissystem entscheiden. Dabei werden für Sie nur solche Produkte in Frage kommen, die in einem kompletten Sortiment vollständig und problemlos erhältlich sind.

Wir können und wollen kein Fabrikat als das Nonplusultra schlechthin empfehlen; unsere Aufstellung auf Seite 18 gibt einen Überblick über die gängigsten Gleissysteme in den verbreiteten Baugrößen. Über Preise und Lieferbarkeit sollten Sie sich vorab ein genaues Bild machen.

Ein wichtiges Merkmal eines Gleises ist die Profilhöhe der Schienen; je niedriger das Schienenprofil ist, umso feiner und realistischer sieht das Gleis in der Regel aus.

DIE ERSTE SKIZZE

Verschiedene Hersteller bieten in ihren Sortimenten Gleisplanschablonen oder gar Gleisplanspiele an, mit denen sich auf einfache Weise ein Gleisbild entwerfen lässt. Neben einer gewissen Ungenauigkeit dieser Hilfsmittel bleibt als entscheidender Nachteil, dass nur die Standardgleisgrößen und -radien des jeweiligen Herstellers übertragen werden können. Individuelle Gleispläne muss man auch selbst zeichnen.

Bevor Sie mit Tusche und Lineal eine fix und fertige Reinzeichnung anlegen (der Weg dorthin ist selten kurz), empfiehlt es sich, eine Bleistiftskizze anzufertigen. Sie sollte die Radien schon einigermaßen authentisch wiedergeben, Weichenstraßen und Signale bleiben noch vernachlässigt oder nur angedeutet. Der vorgesehene Bahnhof muss möglichst in seinen größten Ausmaßen festgelegt werden, die Strecken und der Schattenbahnhof werden annähernd fixiert.

Beinahe jeder Hersteller eines Gleissystems bietet eine passende Planungshilfe an. In der Regel handelt es sich dabei um die wohlbekannten Gleisplanschablonen, mit deren Hilfe und einem spitzen Bleistift die Gleisplanideen zu Papier gebracht werden können; oben im Bild die Gleisplanschablone für das Fleischmann-Profi-Gleis. Interessante Alternativen bieten Märklin mit Gleisplanspielen – im Bild fürs K-Gleis – und Roco mit abziehbaren Gleissymbolen auf Rasterbögen. Bei beiden Systemen lassen sich die Gleisplanfiguren wieder auflösen und zu immer neuen Entwürfen zusammenfügen.

Die wichtigsten Utensilien für Gleisplanzeichner: Bleistifte in verschiedenen Stärken, Tuschefüller in diversen Stärken, ein Zirkel, Geodreieck, Kurvenlineal, ein biegsames Lineal. Soll die Zeichnung am Ende noch farbig ausgelegt werden, kommen noch die entsprechenden Farbstifte hinzu.

RADIEN UND STEIGUNGEN

Viele Einsteiger neigen dazu, Radien zu eng und Steigungen zu steil zu planen. Radien in H0 sollten nicht kleiner als 415 mm, besser sogar 500 mm sein. Im sichtbaren Bereich sind 600 mm die absolute Untergrenze, wenn Sie vierachsige Schnellzugwagen einsetzen wollen. Für N und Z betragen die entsprechenden Werte 300 mm bzw. 200 mm. Diese engen Radien bilden einen Schwachpunkt der Modellbahn schlechthin, der offenkundig wird, wenn man maßstäblich lange Vierachser einfach mal hin- und herschiebt: Es sieht unrealistisch aus und allenthalben treten Probleme mit dem Lichtraumprofil auf.

Steigungen können nicht vorsichtig genug angelegt werden; außer bei S-Bahn-Trassen meidet die große Bahn krasse Steigungsverhältnisse. Für die Modellbahn gelten 3 cm Höhenunterschied auf 1 m Länge als Faustregel (30 ‰). In allen Baugrößen wirken sich Steigungen in engen Bögen besonders kritisch auf die Zugkraft von Fahrzeugen aus. Also: maßvolle Steigungen vorsehen und enge Radien so weit wie möglich meiden – vor allem in Kombination miteinander.

DER PLAN REIFT

Meine endgültigen Gleispläne sind durchwegs reine Bleistiftzeichnungen. Bei Änderungen während der „Reifephase" lassen sich problemlos Umgestaltungen vornehmen. Wenn Ihr Plan endlich „steht", sollten Sie ein paarmal darüber schlafen, bevor sich sich an die Tusche-Reinzeichnung mit einem darüber gelegten Transparentpapier machen. Dann gehören auch die Gleis- und Signalbezeichnungen dazu, denn bei der Verdrahtung wird später die Nummerierung übernommen.

Jeder Entwurf hat seine Eigenheiten; pauschale Tipps kann ich also nicht geben. Problemlösungen lassen sich daher nur beispielhaft aufzeigen.

STILELEMENTE UND PROBLEMECKEN

Wenn etwa ein Außenbogen sichtbar bleibt, gibt es verschiedene Möglichkeiten einer überzeugenden Tarnung. Das Beste ist, das Kreissegment in einen Einschnitt zu verlegen und mit einer Straßenüberführung zu tarnen. Buschwerk und Bäume tun ein Übriges. Wichtig ist hierbei auch die Aufbauhöhe: Die Trasse sollte einen Meter über dem Boden liegen, sonst haben solche Tricks keine Wirkung. Auch eine Reihe höherer Bauwerke im Stadtbereich kann den Streckenverlauf verdecken – aber nur, wenn der Betrachter nicht aus der Vogelperspektive über die Anlage schaut.

Sehen Sie sich mal im Großbetrieb um: Wo und wann gibt es da Tunnels? Eher selten, nämlich wenn eine Geländeerhebung existiert, die ein solch aufwendiges Bauwerk rechtfertigt. Das muss auch für die Modellbahn gelten: „Maulwurfshügel"

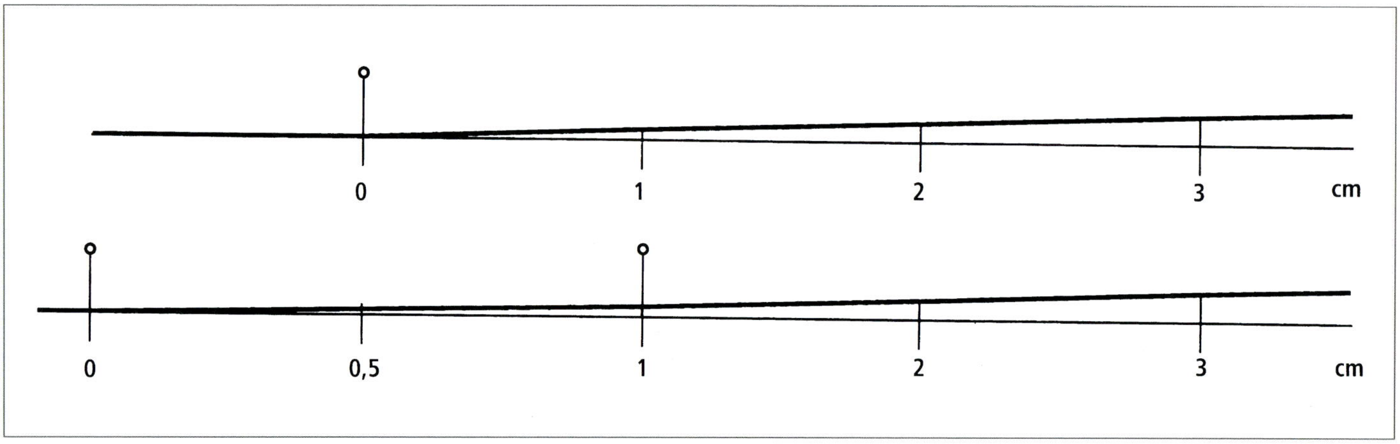

Beginn und Ende eines Neigungsabschnittes müssen „knickfrei" verlaufen, also ausgerundet werden. Nicht allein aus optischen, sondern vor allem aus betrieblichen Gründen: Am Knick können die Antriebsräder der Loks ihre Schienenhaftung verlieren und der Zug ein paar Wagen durch ungewolltes Entkuppeln. In der Praxis wird bei einer 3%-Steigung wie dieser der erste und der letzte Höhenzentimeter doppelt so viel Länge beanspruchen wie der Reste der Neigungsstrecke.

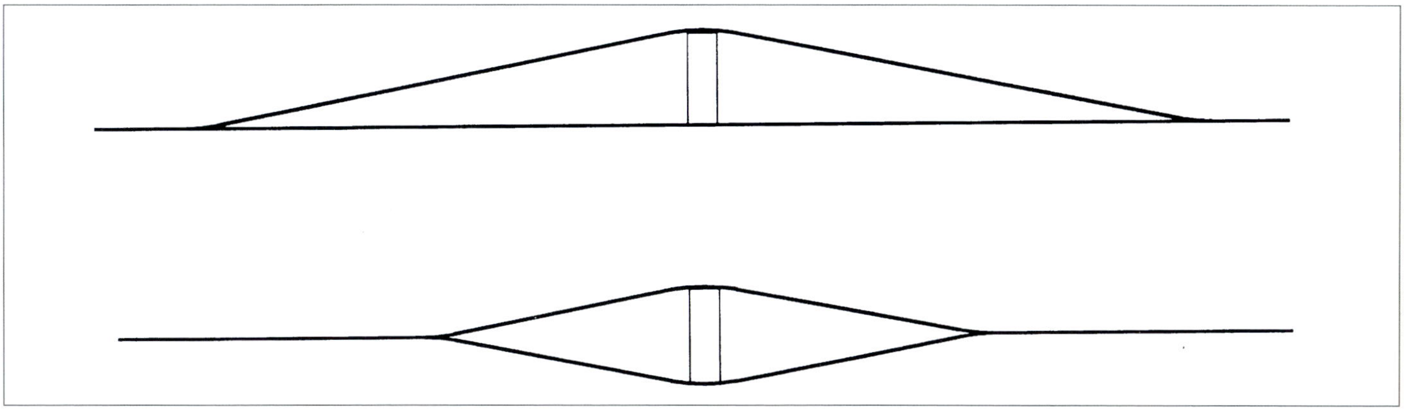

Kleiner Trick: Um den Längenbedarf bei Überwerfungen von zwei Strecken zu reduzieren, werden beide in Neigungen verlegt – eine Lösung, die auch beim Vorbild üblich ist, etwa bei der Ausfädelung von S-Bahn-Strecken.

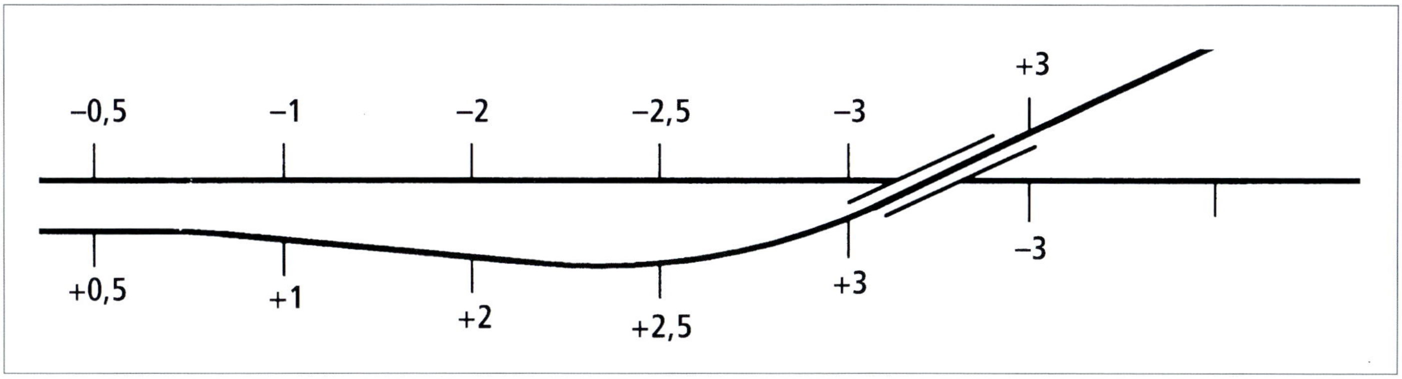

Die skizzierte Situation in der Ansicht von oben. Nur als Hinweis: Für die Durchführung einer elektrifizierten Strecke sind 12 cm lichter Raum mindestens erforderlich.

mit scheunentorgroßen Tunnelportalen wirken lächerlich. Effektvoller ist es da schon, die Modellbahnstrecke hinter einer Straßenüberführung samt den Zufahrtsrampen verschwinden zu lassen. Ein anderer Trick: Durch eine Öffnung in der Hintergrundkulisse führt die Modellstrecke beispielsweise in den Schattenbahnhof; die Einfahrt wird durch Baumgruppen oder hohe Gebäude getarnt. Auch hier muss wieder die Höhe der Häuser zur Perspektive passen.

HINTERGRÜNDIGES

Hintergrundkulissen erfüllen eine wichtige Funktion. Sie stellen die begrenzte Anlage in ein weites Umfeld und gaukeln dem Betrachter mehr Tiefe und Weiträumigkeit vor, als eigentlich vorhanden ist. Motiv und Aufstellung sollten schon im Plan Berücksichtigung finden. Bei unseren amerikanischen Kollegen ist es sogar üblich, mit Trennkulissen flächige Anlagenteilstücke in zwei (oder mehrere) separate Motive zu teilen. Wenn Sie Ihre Anlage auf dem Dachboden oder in einem Mansardenzimmer aufbauen wollen, können Sie die Schräge ausnutzen, um mittels Kulisse den offenen Schattenbahnhof abzuteilen. Achten Sie aber schon im Plan darauf, dass sich die äußeren Ränder der Kulisse leicht nach innen wölben und so einen Endloshorizont nachahmen.

GESTALTUNG UND TECHNIK

Als Modellbahner befassen Sie sich mit der Nachgestaltung eines bestimmten Ausschnitts von Wirklichkeit. Ihr Ausgangspunkt dabei bleibt aber das technische System „Modelleisenbahn“ mit seinen elektrotechnischen und mechanischen Eigenschaften.

Die mechanischen Aspekte beschränken sich bei der Anlagenplanung weitgehend auf die betriebsgerechte Gleisführung. Als Beispiel für ein elektrotechnisches Problem sei hier nur die Frage „digital oder konventionell?“ genannt. Die Entscheidung für ein Digitalsystem zieht prinzipiell weniger Detailplanung nach sich, etwa bei der Ausrüstung mit Trennstellen und deren Planung. Verlassen Sie sich aber nicht auf eingängige Werbeaussagen und prüfen Sie selbst genau, welchen Verdrahtungsaufwand ein Digitalsystem braucht, um bestimmten Betriebsanforderungen gerecht zu werden.

Ob digital oder konventionell – gerade beim Zweischienen-Zweileiter-System treten, neben der Kehrschleifenproblematik, weitere elektrische Grundphänomene auf. Stichwort „Herzstückpolarisierung“: Selbst unsere recht einfache Modellbahnelektrik erfordert manchmal anspruchsvolle Überlegungen. Haben Sie schon mal darüber nachgedacht, wie die Herzstücke einer Kreuzung innerhalb einer Weichenstraße geschaltet wer-

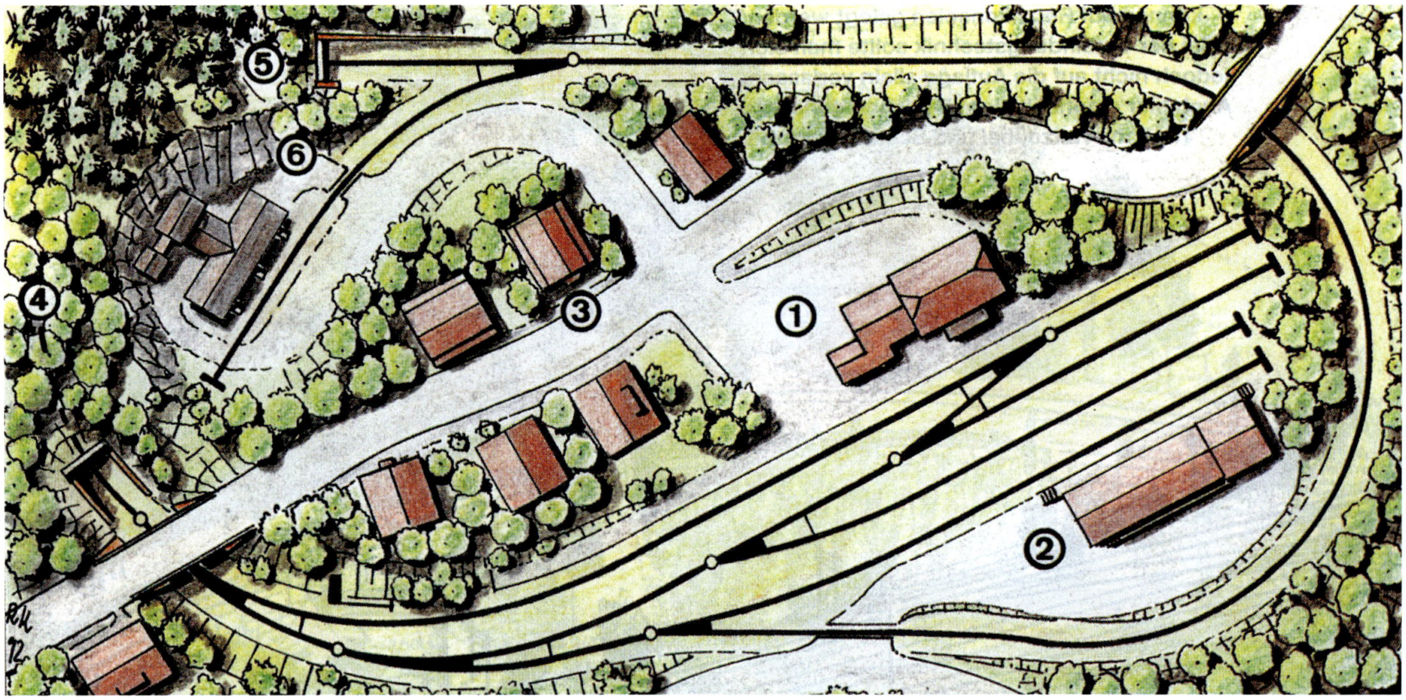

Gleisplan der Kompaktanlage. Hier verkehren kurze Personenzüge, Schienenbusse und -Güterzüge, die den Güterschuppen oder den Steinbruch bedienen.
1 Empfangsgebäude 2 Güterschuppen 3 Siedlung 4 Abfahrt zu Schattenbahnhof und Kehrschleife 5 „Unsichtbarer" Steinbruch 6 Steinbruch

Entwurf für eine ultrakompakte Anlage. Die Abmessungen betragen 80 x 45 cm in Baugröße Z, 115 x 60 cm in N und nur 200 x 105 cm in H0. Der Bahnhof im Vordergrund ist geschickt in die Diagonale gelegt, womit die Bahnhofsgleise eine vernünftige Länge erreichen. Den Mittelgrund gestalten eine Straße, welche die Anlage von links vorne nach rechts hinten durchzieht, und die mit viel Grün aufgelockerte Siedlung. Blickfang im Hintergrund ist der Steinbruch im halbrund ausgeschürften Berg; das Anschlussgleis liegt ebenfalls in der Diagonalen. Dass es sich um eine ganz gewöhnliche Rechteckanlage handelt, sieht man auf den ersten Blick kaum.

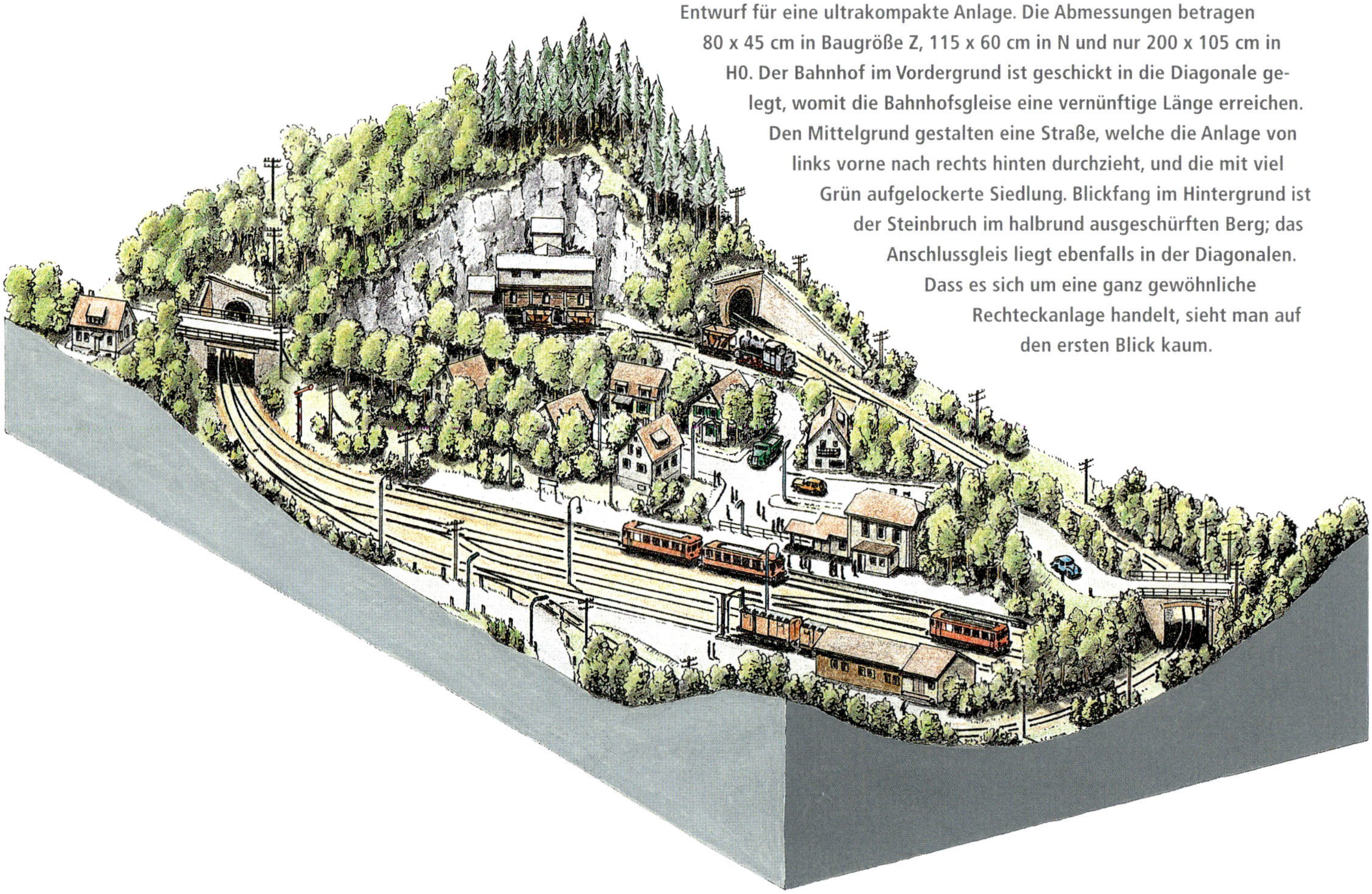

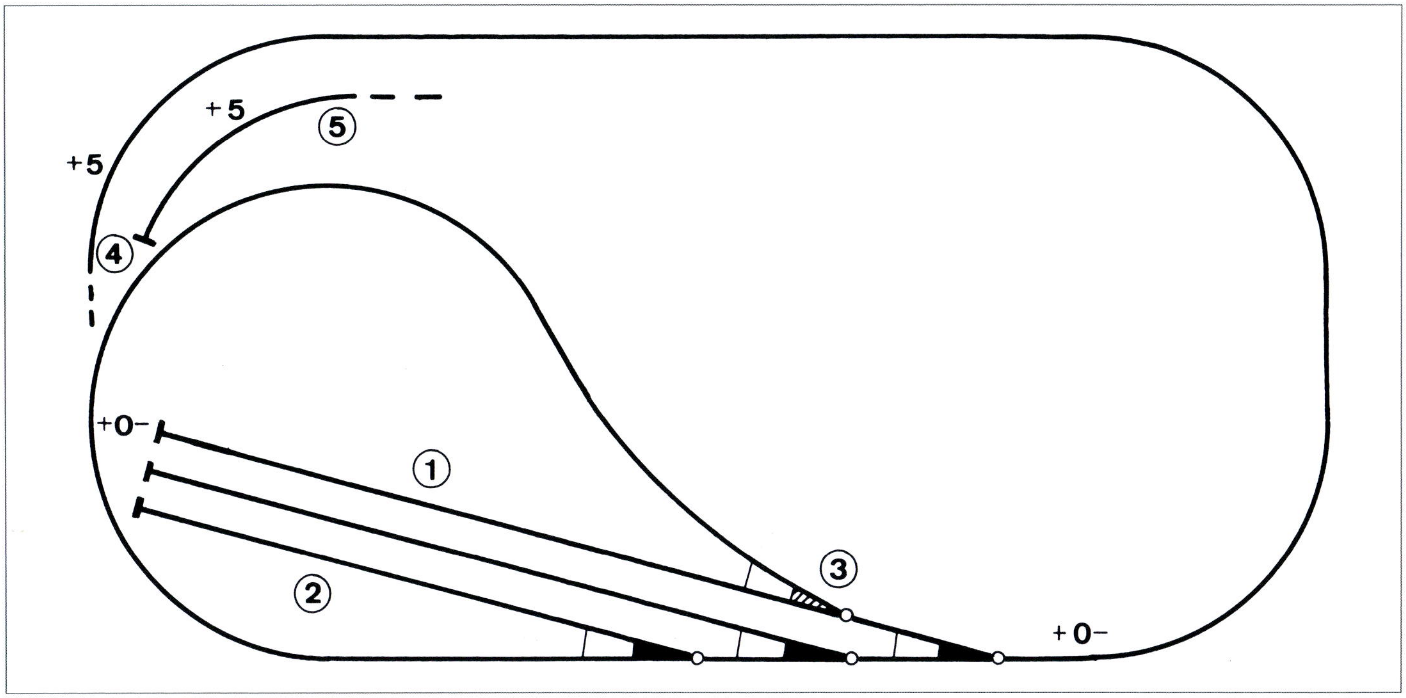

Die Wendeschleife im Untergrund erlaubt „Out and back"-Verkehr ohne Lokwechsel. Ein Gleis des Schattenbahnhofs steht für Wendezüge zur Verfügung. Die beiden anderen können etwa von einem Schienenbus und einer Reservelok benutzt werden. Um die Fahrstrecke zu verlängern, wurden die Kehrschleife und der Schattenbahnhof im linken vorderen Teil des „Untergrundes" angeordnet.
1 Wendezuggleis 2 Gleise für Schüttgutzug und zweite DB-Lok 3 Abzweig zur Kehrschleife 4 Gleis zum Bahnhof 5 Verdeckter „zweiter Steinbruch"

den? Wenn Sie genau wissen, dass Ihnen dieses Problem den letzten Nerv rauben wird, sollten Sie kein Weichenkreuz für Ihre Anlage einplanen.

Ähnliches gilt für die Planung von komplizierten Bahnhofsanlagen. Wird es Ihnen später Spaß machen, einzelne Fahrstraßen festzulegen und sie vielleicht auch noch elektronisch zu programmieren? Wenn nicht, dann entwerfen Sie eine Bahnhofseinfahrt, wo Sie jede einzelne Weiche per Hand oder Tastendruck „umlegen" können. Andersherum: Wenn Sie keine Lust haben, sich mit mechanischen oder elektronischen Tüfteleien zu befassen, dann schalten Sie Ihre Weichen und Signale am besten mit einem konfektionierten Digitalsystem.

Denken Sie also schon bei der Planung an Ihre technischen und handwerklichen Stärken und Schwächen. Unterfordern Sie sich nicht, aber stellen Sie sich keine Aufgaben, gegen deren Lösung Sie eine tiefe Abneigung verspüren. Anlagenplanung ist keine Geheimwissenschaft; wer öfters plant, wird routinierter und erkennt Probleme auf den ersten Blick. Fehler oder zumindest Fehleinschätzungen können dabei jedem unterlaufen, nur sind sie bei der Planung eher auszubügeln als im Anlagenbau.

INS RECHTE LICHT GERÜCKT

Von vornherein eingeplant werden muss auch die Beleuchtung – oder zutreffender ausgedrückt: die Lichtführung. In vielen Fällen wird sie aus einer Mischung von Kunst- und Tageslicht bestehen. In Kellerräumen, wo nur Kunstlicht existiert, lässt sich mit Lampen und Strahlern das Licht gezielt auf die Anlage bringen, und zwar ohne störendes direktes Sonnenlicht. Sinn macht es, eine sparsame Leuchtstoffröhren-Beleuchtung mit Strahlern zu kombinieren. Die Leuchtstoffröhren reichen für Bau- und Wartungsarbeiten völlig aus. Beim Betrieb und vor allem, wenn Besucher die Anlage bestaunen, sorgen Halogenstrahler für den besten Eindruck. Sehen Sie ausreichend Strahler vor, damit sich die Lichtkegel großflächig überschneiden und für gleichmäßige Ausleuchtung sorgen.

Zudem sollten die „Hallos" alle in die gleiche Richtung weisen, also nahezu parallel strahlen, sonst sieht es auf Ihrer Anlage so aus wie im Fußballstadion bei Flutlicht, wo die Kicker im Kreuz ihrer vier Schatten agieren. Nicht leicht ist es, die Lichtquellen so zu arrangieren, dass Gebäude oder Bäume keine scharfen Schatten auf die Hintergrundkulisse werfen und den Eindruck räumlicher Tiefe wieder zunichtemachen.

NIVEAU AUF AUGENHÖHE?

Dass sich die Hauptebene einer Modellbahnanlage in Augenhöhe des Betrachters befinden müsse, darf als Hinweis dienen, nicht aber als Dogma. Was ist, wenn der Erbauer 1,90 m groß ist und am Ende als Einziger sein Wunderwerk betrachten kann? Die Augenhöhe hängt von der Körpergröße des Betrachters ab, und Ihre Anlage soll ja viele Betrachter und Bewunderer mit ebenso vielen verschiedenen Augenhöhen finden. Außerdem sollen ja Bau- und Wartungsarbeiten noch bequem möglich sein. Also ist ein Kompromiss angesagt.

Als Faustregel kann ich empfehlen, die Hauptebene der Anlage zwischen 1 m und 1,20 m über dem Fußboden anzulegen. Dies ermöglicht Erwachsenen eine bequeme „Aussicht"; für Kinder sollten Sie in jedem Fall einen Tritthocker bereithalten.

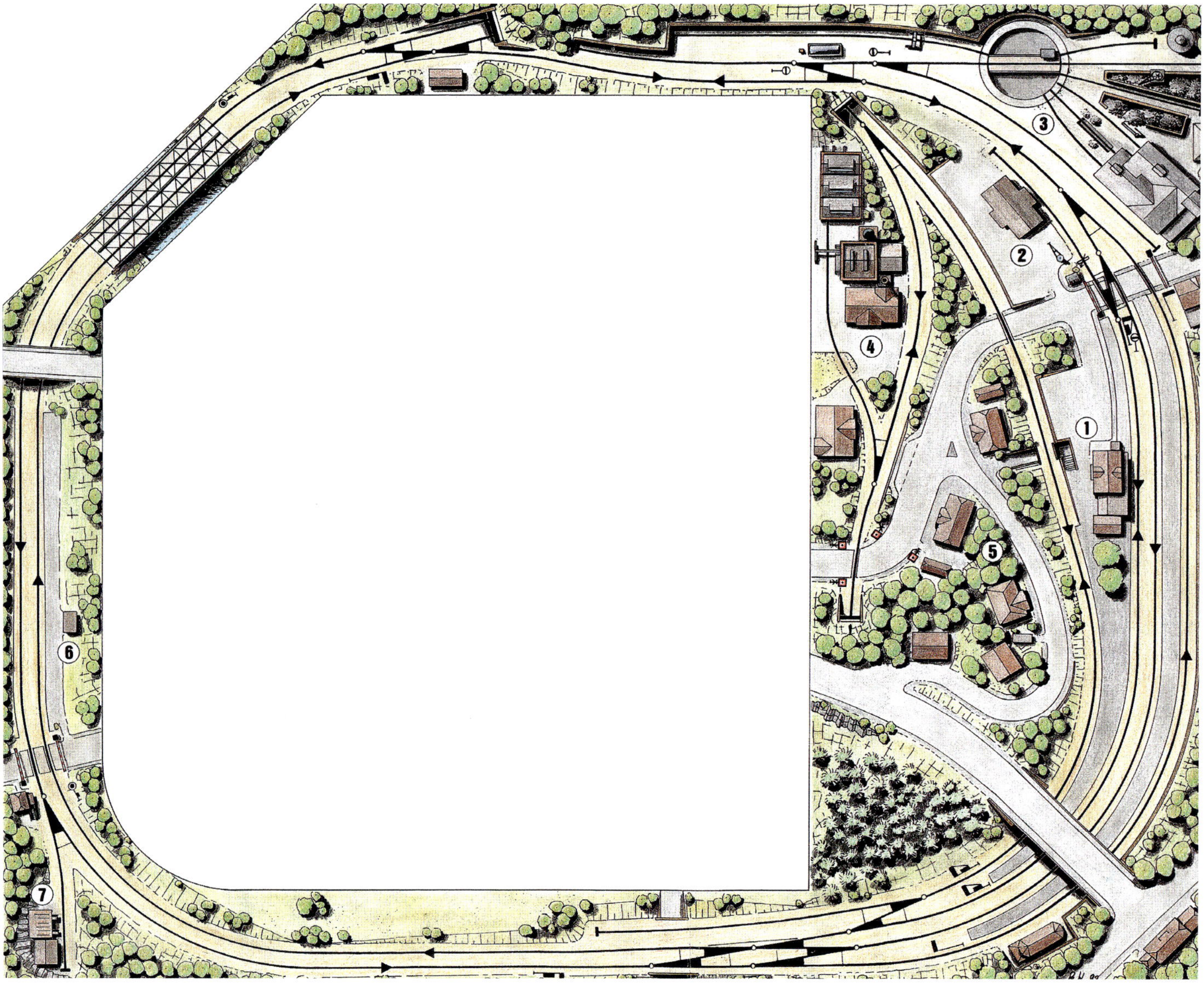

1 Empfangsgebäude 2 Ortsgüteranlage 3 Betriebswerk 4 Fabrik 5 Siedlung 6 Haltepunkt 7 Steinbruch

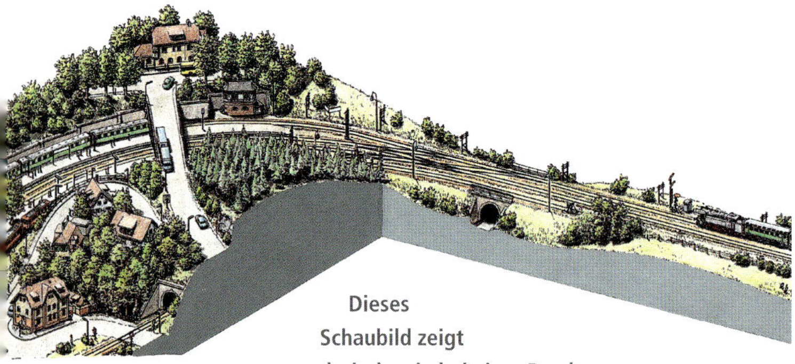

Dieses Schaubild zeigt exemplarisch, wie bei einer Rundumanlage thematisch unterschiedliche Anlagenteile optisch voneinander getrennt werden. Hier bewirken die Straßenbrücke und ein kleiner Hügel den Szenenwechsel.

Das Gelände vor dem Bahnhof steigt etwas an. Daraus ergeben sich hervorragende Gestaltungsmöglichkeiten, die sich auch bei anderen Anlagenformen verwirklichen lassen.

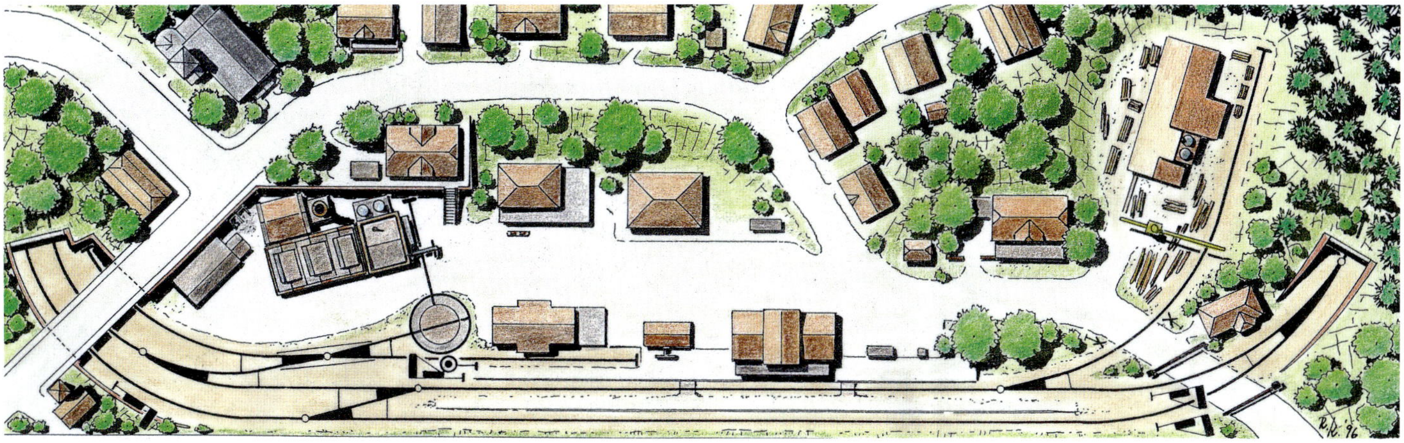

Gleisplan einer konventionellen, aber doch interessanten Rechteckanlage mit einer Größe von 288 x 96 cm. Drei quadratische Segmente von 96 x 96 cm Größe bilden die Basis. Zu den Betriebsabläufen: Von A aus (Bahnhof „Maienfeld") geht es über B nach C. Natürlich besteht auch die Möglichkeit, den schlichten „Rundkurs" einzuschlagen. Bei C wäre eine Erweiterung denkbar. Hier finden jetzt ein Wendezug oder eine Schienenbusgarnitur ihren Platz. Die Zugdichte könnte erhöht werden, indem die zweigleisige Strecke eine Blocksicherung erhält.
Der Bahnhof „Maienfeld" bietet einige Rangiermöglichkeiten. So findet sich auf dem rechten Segment die Weiche nebst dem Anschlussgleis eines Sägewerks. Auf der anderen Bahnhofsseite hat sich ein kleiner metallverarbeitender Betrieb niedergelassen, natürlich mit eigenem Gleisanschluss (mit Waggondrehscheibe). Das Drehen der Scheibe und das Schieben des Waggons an die Laderampe erfolgt per Hand.

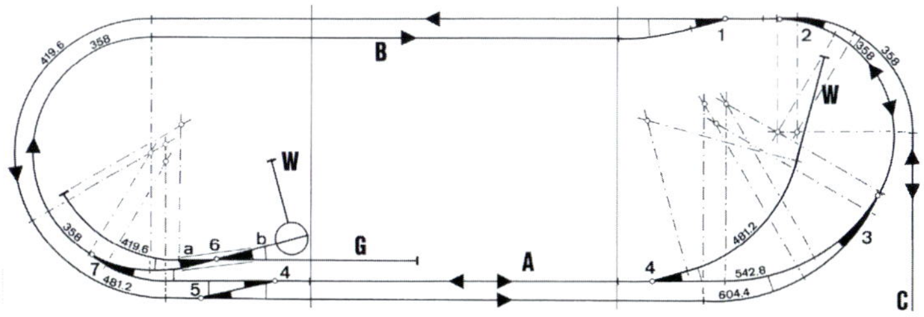

So könnte man sich das linke der drei Segmente vorstellen: Die relativ engen Radien der zweigleisigen Strecke werden hier optisch durch die Straßenüberführung und die seitlichen Flügelmauern getarnt. Die V 60 ist eine geeignete Rangierlok für den kleinen Bahnhof. Sie übernimmt auch die Übergabefahrten zu den anderen Stationen entlang der Strecke, ist zugleich also Zuglok für den morgendlichen und abendlichen Nahgüterzug. Oberhalb der Fabrik könnte das Verwaltungsgebäude stehen, der Zugang zu den Werkshallen erfolgt über eine Treppe.

Schon beim Rohbau der Anlage muss die Hintergrundkulisse mit vorgesehen werden, z.B. wenn der Gleisbau abgeschlossen ist. Optimal ist eine leicht gebogene Form ohne Ecken und Kanten. Sie erzeugt nach beendeter Anlagengestaltung eine fast perfekte Illusion – wäre auf dem Bild unten nicht links oben das Kulissenende zu sehen.

FAZIT

Nehmen Sie sich Zeit für die Planung. Auf dem Papier ist noch vieles reparabel. Beziehen Sie die Verkabelung – möglichst mit farbiger Leitungsführung – mit ein. Schablonen oder Gleisplanspiele mögen für den Anfang nützlich sein, nach einiger Zeit sind sie jedoch entbehrlich. Jeder Hersteller hat mehr oder weniger empfehlenswerte Gleisplanbücher im Programm, die Gleisplanvorschläge für das hauseigene System machen. Hieraus können Sie viel „Honig saugen“ für den eigenen Entwurf hinsichtlich der Geometrie und Motivauswahl.

STANDORT UND BELEUCHTUNG

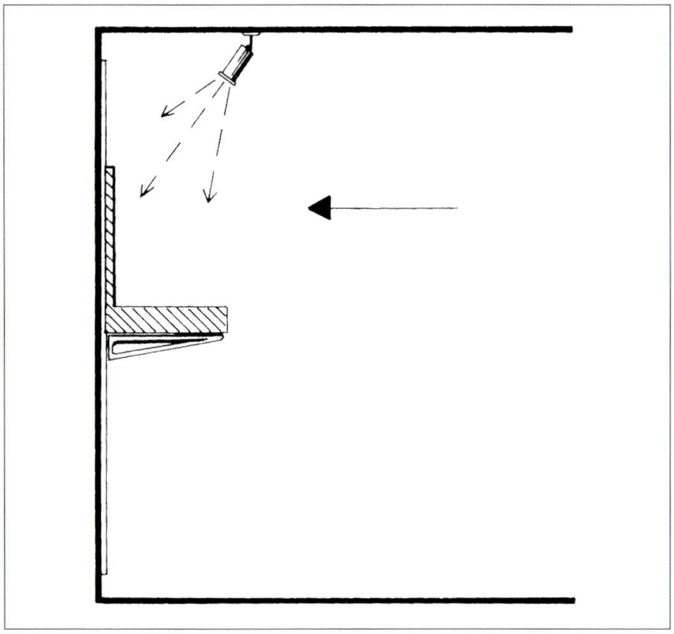

Anlage an der Wand. Die Kulisse ist direkt an der Wand befestigt. Strahler an der Decke beleuchten Kulisse und Anlagenhintergrund. Ihr Abstrahlwinkel ist so zu wählen, dass Gebäude keine Schatten werfen können.

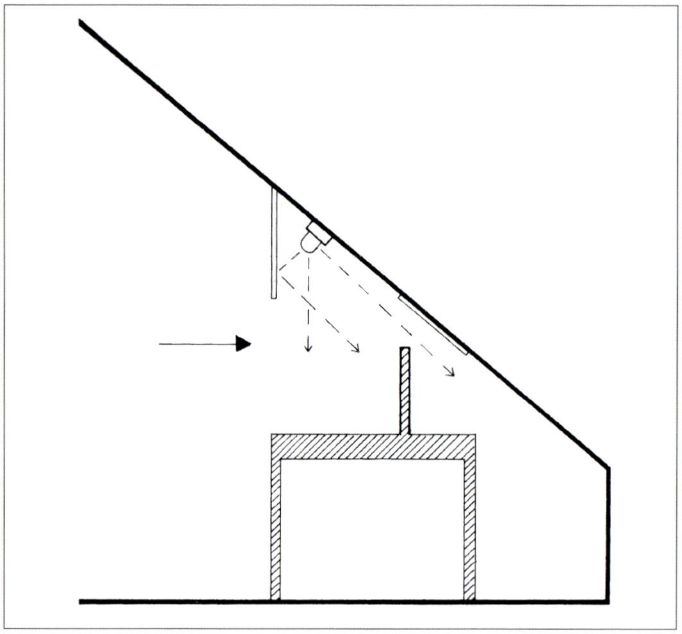

Eine solche Anordnung passt auch unter eine Dachschräge. Von der Raumausnützung her ist sie sogar optimal. Wieder eine Blende, die Blendung vorbeugt und den nicht gestalteten „Himmel" verbirgt. Bei der Anlage rechts handelt es sich um die Version ohne inneren Bedienungsgang. Die Pfeile in den Abbildungen bezeichnen die Augenhöhe des Betrachters.

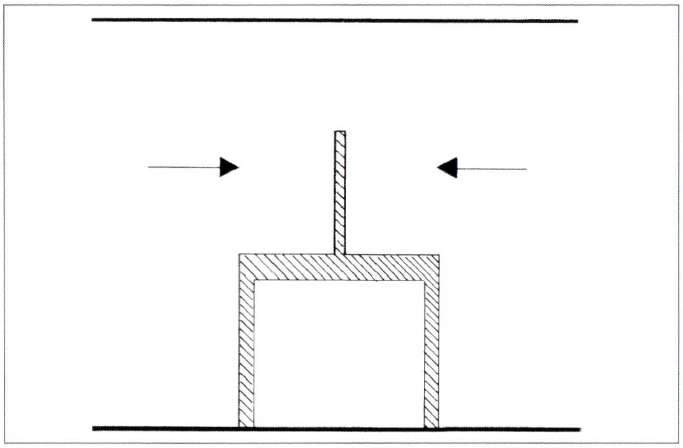

Standort dieser Anlage ist das Rauminnere, wo sie wenigstens an drei Seiten frei steht. Das Kulissenbrett wird auf beiden Seiten illusionistisch gestaltet. Macht man dieses Anlagenstück etwas breiter, so kann an die Stelle der Kulisse etwa ein Höhenzug mit Wald und Felsen treten. Weil der Betrachter nie beide Seiten der Kulisse oder des Höhenzugs zusammen sehen kann, lassen sich theoretisch zwei völlig verschiedene Themen gestalten.

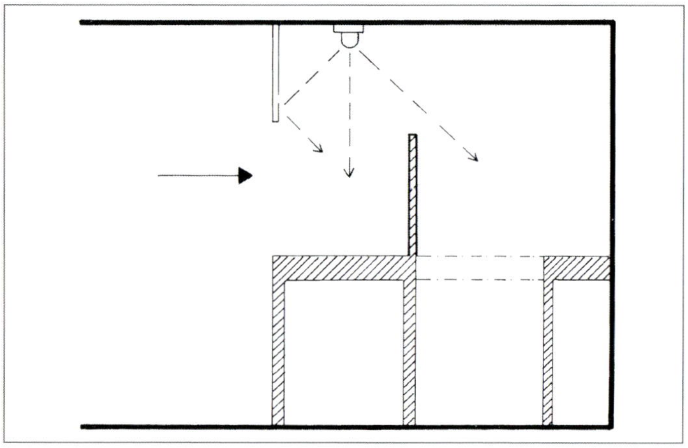

Sichtbare Anlage und Schattenbahnhof sind hier durch einen Bedienungsgang getrennt. Sehr betriebsfreundlich! Die diffus abstrahlenden Leuchtstoffröhren spenden allen Anlagenteilen Licht. Der Betrachter bleibt wegen der Blende ungeblendet.

Computerprogramme zur Modellbahnplanung

Digitale Planungshilfen

Wer gezielt eine Modellbahn aufbauen will, kommt um eine detaillierte Planung nicht herum. Ein praktisches Werkzeug dafür ist der Computer, wenn er mit entsprechenden Programmen ausgestattet ist.

Startpackungen enthalten Schienen, mit denen sich meist ein Gleisoval aufbauen lässt. Steckt man sie wie in der Anleitung angegeben aneinander, passt alles genau zusammen. Hat man noch mehr Gleismaterial zur Verfügung, kann man wie mit einem Baukasten mehr oder weniger abenteuerliche Gleisfiguren anlegen. Wird allerdings drauflos gebaut, sind Problemstellen vorprogrammiert, bei denen 2-cm-Lücken klaffen, oder die Schienenstücke eines Stranges ziehen den Parallelstrang auseinander.

Das muss nicht zwangsläufig so sein, denn die Gleiselemente sind nach einem ausgeklügelten System konstruiert worden, damit sich modellbahntypische Gleisbilder ohne Lücken oder Spannungen zusammenstecken lassen. Diese Gleisgeometrien zeigen die Hersteller auf ihren Katalogseiten. So wird leicht nachvollziehbar, welche Gleisstückkombinationen für bestimmte Zwecke erforderlich sind.

Soll eine Modellbahnanlage geplant werden, kann man sich anhand der geometrischen Angaben mit Bleistift, Lineal und Zirkel eine maßstäbliche Zeichnung anfertigen. So war das jedenfalls in der Vergangenheit üblich. Dabei ist allerdings präzises Arbeiten erforderlich, damit der Plan einigermaßen genau umgesetzt werden kann. Aus der Zeichentoleranz entstehende Problemstellen kann man durch passend zugeschnittene Gleisstücke ausgleichen. Hierfür ist Flexgleis besonders geeignet, da es als Meterware gehandelt wird und in großen Radien verlegt werden kann.

Die geometrische Systematik der Gleise bietet die ideale Voraussetzung, um vom Computer „verarbeitet" werden zu können. Besonderer Vorteil ist dabei die Genauigkeit des PCs, die wesentlich höher als die einer Konstruktionszeichung ist. Anfang der 90er-Jahre entstanden die ersten PC-Programme zur Gleisplanung. Inzwischen bieten einige Programme weit mehr als nur die reine Gleisplanung. Landschaftsideen können ebenso eingebettet werden wie die elektrische Verschaltung oder Oberleitungen. Ist der Computer gut ausgestattet, wird sogar eine dreidimensionale Darstellung der geplanten Anlage möglich, die darin gipfelt, virtuelle Fahrzeuge fahren zu lassen und aus der Führerstandsperspektive eine Rundfahrt über die Anlage zu machen. – Was will man, abgesehen von der realisierten Modellbahnanlage, mehr?

Sicher, die Entscheidung für eines der Programme ist nicht einfach. Angenehmerweise hat man aber die Möglichkeit, vor dem Kauf die Programme auszuprobieren. So können die Bedienung getestet, der Funktionsumfang verglichen und je nach Vorhandensein Zusatzfunktionen in Augenschein genommen werden.

Bevor man mit der Planung anfängt, gilt es Vorbereitungen zu treffen. Zunächst muss man sich für ein Gleissystem entscheiden. In der Praxis hat es sich bewährt, eine Gleisgeometriedarstellung griffbereit neben die Tastatur zu legen, damit

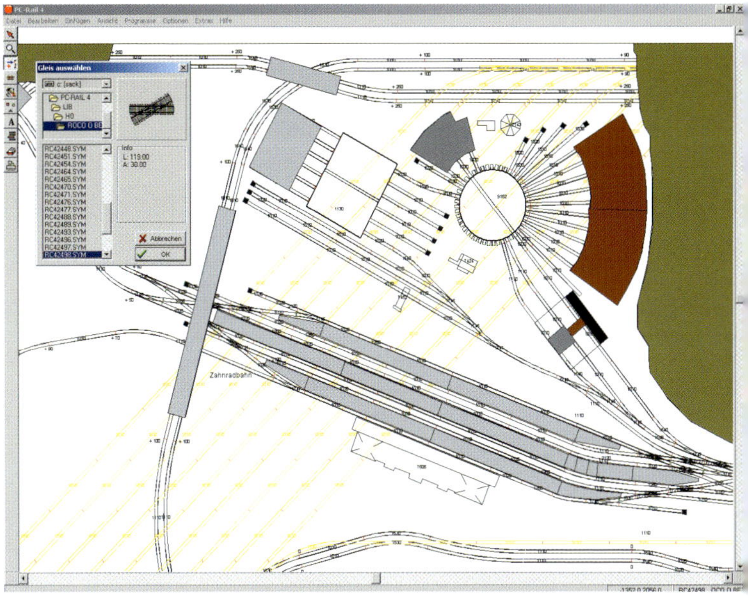

PC-Rail ist ein bewährtes PC-Programm, mit dem zweidimensionale Anlagen nebst Zubehör geplant werden können.

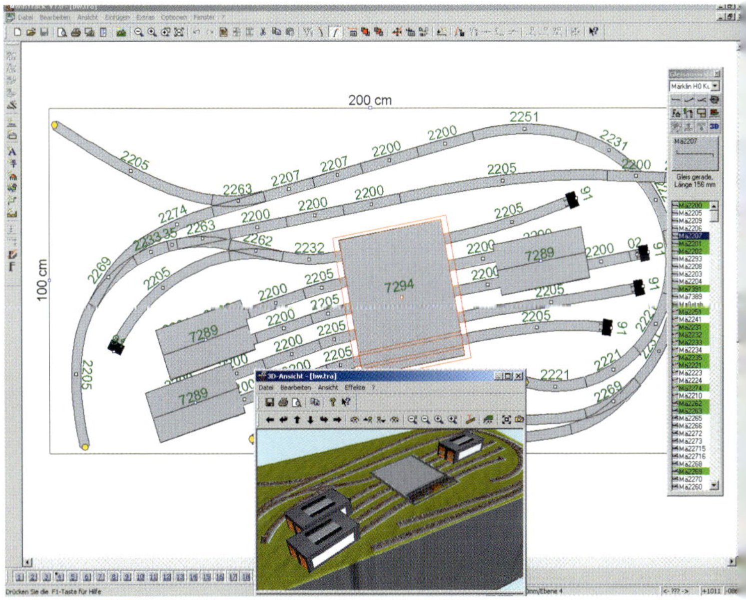

WinTrack beherrscht zweidimensionale Planung und dreidimensionale Darstellung. Neben Gleisen, Oberleitung sowie Gebäuden können Landschaft, Zubehör und Anlagengestell konstruiert werden.

man schnell einzelne Gleisstückkombinationen ablesen und übernehmen kann. Zudem sollte man wissen, wie groß die Anlage wird. Und schließlich werden grobe Vorstellungen von dem gebraucht, was entstehen soll. Dazu ist es hilfreich, sich im Vorfeld umzuschauen. Anregungen gibt es in Hülle und Fülle. Beispielsweise kann man sich durch die MIBA-Monatsausgaben bzw. von Beiträgen der Reihe MIBA-Anlagen inspirieren lassen oder bei Exkursionen zum Vorbild Ideen sammeln.

Sind die Rahmenbedingungen klar, kann die Planung beginnen. Das Prinzip ist einfach: Aus einer Sammlung von Gleisstückdarstellungen wird das erste Element ausgewählt und in der Zeichenfläche platziert. (Die genaue Position kann später nach Bedarf geändert werden.) Dann werden die Nachbargleisstücke angehängt. Im Handumdrehen entsteht der Gleisplan. Natürlich bieten die Programme Hilfsmittel, die die Arbeit erleichtern. Änderungen und Korrekturen sind ohne weiteres möglich. Von Gleisstücken können Gruppen gebildet werden, die eine Mehrfachverwendung ermöglichen oder zum Experimentieren als Duplikat herhalten. Bei Bedarf gibt man Gleisabschnitten eine andere Farbe oder ordnet übereinanderliegende Strecken in korrekter Reihenfolge an. Auch die Planung in mehreren Ebenen ist denkbar. Damit ist sowohl das Vorhandensein von Strecken auf unterschiedlichen Höhenniveaus als auch die Teilung der Strecken in überschaubare Abschnitte gemeint.

Neben höherer Genauigkeit bietet die Computer-Gleisplanung auch den Vorteil, Höhen planen zu können. So lässt sich

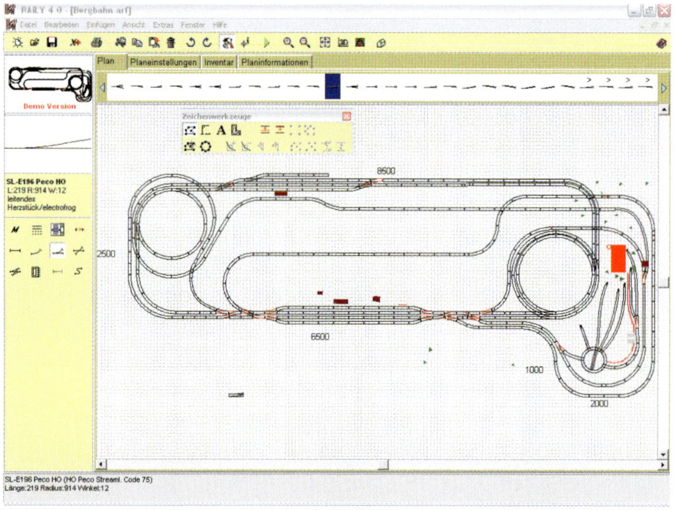

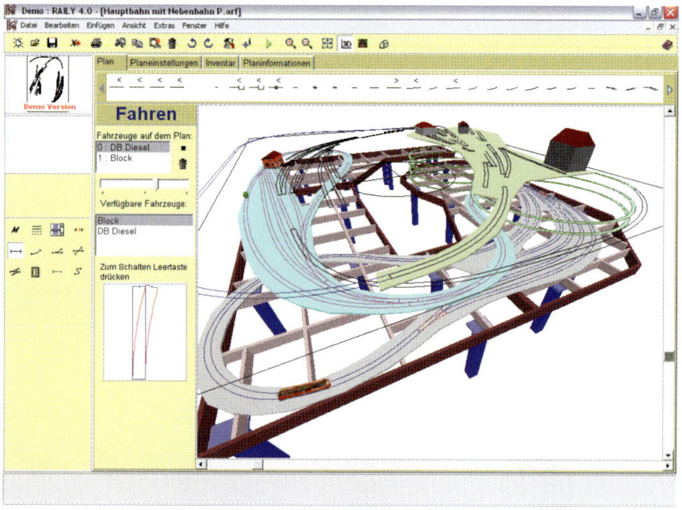

Raily bietet neben der klassischen Gleisplanung (links) auch die Unterbauplanung. Die dreidimensionale Darstellung (rechts) der gesamten Anlage gipfelt im Fahren mit virtuellen Fahrzeugen. Man kann sie dabei von außen beobachten oder im Führerstand „mitfahren".

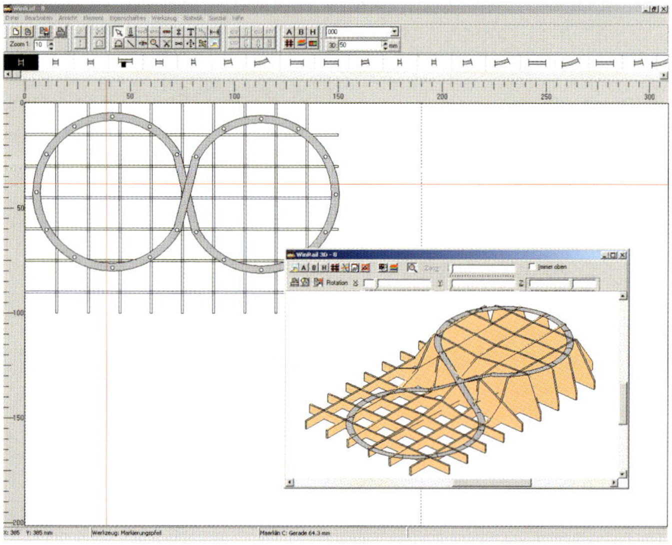

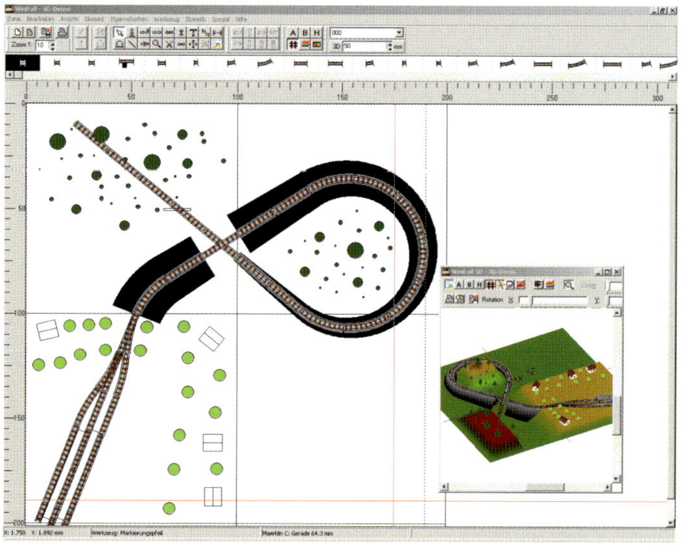

Mit WinRail plant man neben Modellbahnen auch die Unterkonstruktion mit Spanten (links). Das Programm beherrscht neben der zweidimensionalen Planung von Strecken, Oberleitung und Landschaft die dreidimensionale Darstellung (unten). Die umfangreiche Bibliothek enthält neben exotischen Gleissystemen auch Autorennbahnen.

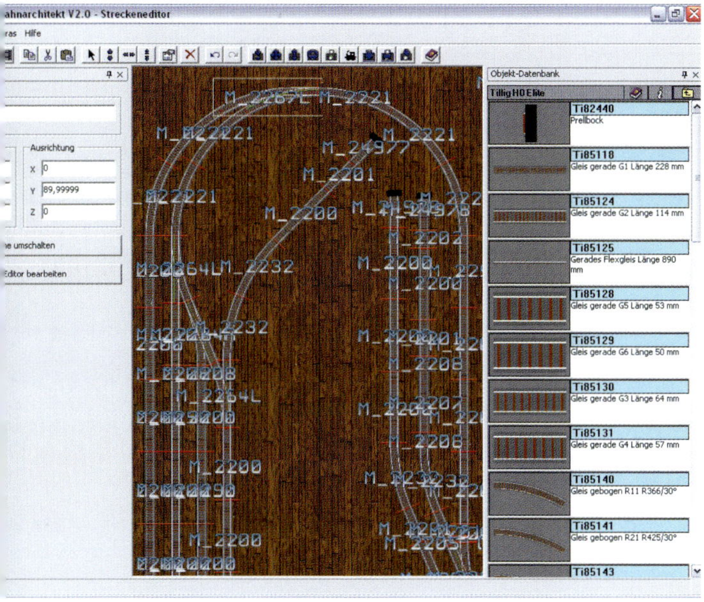

Mit Modellbahnarchitekt 3-D lassen sich Modellbahnen maßstäblich planen. Zudem können Fahrzeuge platziert und manuell oder ablaufgesteuert virtuell gefahren werden. Die 3-D-Szenerie lässt sich aus verschiedenen Kameraeinstellungen beobachten und aufzeichnen.

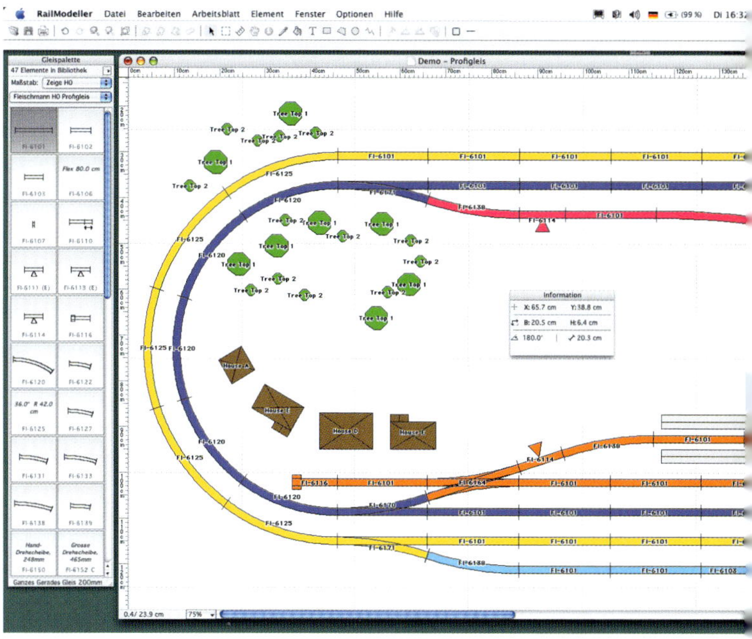

Der RailModeller ist für Macintosh-Computer programmiert worden und bietet neben der zweidimensionalen Planung auch eine dreidimensionale Ansicht.

spielend einfach erkennen, ob eine Brückendurchfahrt hoch genug ist oder ob eine geplante Neigungsstrecke von Modellbahnfahrzeugen bewältigt werden kann. Ist die Neigung stärker als etwa 4 %, sollte man versuchen, eine andere Lösung zu finden, damit die Triebfahrzeuge eine Chance haben, die Steigung zu bewältigen und damit das Aussehen nicht zu stark leidet.

Weiter oben war die Rede von Flexgleis als Hilfsmittel zum Schließen von Lücken. Mit Softwarewerkzeugen hat man die Möglichkeit, zwei Gleisenden automatisch zu verbinden. Das funktioniert natürlich nur, wenn es entsprechend zusammenpassende Gleisstücke gibt. Findet das Programm nichts Entsprechendes, kann man stattdessen (soweit angeboten) Flexgleis einplanen und dieses den Bedürfnissen entsprechend formen.

Neben der Gleisplanung bieten einige Programme die Möglichkeit, Oberleitungen, Gebäude, Zubehör und Landschaft zu platzieren. Wer noch weiter gehen möchte, wird es begrüßen, eigene Objekte zu definieren oder die elektrische Verschaltung auszuarbeiten.

Ist die Planung fortgeschritten, wird man sich für die räumliche Anordnung der Objekte interessieren. Dazu bieten einige Programme dreidimensionale Ansichten an, deren Darstellung von modernen Computern ohne weiteres bewältigt werden. Zumindest ansatzweise lässt sich so einschätzen, ob beispielsweise Gebäude zu nah beieinanderstehen oder die Anordnung von Bergen unnatürlich wirkt.

Ist eine Anlage im Computer fertig geplant, wird man sie errichten wollen. Nun wäre es etwas beschwerlich, müsste man bei der Gleisverlegung ständig zum Bildschirm schauen,. um zu sehen, was das nächste Gleisstück ist. Praktisch ist es dagegen, wenn man den Gleisplan ausdrucken kann. Mitunter wird es sogar nützlich sein, wenn man den beschrifteten Gleisplan im Maßstab 1:1 (verteilt auf viele A4-Blätter) ausdrucken und ihn dann auf der Grundplatte exakt auslegen kann. Jetzt braucht man nur noch die Gleisstücke zu verteilen und auf dem Plan liegend zusammenzustecken.

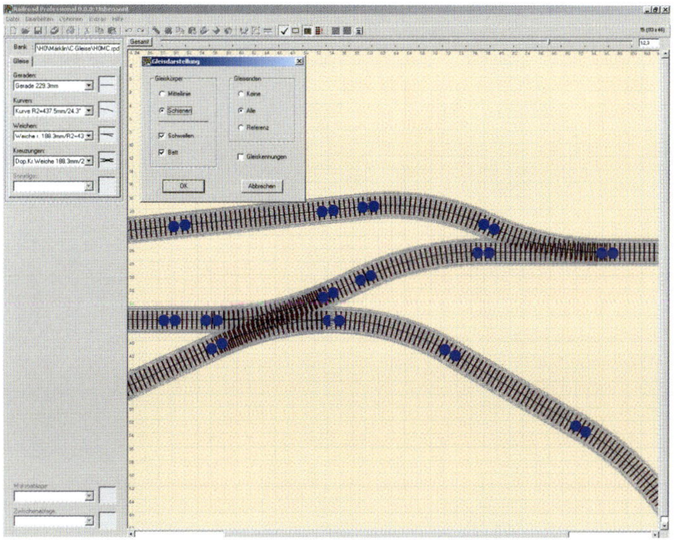

RailRoad professionell bietet die Möglichkeit, Gleise zweidimensional zu planen. An der Weiterentwicklung der Freeware wird gearbeitet.

Ebenso praktisch ist es, wenn man eine Stücklisten-Funktion hat. Mit ihr lässt sich nicht nur der Einkaufszettel zusammenstellen, sondern auch gleich kalkulieren, wie teuer das Ganze wird. In den jüngsten Versionen einiger Programme findet man sogar Hilfsmittel, die beim Bau des Anlagengerüstes unterstützen. Dabei werden Spanten positioniert, die sich als Schablonen für den Tischler ausdrucken lassen.

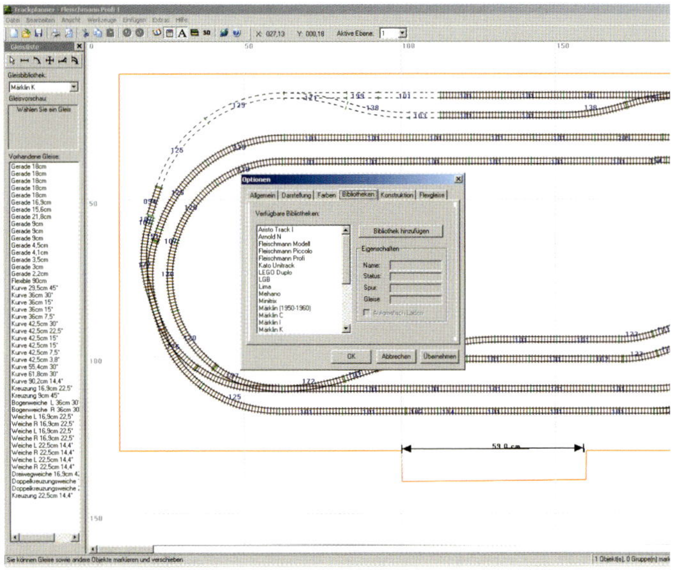

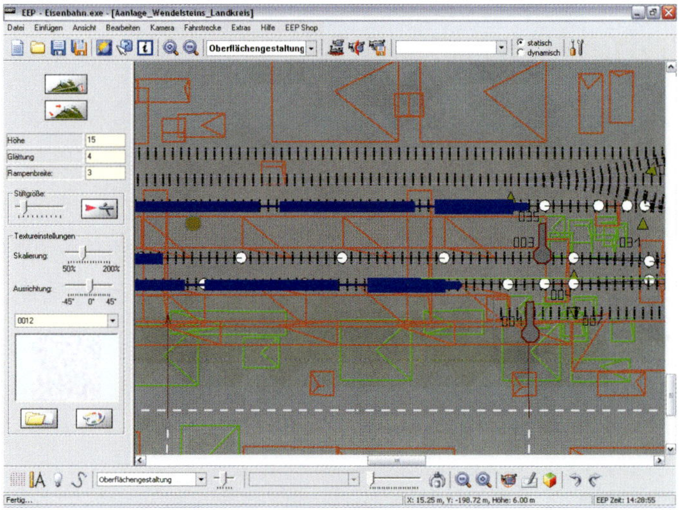

Trackplanner ist ebenfalls eine PC-Freeware für die Gleisplanung. Die 3-D-Ansicht ist inzwischen ebenfalls integriert.

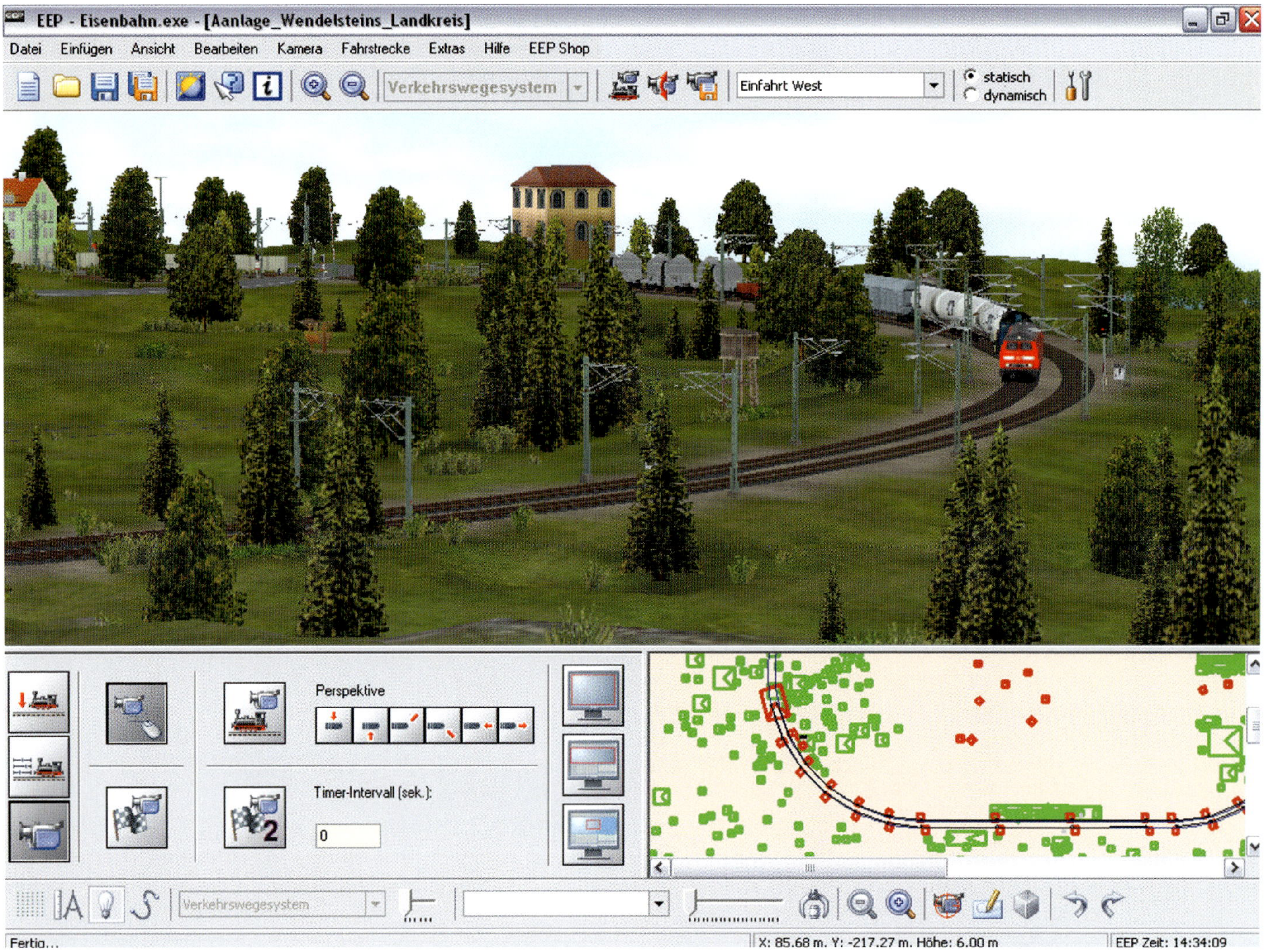

Mit EisenbahnExe professional kann man nicht maßstäblich planen, aber eine virtuelle Welt realistisch erschaffen und betreiben.

KAPITEL 4

ANLAGENUNTERBAU

Aufwand, der sich später lohnt

Theorie und Planung

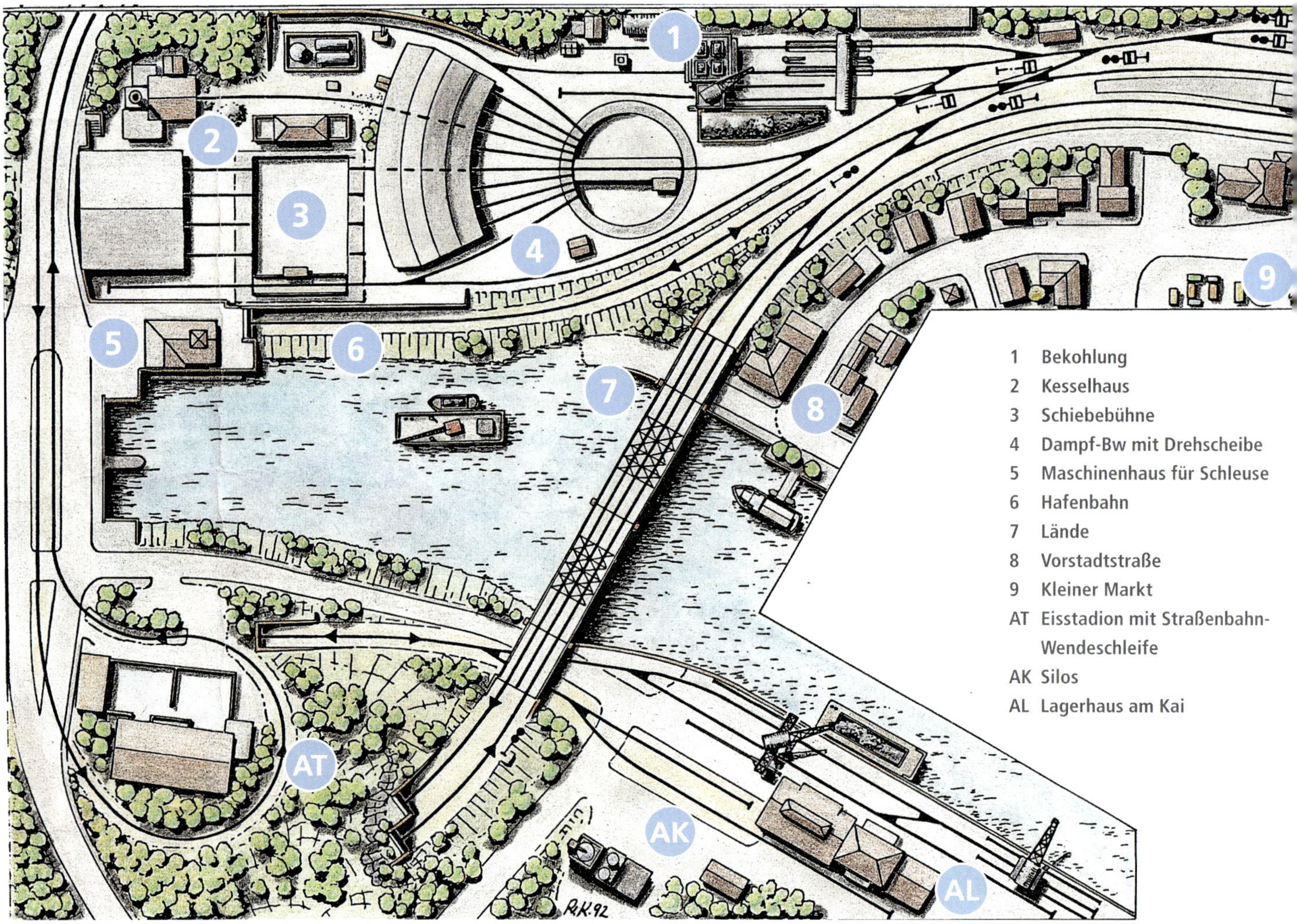

Ausschnitt aus dem Gleisplan für das „große Ding für Märklin K", dessen endgültiger Trassenplan auf den folgenden Seiten zu sehen ist.

Nehmen Sie sich die Zeit für genaue und sorgfältige Planung. Auf dem Papier (oder am Computer) ist noch vieles reparabel. Je mehr im Plan berücksichtigt ist, umso weniger Pannen passieren später: Steigungen und Radien, Signale und Weichentriebe, Tunnelportale und Brücken, sogar Trennstellen und die Verkabelung – was in die Planung investiert wird, zahlt sich beim Bau aus.

VORBEREITUNG

Eines ist klar: Bevor der Plan für den Anlagenunterbau in Angriff genommen werden kann, muss der Gleisplan feststehen, und zwar hieb- und stichfest. Hierbei lohnt sich auch erhöhter Aufwand. Bei den Baubeschreibungen, die folgen, werden Sie etwa die dazugehörigen Trassenpläne finden. Höhenangaben, die Standorte der Signal- und Oberleitungsmasten, der Platzbedarf von Straßen und Gebäuden sollte hier ebenfalls vermerkt werden. Die Pläne können hervorragend auf Transparentpapier im DIN-A3-Format angefertigt und direkt vom Originalpan abgenommen werden. Bei Bedarf lassen sich die Zeichnungen mehrmals kopieren und – falls sie größere Ausmaße annehmen – aneinanderkleben. Einen Satz dieser Kopien kann man für Einträge und Notizen über die Verdrahtung verwenden, denn es empfiehlt sich, schon beim Rohbau die elektrischen Komponenten zu berücksichtigen: Wo etwa sind Lötleisten und Schaltmodule zu berücksichtigen? Ein zügiges Arbeiten wird aller Mühen Lohn sein.

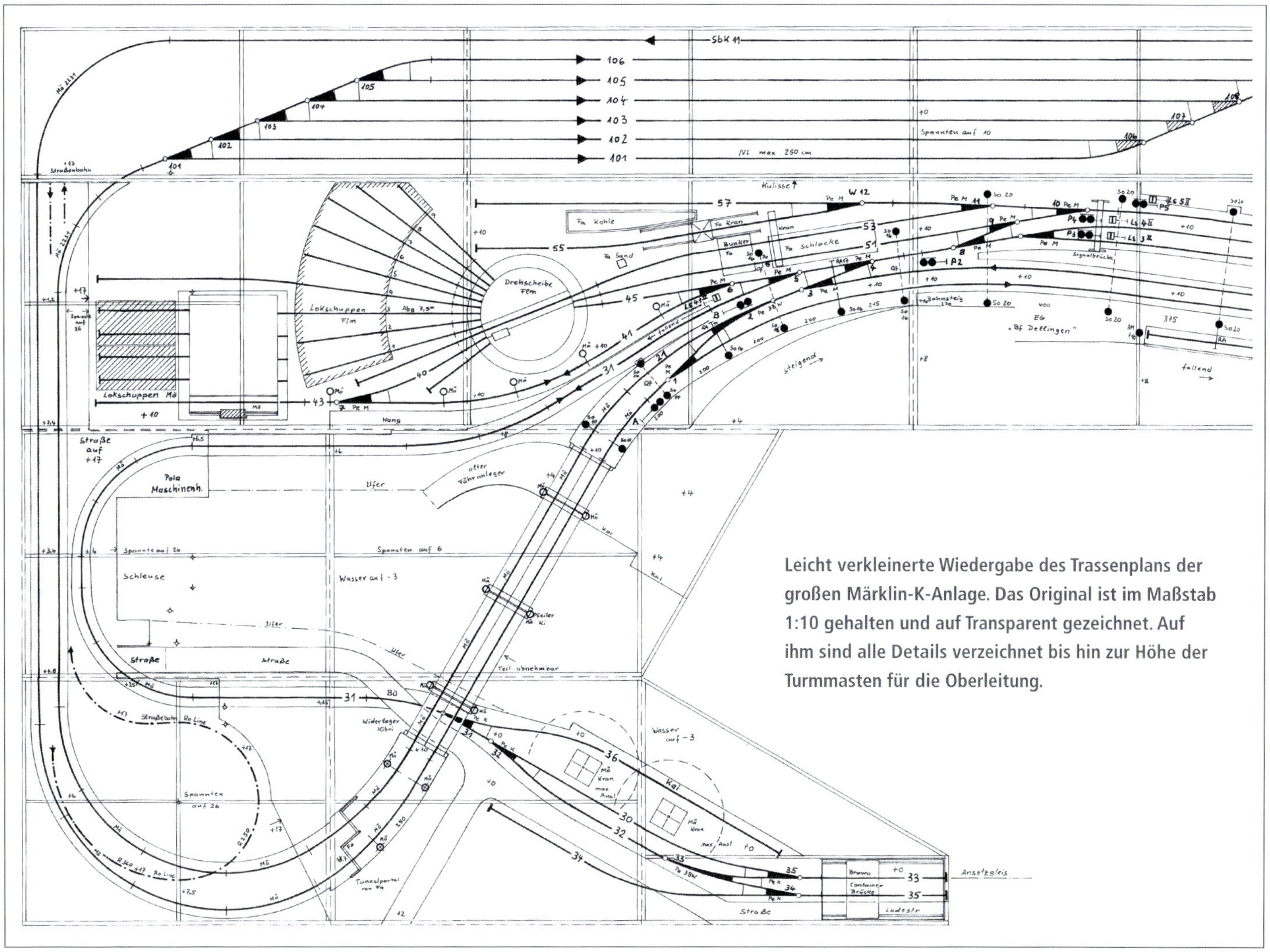

Leicht verkleinerte Wiedergabe des Trassenplans der großen Märklin-K-Anlage. Das Original ist im Maßstab 1:10 gehalten und auf Transparent gezeichnet. Auf ihm sind alle Details verzeichnet bis hin zur Höhe der Turmmasten für die Oberleitung.

Gezeichnete Realität? Die kraftvolle Illustration macht deutlich, wie sich der Anlagenplaner die Situation auf dem linken Anlagenschenkel (siehe Gleisplan auf Seite 76 und Trassenplan oben auf dieser Doppelseite) vorstellt. Als Motive dominieren zunächst ein Fluss oder Kanal, der aus optischen Gründen durch eine Kulisse gegen den Kanal abgegrenzt wird, und ein größeres Bw. Das Kesselhaus hat einen Gleisanschluss, der durch den Ringlokschuppen hindurchführt. Die Hafenbahn gelangt auf starkem Gefälle und über eine enge Halbkreiskehre, die von der Schleusenanlage gnädig verdeckt wird, auf die Kai-Ebene am anderen Flussufer.

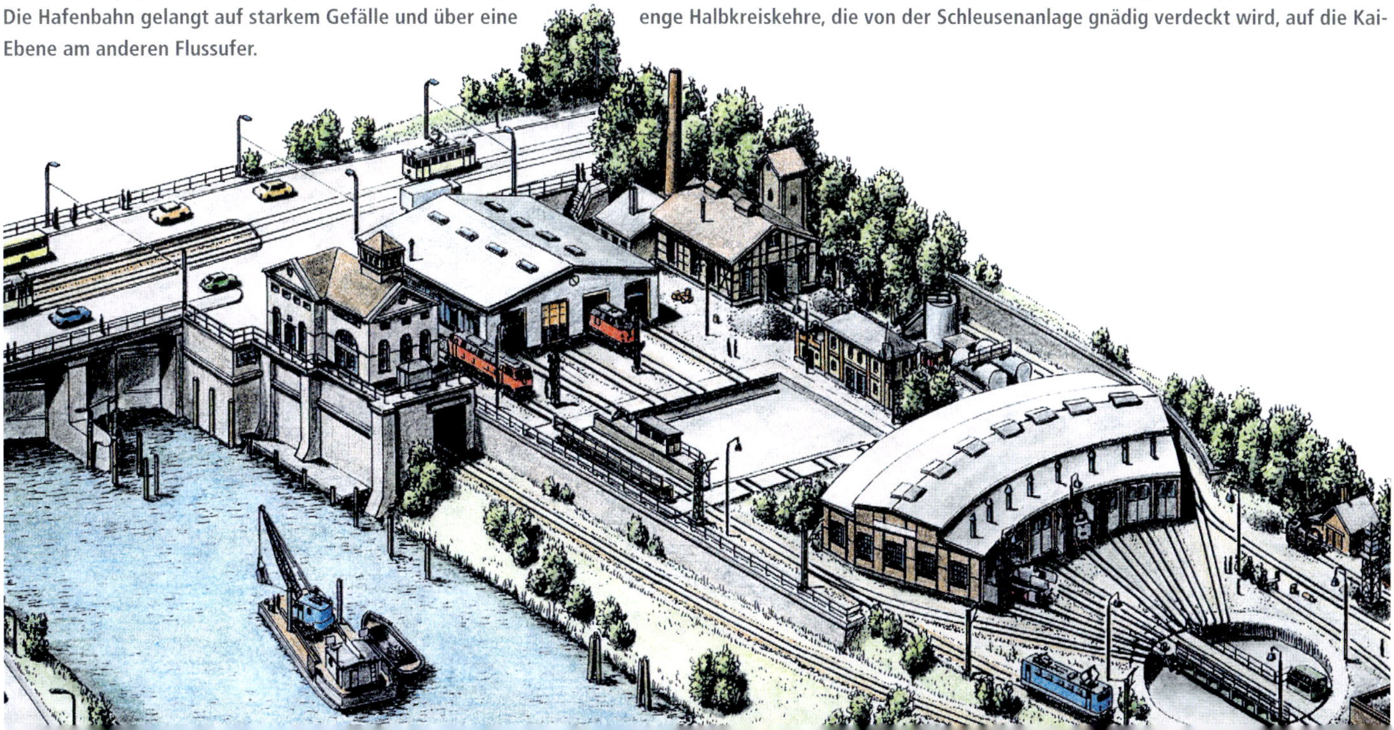

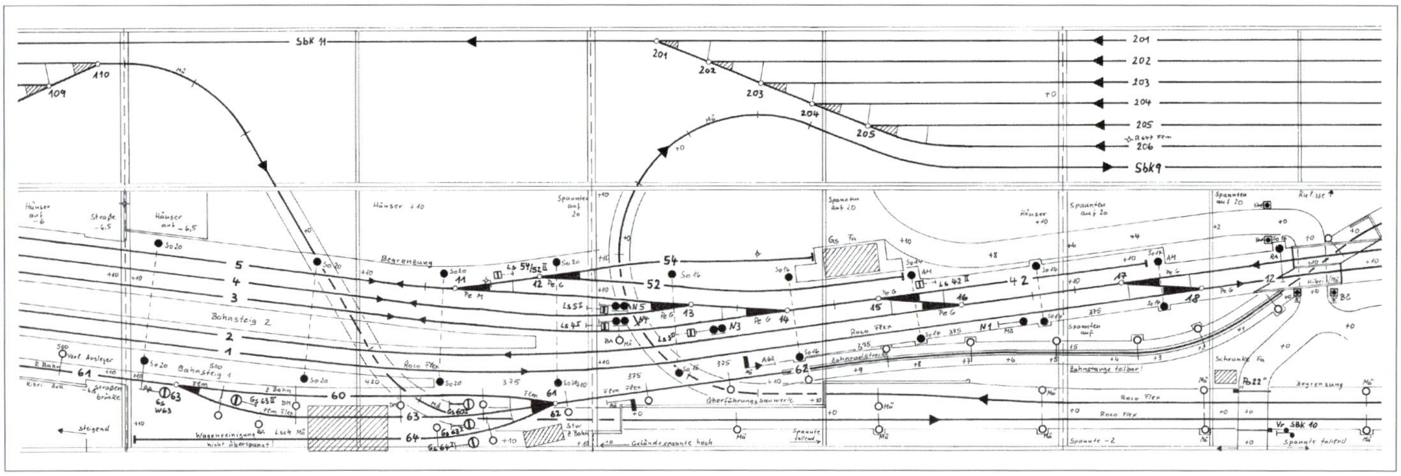

Mittelteil des Trassenplans. Die gestrichelten Linien zeigen die Trennstellen der einzelnen Segmente an. Die zu Transportzwecken abnehmbare Kulisse trennt den sichtbaren Teil der Anlage von den beiden Schattenbahnhöfen.

Die Straßenunterführung im Bahnhofsbereich. Die baumbestandene Straße führt direkt zum Empfangsgebäude. Rechts die Wagen- und Lokhalle der Zahnradbahn.

Der Bahnhofsbereich im Rohbaustadium. Gleise und Gleisbettungen liegen schon, der Sperrholzbahnsteig wurde gerade eingepasst.

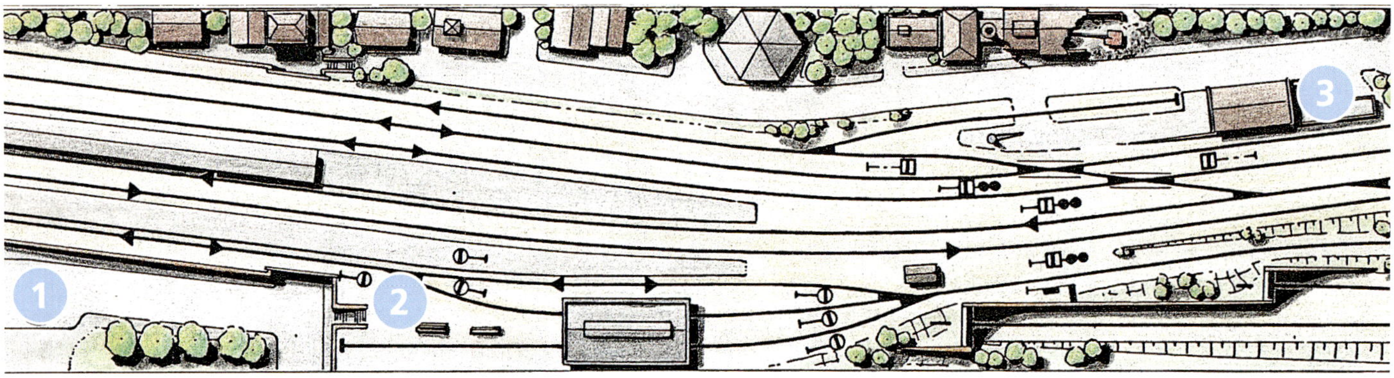

Ausschnitt aus dem mittleren Teil des Gleisplans
1 Bahnhofsvorplatz und Abfahrt zur Unterführung 2 Talstation der Zahnradbahn 3 Ortsgüteranlage

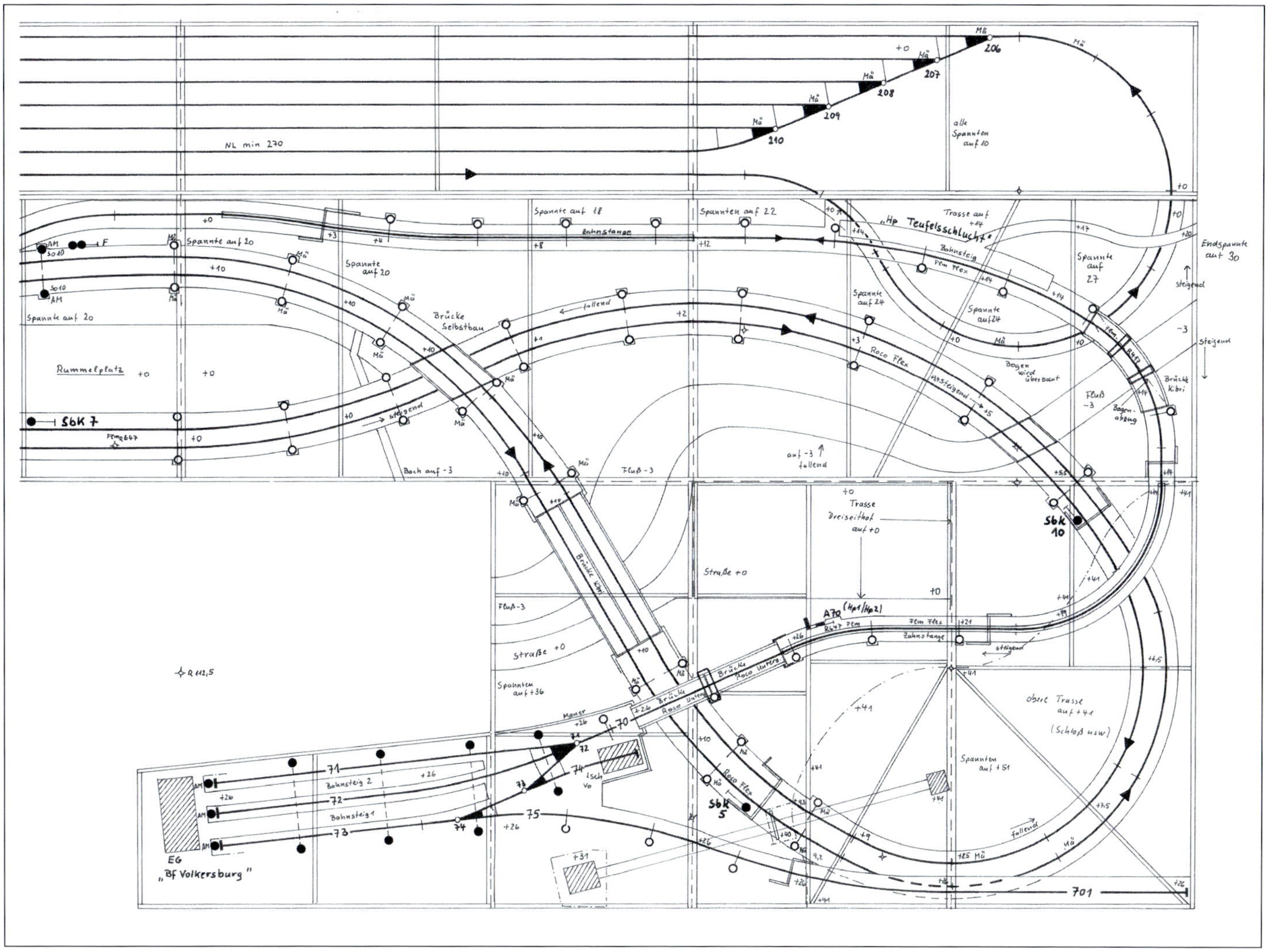

Der rechte Schenkel des Trassenplans. Hauptmotive sind die doppelgleisige Fachwerkbrücke, die Bergstation und ein Steinbogenviadukt der Zahnradbahn sowie die Seilbahn mit Tal- und Bergstation.

STEIGUNGEN

Bevor es mitten in die Planung geht, sind einige Gedanken an Steigungsstrecken und Radien zu verschwenden. Ausgehend von der Baugröße H0 gilt als Richtwert für die maximale Steigung ein Neigungsverhältnis von 1:30, das heißt der Höhenanstieg darf 1 Zentimeter auf 30 Zentimeter Länge nicht überschreiten. Verliefe eine derartige Steigung im sichtbaren Bereich, so würde es sich – in Anlehnung an das Vorbild – eigentlich sogar um eine Steilstrecke mit den damit verbundenen betrieblichen Besonderheiten (wie Schubloks oder Zahnradtraktion) handeln. Nicht ohne Grund wurde daher versucht, alle Steigungen bei den vorgestellten Anlagen im verdeckten Bereich unterzubringen. Auf Gleiswendeln habe ich in aller Regel bewusst verzichtet. Hier verbinden sich ein relativ klei-

Der rechte Anlagenschenkel nach weitgehender Fertigstellung des Anlagenunterbaus: Die Gleise sind verlegt, die Fahrleitungsmasten stehen und nach der Verdrahtung kann die Geländehaut aufgebracht werden. Hier hat sich gezeigt, was ein guter Trassenplan wert ist.

Ausschnitt aus dem rechten Anlagenschenkel während der Rohbauphase: Die zweigleisige Hauptstrecke liegt hier augenscheinlich im Steigungsbereich.

ner Radius und eine Steigung und begrenzen auf zweifache Weise die Zugkraft der Triebfahrzeuge. Sollte eine Wendel aus betrieblichen Gründen unvermeidbar sein, ist ein minimaler Radius von 600 mm anzustreben. Kleinere Abmessungen bedeuten für alle Loks Schwerstarbeit und damit verbunden ist natürlich eine erhöhte Materialbeanspruchung. Zudem können bei längeren Zügen (in H0 immerhin um die zweieinhalb Meter) durch die in der Wendel auftretenden Kräfte Wagen nach innen gedrückt werden und umstürzen. Wenn man Pech hat, folgt schließlich auch noch die Zuglok den Regeln der Schwerkraft, denn gerade in solchen Fällen halten die Kupplungen immer besonders gut. Fazit: Wendeln sind nur in Ausnahmefällen vorzusehen, Steigungs- und Gefällstrecken möglichst nur in der Geraden.

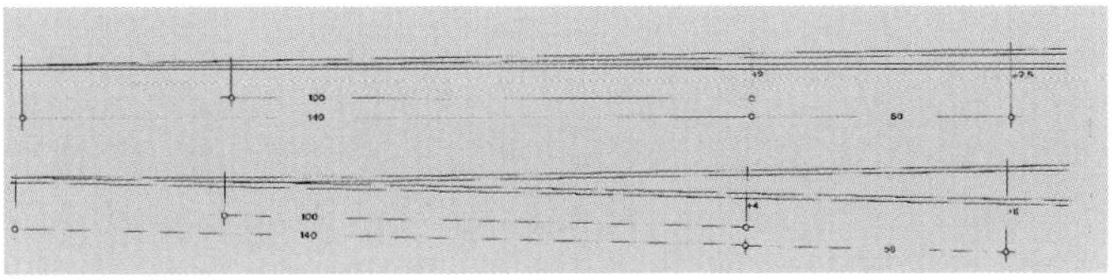

Neigungsverhältnisse im zeichnerischen Vergleich: Eine 1:50-Steigung (oben) überwindet 2 cm Höhenunterschied auf 1 m Streckenlänge, eine 1:25-Steigung 4 cm.

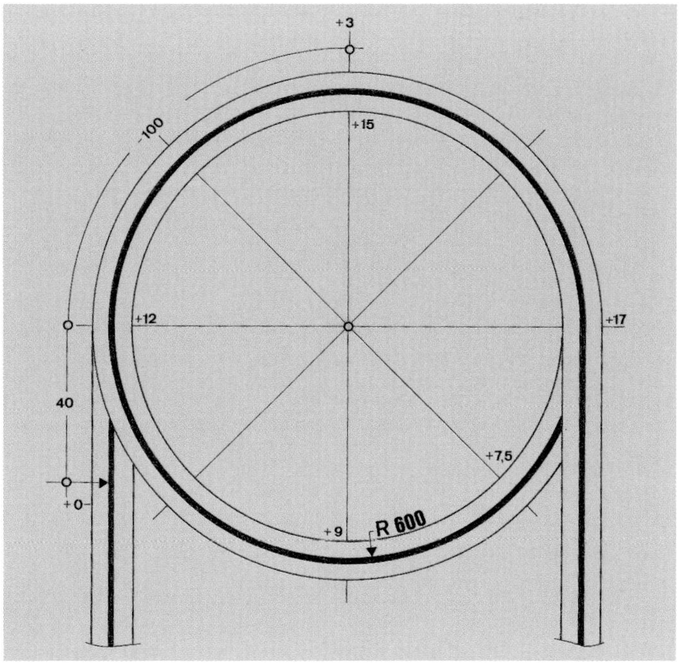

Längen- und Höhenmaße für eine Gleiswendel mit 600-mm-Radius in der Baugröße H0.

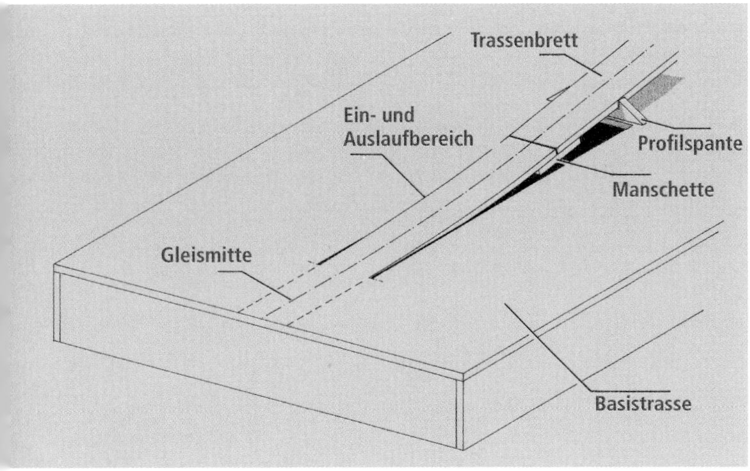

Der Anfang und das Ende der Steigungsstrecken sollten auf mindestens 20 cm Länge aus der Grundplatte herausgesägt werden. Die Verbindung mit dem ersten Trassenbrett erfolgt über eine Manschette.

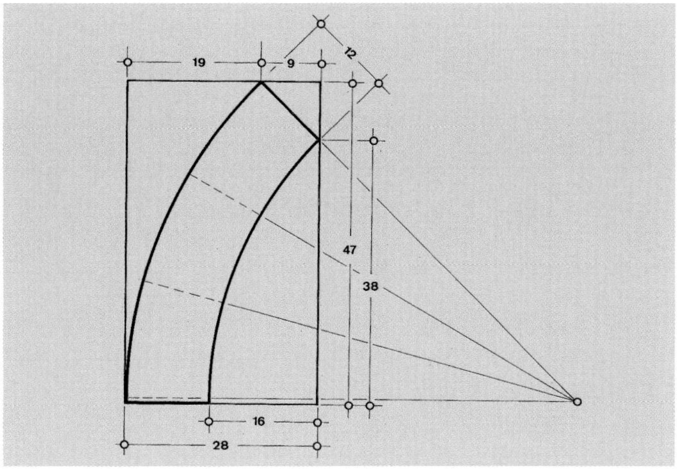

Maße für ein 45-Grad-Segment der 600-mm-Gleiswendel. Die Trassenbreite beträgt 12 cm. Diese Segmente lassen sich mithilfe einer Schablone rationell herstellen.

Das Neigungsverhältnis wird mit dem Ansteigen des Radius immer günstiger. Eine Wendel mit 800 mm Radius können Schnellzüge mit zehn maßstäblichen Wagen sicher durchfahren.

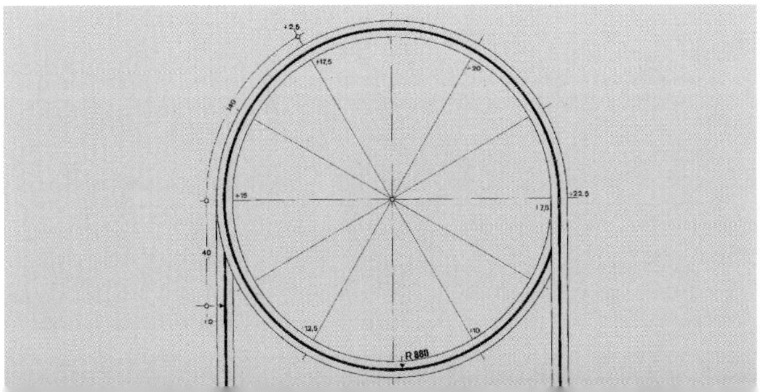

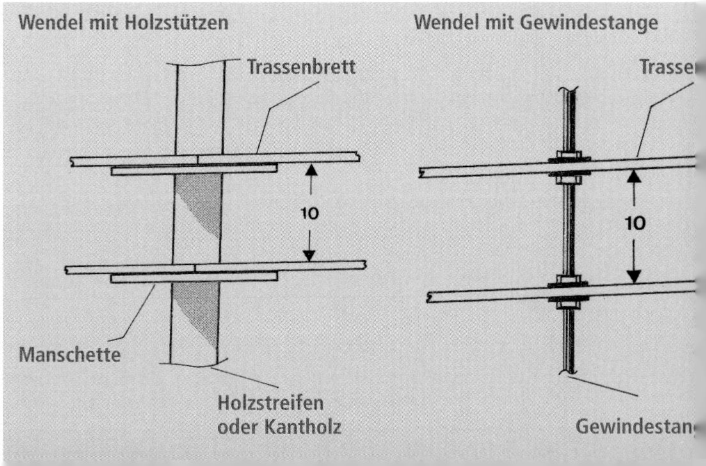

Den prinzipiellen Aufbau von Wendeln zeigen die Abbildungen. Bewährt haben sich Konstruktionen mit Gewindestangen, die eine exakte Einstellung der Durchfahrtshöhen ermöglichen. Materialstärken von acht bis zehn Millimetern haben sich bei Wendeln als zweckmäßig erwiesen; der gesamte Aufbau ist dann leicht biegbar und kann noch „ausgerundet" werden …

Der Anfang und ein Teil der Steigungsstrecken sollten auf jeden Fall auf einer Länge von ungefähr 20 cm aus der Grundplatte herausgesägt werden, während die eigentliche Trasse im Steigungsbereich aus separaten Holzbrettchen besteht. Auf keinen Fall dürfen Knicke entstehen, sonst stünden Betriebsstörungen – Stehenbleiben der Lok mangels Stromentnahme, Entkuppeln von Fahrzeugen – auf der Tagesordnung. Und was ein talwärts rollender Zug alles anrichten kann, lässt sich unschwer ausmalen … Die Mindestdurchfahrtshöhen für die Baugröße H0 sind der Übersichtszeichnung zu entnehmen. An der Steigung selbst ändert sich bei alledem nichts, nur wird etwa in der Baugröße N die Steigungsstrecke selbst natürlich kürzer ausfallen. Zu den angegebenen Maßen muss jeweils noch die Materialstärke der Trassenbrettchen hinzugerechnet werden, um die absolute Durchfahrtshöhe zu erhalten.

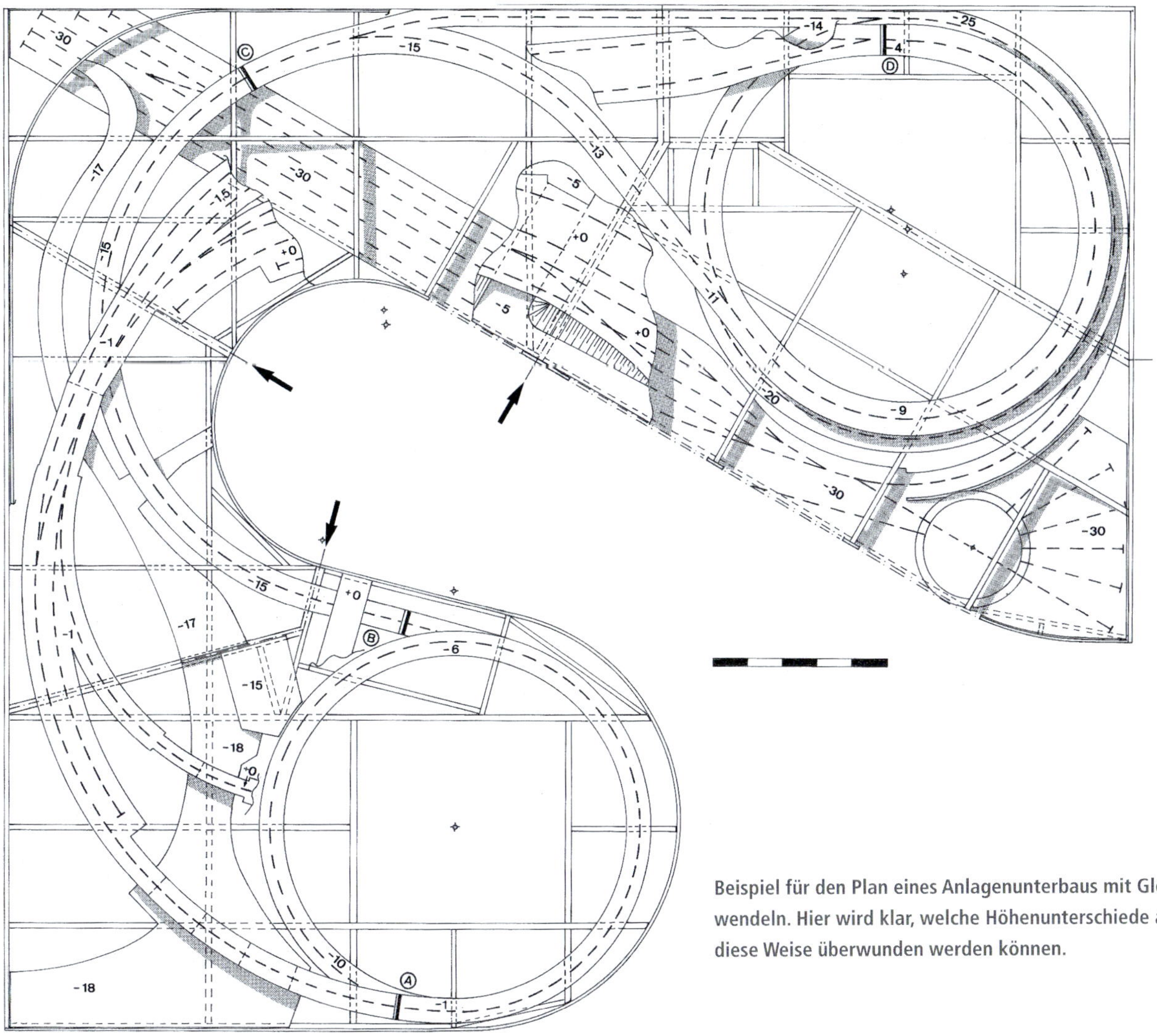

Beispiel für den Plan eines Anlagenunterbaus mit Gleiswendeln. Hier wird klar, welche Höhenunterschiede auf diese Weise überwunden werden können.

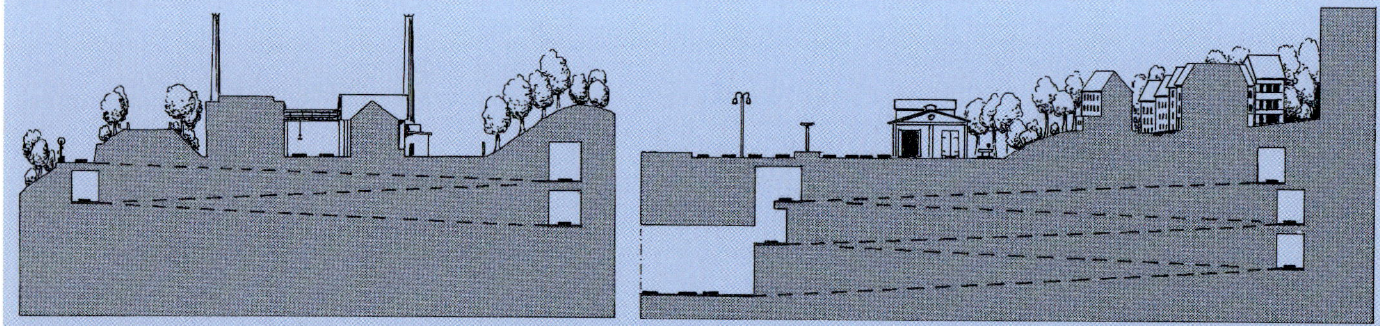

Die beiden Querschnitte durchs Gelände der links unten gezeigten Anlage verdeutlichen die Höhenentwicklung der Streckenführung und das Prinzip der Gleiswendel.

Dass Gleiswendel keine brandneue Erfindung sind, beweisen die beiden Bilder von Rolf Ertmers „Repa-Bahn 2". Sie zeigen eine Gesamtansicht und mehrere konstruktive Details der Gleisspirale. Zu beachten ist die überlappende Doppelschicht-Bauweise der Trassenbretter.

PRINZIPIELLER AUFBAU EINER GLEISWENDEL IM SEGMENTKASTEN

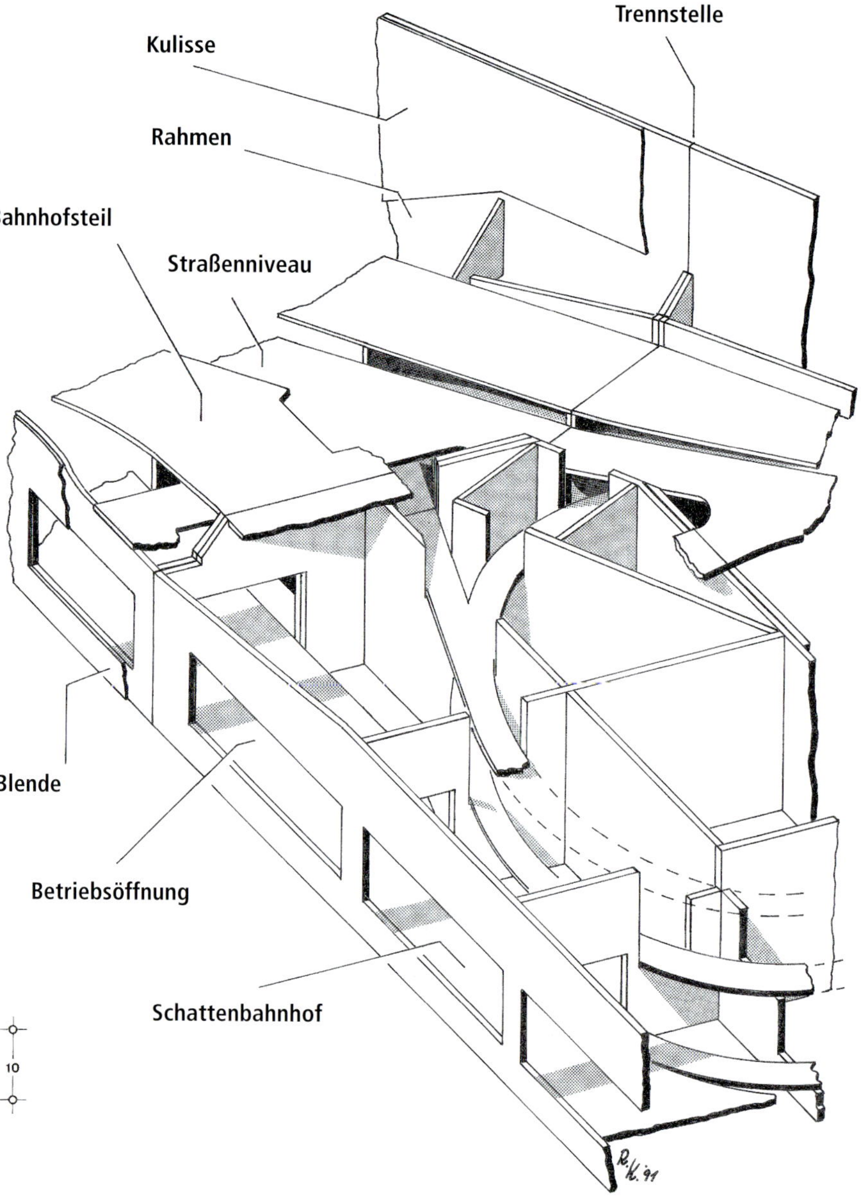

Der Querschnitt durch einen Geländespant zeigt die Durchfahrtshöhe bei überbauten Strecken (z. B. Schattenbahnhof) für H0 (Angaben in cm).

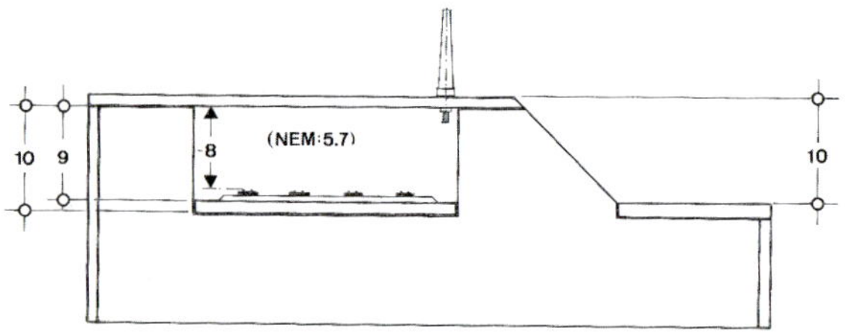

RADIEN

Ausgehend von der Baugröße H0 sollten Radien von unter 400 Millimetern im verdeckten Bereich weitgehend vermieden werden. Bei meiner „Zechenanlage" sind es nur 365 mm, und lange Schlepptenderloks wie die 50er von Roco sind aufgrund ihrer Fahrwerkskonstruktion nicht einsetzbar. Zu Recht empfiehlt daher dieser Hersteller, bei Triebfahrzeugen dieser Gattung auf den gängigen 360-mm-Radius zu verzichten – eine Warnung, die selbstverständlich auch für ähnliche Lokomotiven anderer Fabrikate gilt. Überdies müssten sich lange Züge mit einer Vielzahl von Wagen geradezu durch einen solchen Halbmesser quälen, von Wendezügen mit 30-cm-Waggons einmal ganz zu schweigen. Die Einsatzmöglichkeiten von Loks und Wagen sind daher gerade bei der oben genannten Anlage äußerst begrenzt.

Im sichtbaren Bereich können die Radien nicht groß genug sein, sofern der Platz reicht und sie durch das Thema vorgegeben sind. Maßstäbliche Schnellzugwagen in einem 800-mm-Radius sind in der Nenngröße H0 optisch gerade noch erträglich. Für unser Thema ist in diesem Zusammenhang vor allem interessant, wie weit die Wagenenden und die Wagenmitte in

Wenn der Plan stimmt, kommen selbst lange Wagen anstandslos an allen Pfosten und Masten, Pfeilern und Mauern vorbei. Schon bei der Planung ist zu berücksichtigen, dass Modellbauwerke nicht ins Lichtraumprofil der Fahrzeuge ragen. Hier entsteht eine Straßenüberführung (unten). Viel Platz für die Außenbögen ist bei großen Radien erforderlich. Bei dieser N-Anlage werden davon später nur ein Drittel zu sehen sein (unten Mitte). Im nicht sichtbaren Bereich sollte die Profilfreiheit mit dem „Messwagen", also maßstäblich langen Reisezugwagen, ständig überprüft werden (rechts unten). Hier wird später eine breite Bahnhofsstraße alle Nachbesserungen vereiteln.

MOROP

Normen Europäischer Modellbahnen

Begrenzung der Fahrzeuge

NEM 301

1 Seite

Verbindliche Norm | **Maße in mm** | **Ausgabe 1979**

Die dargestellte Fahrzeugbegrenzung gilt für Nachbildungen europäischer Regelspur- und Breitspurfahrzeuge.

Modelle von Vorbildfahrzeugen sind möglichst maßstäblich zu bauen. In jedem Fall müssen sich alle Teile, auch abgesenkte Stromabnehmer [1], innerhalb der Begrenzung befinden.

Funktionselemente für Stromabnahme, Sicherungs- und Entkupplungseinrichtungen und dergleichen dürfen in den schraffierten Raum über der Schienenoberkante hineinragen.

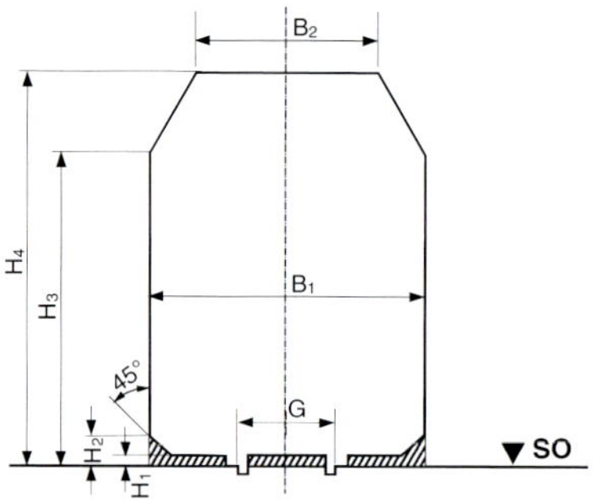

Maßtabelle

Nenngröße	G	B_1	B_2	H_1	H_2	H_3	H_4
Z	6,5	17	11	1	2	17	23
N	9,0	23	14	1	3	24	32
TT	12,0	30	18	1,5	4	32	42
H0	16,5	40	26	2	5	44	57
S	22,5	54	35	3	7	59	75
0	32,0	78	48	4	10	83	106
I	45,0	110	68	5	13	115	146

[1] Begrenzung des Arbeitsraumes der Stromabnehmer siehe NEM 202

MOROP

Normen Europäischer Modellbahnen

Umgrenzung des lichten Raumes bei gerader Gleisführung

NEM 102

1 Seite

Verbindliche Norm | **Maße in mm** | **Ausgabe 1979**

Diese Norm bestimmt bei Nachbildung von Regel- und Breitspurbahnen [1] das Umgrenzungsprofil, in das kein fester Gegenstand hineinragen darf [2], um ein berührungsfreies Verkehren von Fahrzeugen nach NEM 301 zu gewährleisten.

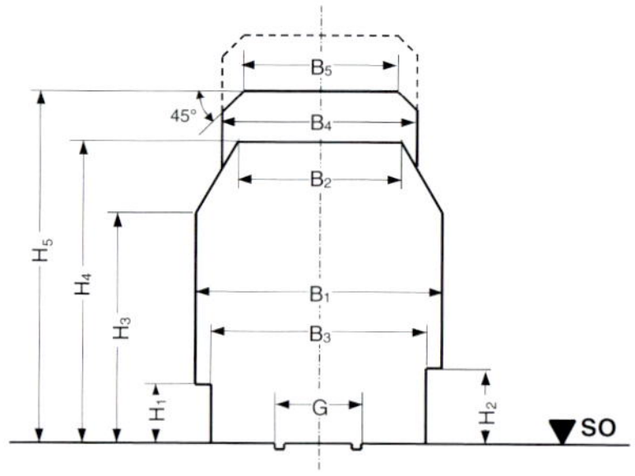

Maßtabelle

Nenngröße	G	B_1	B_2	B_3	H_1	H_2 [3]	H_3	H_4	bei Fahrleitungsbetrieb [4] B_4	B_5	H_5 [5]
Z	6,5	20	14	18	4	6	18	24	16	13	27
N	9,0	27	18	25	6	8	25	33	22	18	37
TT	12,0	36	24	32	8	10	33	43	28	22	48
H0	16,5	48	32	42	11	14	45	59	38	30	65
S	22,5	66	44	57	15	19	60	78	50	38	87
0	32,0	94	63	82	21	27	85	109	68	52	120
I	45,0	130	87	114	30	38	118	150	93	71	165

[1] Für Breitspurfahrzeuge wird nach NEM 010 die Regelspurweite ***G*** zugrundegelegt.
[2] Funktionselemente und Seitenschienen für Stromspeisung dürfen in den unteren Teil hineinragen.
[3] Nur für Güterrampengleise.
[4] Bezüglich Fahrleitungsbetrieb siehe NEM 201 und 202.
[5] Das Maß H_5 gibt die Begrenzung des lichten Raumes bei tiefster Fahrdrahtlage an. Der Fahrdraht und seine Halterung dürfen in den oberen Teil hineinragen.

NEM 301 und 102 geben Auskunft über die Fahrzeugbegrenzungen und das Umgrenzungsprofil, in das kein fester Gegenstand hineinragen darf.

In Gleisbögen verändert sich natürlich die Umgrenzung des lichten Raumes in Abhängigkeit von Kurvenradius, Achsstand und Wagenkastenlänge. NEM 103 gibt Auskunft.

MOROP

Normen Europäischer Modellbahnen

Umgrenzung des lichten Raumes bei Gleisführung im Bogen

NEM 103

Seite 1 von 2

Verbindliche Norm | **Maße in mm** | **Ausgabe 1985**

Im Bereich von Gleisbogen ist die Umgrenzung des lichten Raumes nach NEM 102 außer dem Bereich des Stromabnehmers zur Bogen-Außenseite und Bogen-Innenseite hin jeweils um das Maß ***E*** in Abhängigkeit vom Bogenradius und dem zu verwendenden rollenden Material zu erweitern.

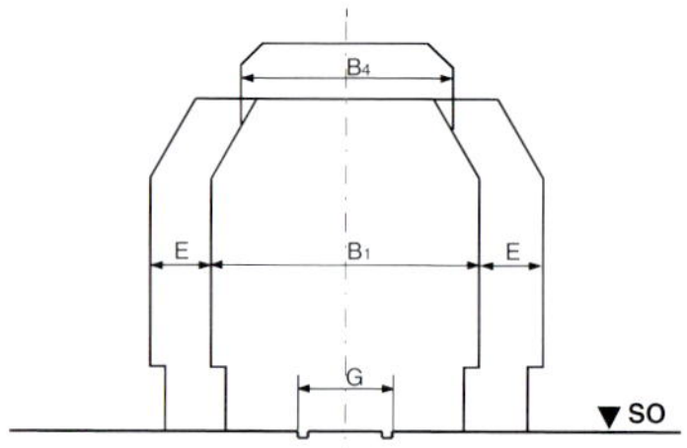

Für die Erweiterung ist der seitliche Ausschlag der Fahrzeuge bestimmend. Den größten seitlichen Ausschlag weisen Drehgestellwagen zur Bogen-Innenseite hin auf. Die Länge des jeweils eingesetzten Drehgestellwagens ist somit ausschlaggebend für die Größe des Maßes ***E***.

Die Drehgestellwagen werden zu diesem Zweck in drei Gruppen unterteilt:

Wagengruppe A
mit bis zu 20,0 m Kastenlänge und 14,0 m Drehzapfenabstand,

Wagengruppe B
mit bis zu 24,2 m Kastenlänge und 17,2 m Drehzapfenabstand,

Wagengruppe C
mit bis zu 27,2 m Kastenlänge und 19,5 m Drehzapfenabstand.

Anmerkung:
Verkürzte Modelle der Wagengruppe C (z.B. bei Nenngröße H0 im Längenmaßstab 1:100) sind ggf. der Wagengruppe B zuzuordnen.

Die **Grenzmaße für die Wagenkastenlänge** entsprechen folgenden Modellmaßen:

Nenngröße →	Z	N	TT	H0	S	0	I
Wagengruppe A	91	125	167	230	313	460	625
Wagengruppe B	110	151	202	278	378	556	756
Wagengruppe C	124	170	227	313	425	625	850

Die Maße für die Erweiterung ***E*** sind der Tabelle auf Seite 2 zu entnehmen. Der Wert für die Wagengruppe A soll nach Möglichkeit nicht unterschritten werden, auch wenn keine Drehgestellfahrzeuge vorhanden sind.

Auch für NEM 112 über die Gleisabstände im Bogen spielt die Länge der eingesetzten Fahrzeuge eine entscheidende Rolle.

MOROP

Normen Europäischer Modellbahnen

Gleisabstände

NEM 112

1 Seite

Empfehlung | **Maße in mm** | **Ausgabe 1985**

Dieses Normblatt dient als Hilfsmittel

- zur Bestimmung des Mindestgleisabstandes im Bogen aufgrund der Länge vorhandener Fahrzeuge,
- zur Prüfung, ob Fahrzeuge bestimmter Lange auf Gleisanlagen, deren Gleisabstände im Bogen bekannt sind, eingesetzt werden können.

Die Abstände **gerader** Regelspurgleise - gemessen von Gleismitte zu Gleismitte - sollen die in der Tabelle dargestellten Werte nach Möglichkeiten nicht unterschreiten.

	Z	N	TT	H0	S	0	I
Auf freier Strecke	19	25	34	46	63	89	125
In Bahnhöfen	21	28	38	52	71	103	141

Im **Bogen** muss der Gleisabstand vergrößert werden. Die anzuwendenden Mindestgleisabstände sind der folgenden Tabelle zu entnehmen. die jeweils nach den Wagengruppen A, B und C entsprechend NEM 103 untergliedert ist. Das für die Wagengruppe A angegebene Maß soll nach Möglichkeit nicht unterschritten werden, auch wenn keine Drehgestellfahrzeuge vorhanden sind.

Der angegebene Gleisabstand muss bereits am Bogenanfang in voller Höhe vorhanden sein.

Tabelle der Gleisabstände

Nenngröße→	Z			N			TT			H0			S			0			I		
Radius des inneren Gleisbogens	Wagengruppen A	B	C	A	B	C	A	B	C	A	B	C	A	B	C	A	B	C	A	B	C
175	21	23	25	31																	
200	20	22	24	30	33																
225	19	21	23	29	32	35															
250	19	20	22	28	31	33	40														
275	19	20	21	27	30	32	39	44													
300	19	19	21	27	29	31	38	42	46												
325	19	19	20	26	28	30	37	41	45	57											
350	19	19	20	26	28	29	36	40	43	55	62										
400	19	19	19	25	27	28	35	38	41	53	59	64									
450	19	19	19	25	26	27	34	37	40	51	57	61	76								
500	19	19	19	25	25	26	34	36	38	50	55	59	74	83							
550	19	19	19	25	25	26	34	35	37	49	53	57	72	80	88						
600	19	19	19	25	25	26	34	34	36	48	52	55	70	78	84	116					
700	19	19	19	25	25	25	34	34	35	46	50	52	67	74	80	110	125				
800	19	19	19	25	25	25	34	34	34	46	48	50	65	71	76	106	119	130			
900	19	19	19	25	25	25	34	34	34	46	47	48	64	68	73	103	114	123	154		
1000	19	19	19	25	25	25	34	34	34	46	46	47	63	66	70	100	110	118	149	166	
1200	19	19	19	25	25	25	34	34	34	46	46	46	63	64	67	96	104	111	142	155	169
1400	19	19	19	25	25	25	34	34	34	46	46	46	63	63	64	93	99	105	136	147	159
1600	19	19	19	25	25	25	34	34	34	46	46	46	63	63	63	91	96	101	132	141	151
1800	19	19	19	25	25	25	34	34	34	46	46	46	63	63	63	89	93	98	129	137	145
2000	19	19	19	25	25	25	34	34	34	46	46	46	63	63	63	89	91	95	126	133	140
2500	19	19	19	25	25	25	34	34	34	46	46	46	63	63	63	89	89	90	125	126	132
3000	19	19	19	25	25	25	34	34	34	46	46	46	63	63	63	89	89	89	125	125	126

Radien „ausschwenken". Der Ausmaß des Wagenverschubs ist von entscheidender Bedeutung für die Profilbegrenzung von Fahrleitungsmasten, Signalen, Überführungsbauwerken und Tunneln. Diese Abstände werden von dem am weitesten ausschwenkenden Fahrzeug bestimmt. Da niemand alle Normen im Kopf haben wird, ist es am einfachsten, mit ebendiesem Fahrzeug und einem daran geführten Bleistift die Ideallinie festzulegen. So lassen sich bestens die Trassenbreiten bestimmen; die Standflächen für Masten und Signale müssen allerdings jeweils noch hinzugerechnet werden.

Auch bei der Platzierung von Signalen und Fahrleitungsmasten ist der „Messwagen" unverzichtbar.

NEM 103 - **Ausgabe 1985** - Seite 2 von 2

Maßtabelle für E

Nenngröße→	Z			N			TT			H0			S			0			I		
	Wagengruppen																				
Radius des Gleisbogens	A	B	C	A	B	C	A	B	C	A	B	C	A	B	C	A	B	C	A	B	C
175	2	3	5	4																	
200	2	3	4	4	6																
225	2	2	4	3	5	7															
250	1	2	3	3	5	6	6														
275	1	2	3	3	4	6	5	8													
300	1	2	3	2	4	5	5	7	10												
325	1	1	2	2	3	5	4	6	9	9											
350	1	1	2	2	3	4	4	6	8	8	12										
400	0	1	2	1	2	4	3	5	7	7	11	14									
450	0	1	1	1	2	3	3	4	6	6	9	12	12								
500	0	0	1	1	1	3	2	4	5	5	8	11	10	16							
550	0	0	1	0	1	2	2	3	4	4	7	10	9	14	19						
600	0	0	1	0	1	2	1	3	4	4	6	9	8	13	17	19					
700	0	0	0	0	0	2	1	2	3	3	5	7	7	11	15	16	25				
800	0	0	0	0	0	1	0	2	3	3	4	6	6	9	13	14	22	29			
900	0	0	0	0	0	1	0	1	2	2	3	5	5	8	11	12	19	25	23		
1000	0	0	0	0	0	0	0	1	2	2	3	4	4	7	9	10	17	22	20	31	
1200	0	0	0	0	0	0	0	0	1	1	2	3	3	5	7	8	14	18	16	25	34
1400	0	0	0	0	0	0	0	0	1	1	2	2	2	4	6	7	11	15	13	21	28
1600	0	0	0	0	0	0	0	0	1	0	1	2	2	3	5	6	9	13	11	18	24
1800	0	0	0	0	0	0	0	0	0	0	1	1	1	2	4	5	8	11	9	15	21
2000	0	0	0	0	0	0	0	0	0	0	0	1	1	2	3	4	7	9	7	13	18
2500	0	0	0	0	0	0	0	0	0	0	0	0	0	1	2	3	5	7	5	10	13
3000	0	0	0	0	0	0	0	0	0	0	0	0	0	1	1	2	3	5	3	7	10

In der Übergangszone zum Gleisbogen ist die Erweiterung der Umgrenzung des lichten Raumes der Skizze entsprechend vorzusehen.

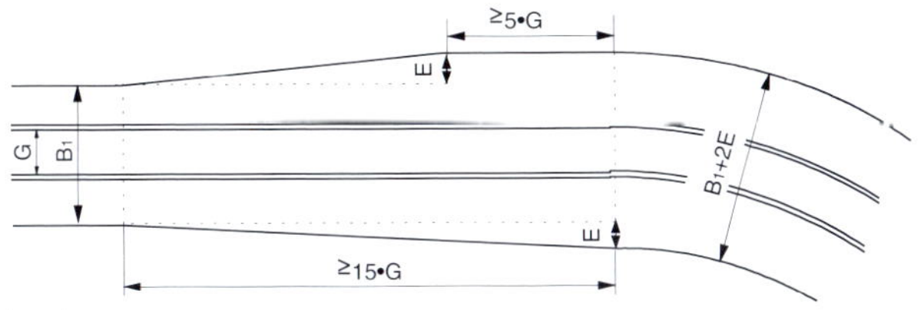

Anmerkung:
Gleisabstände im Bogen sind nach NEM 112 zu bemessen.

NEM 103 bestimmt das Maß E. Es definiert die Erweiterung der Umgrenzung des lichten Raumes in Gleisbögen.

Alles klar: Der 30-cm-Wagen passiert den Geländespant ohne anzuecken.

Auch ohne Testfahrzeug und NEM: Hier ist schon rein gefühlsmäßig genug Abstand zum Spant. Verlassen sollte man sich darauf allerdings nicht …

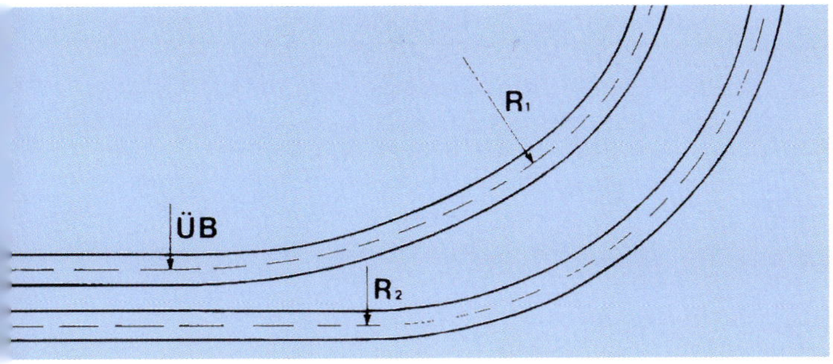

Eigentlich ist dieser Übergang von der Geraden in den Gleisbogen nicht vorbildentsprechend. Aus Platzgründen wird er aber häufig angewandt.

Eine Menge Holz in der Hütte: Zwischenlagerung des angelieferten und zugeschnittenen Holzes in der Garage.

Ein Ausschnitt aus jenem Abschnitt des Anlagenunterbaus, der – in Form eines abnehmbaren Segmentteils – zum sichtbaren Bereich der Anlage gehört. Die Durchfahrt durch die Kulisse fehlt noch.

Die einzelnen Teile werden sortiert und entsprechend der Segmente durchnummeriert.

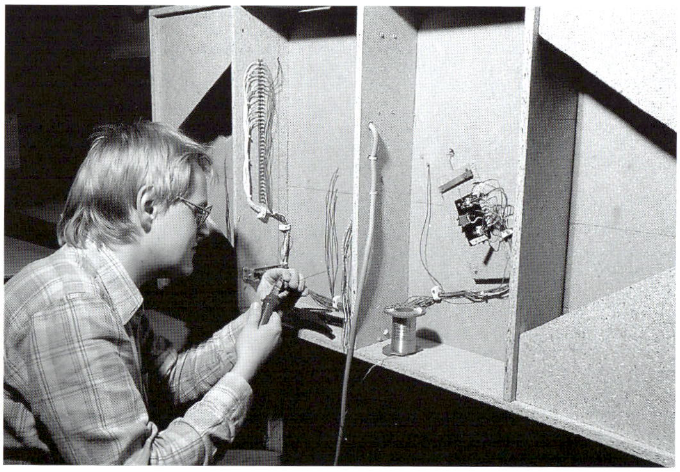

Die Segmente können senkrecht aufgestellt werden, was den Elektrikern akrobatische Übungen und Rückenschmerzen erspart.

Leicht und transportabel: handliche Segmentstücke, die im Bastelkeller zusammengebaut wurden. Aus ihnen entsteht eine teilbare Anlage.

Gemeinsam gehts besser: Entspannte Arbeitsatmosphäre beim Anlagenbau im Vereinsheim der „Freunde der Eisenbahn Burscheid".

DER RAUM BESTIMMT DIE METHODE

Es klingt wie eine Binsenweisheit, sollte aber keinesfalls außer Acht gelassen werden: Die Art und Weise des Anlagenbaus wird durch die räumlichen Verhältnisse bestimmt, und die sind von vornherein bei allen Maßnahmen mit einzukalkulieren.

Ein Beispiel: Die Hauptwirkungsstätten vieler Modellbahner sind Zimmer mit Dachschrägen. Nicht selten sind es sogar Spitzböden, und die Probleme, die hierdurch aufgeworfen werden, sind allgemein bekannt: Oft kann man nur im Firstbereich aufrecht stehen, eine schmale Treppe oder eine enge Aufstiegsluke stehen dem Transport von Latten und größeren Holzplatten im Wege.

Hier empfiehlt es sich in der Tat, den eigentlichen Rohbau in der Garage, im Garten oder auf der Terrasse fertig zu stellen. Die einzelnen Segmente oder Module lassen sich dann bequem an ihren Standort transportieren und zu einem Ganzen zusammenfügen.

Auch wer weder über Garten noch über Balkon oder Terrasse verfügt, sei auf die Vorteile dieser Bauweise nachdrücklich hingewiesen. Vielleicht findet sich im Bekanntenkreis ein Gleichgesinnter, der einen entsprechenden Arbeitsplatz hat. Zum einen gehen sämtliche Schreinerarbeiten zu zweit angenehmer und flotter von der Hand. Zum anderen kann eine so entstandene Segment- oder Modulanlage am Ende zwar stationären Charakter haben, sie bleibt letztlich aber stets teilbar. Und das hat entscheidende Vorteile: Die Anlage kann zerlegt und durch enge Treppenhäuser und Gänge befördert werden; einzelne Teile können im Laufe der Zeit durch neue ersetzt werden; Segmente einer bestehenden Anlage können in neue Planungen einbezogen werden. Gute Gründe sprechen also für die Segmentbauweise, und unsere Anlagenvorschläge sind auch entsprechend ausgelegt.

Wer natürlich einen gut zugänglichen und großzügig dimensionierten Anlagen- und Werkraum sein Eigen nennt, wird einen stationären Aufbau bevorzugen, selbst wenn die fertige Anlage nach Abschluss aller Arbeiten durch keine Tür mehr passt. Immer ist jedoch zu berücksichtigen, dass neben der Anlage noch Platz sein muss für die diversen Säge-, Bohr- und Fräsarbeiten. Nicht zu verachtender Vorteil eines ortsfesten Aufbaus: Die Kosten sinken, denn das doppelte Spantenholz an den Trennstellen der Segmente entfällt ebenso wie der erhöhte Aufwand bei der elektrischen und mechanischen Verbindung der Module.

Es ist unschwer zu erkennen, wie vorgegebene Raumverhältnisse die Vorgehensweise beim Anlagenbau bestimmen. Natürlich bleibt vieles Ansichts- oder Geschmackssache. Wichtig ist nur, dass sich der angehende Anlagenbauer über seine Methode schon vorher im Klaren ist.

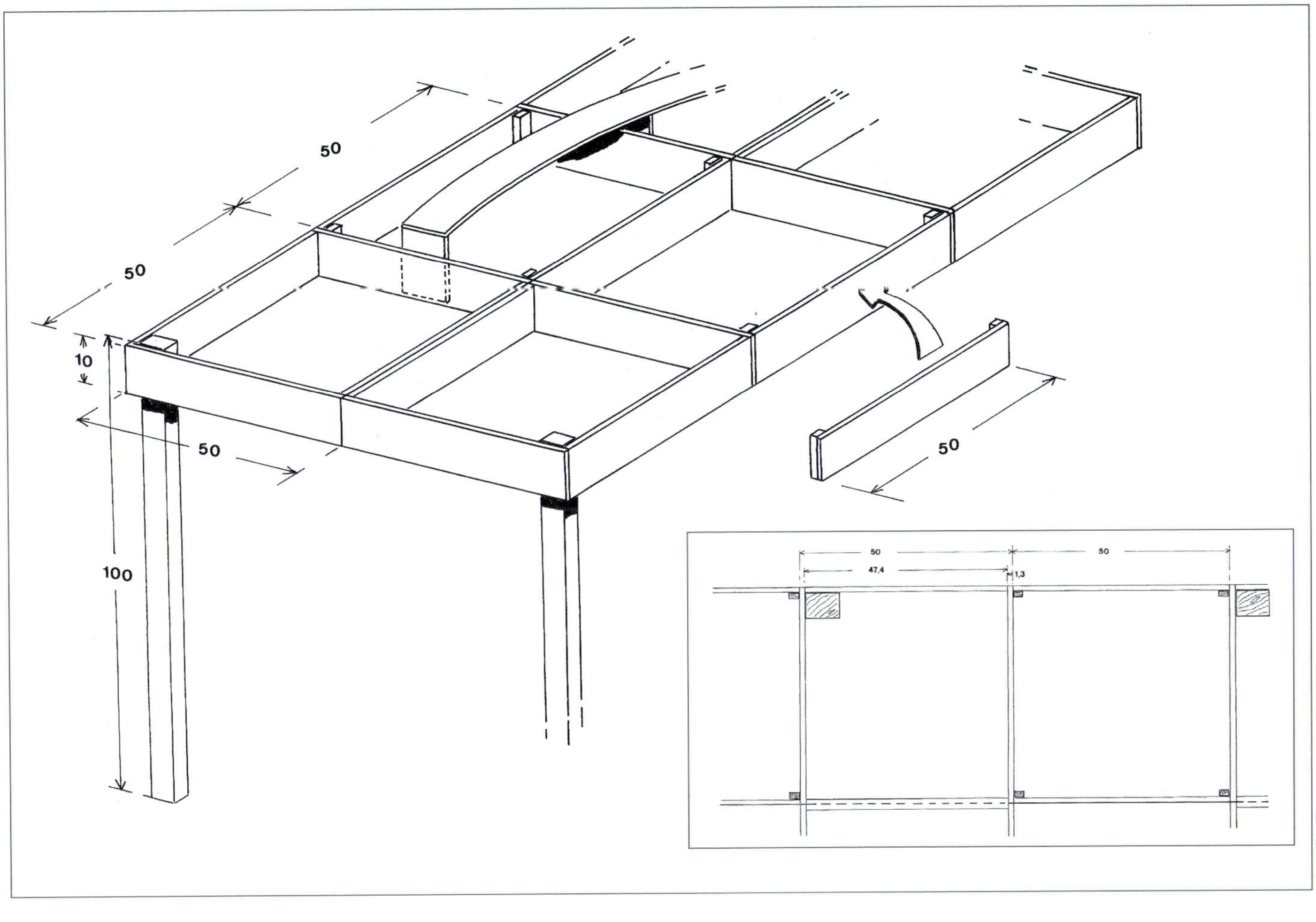

Aus kleinen, konfektionierten Einzelteilen entsteht ein Rahmenunterbau für stationäre Anlagen.

RAHMEN- ODER PLATTENBAUWEISE?

Die alte Streitfrage, welcher Bauweise der Vorzug zu geben sei, kann hier nicht beantwortet werden. Zum einen ist auch das in jeder Hinsicht Geschmackssache, und zum anderen liefert das Anlagenthema selbst hier gewisse Vorgaben. Großflächige Bahnhofsanlagen verlangen förmlich nach einem Plattenunterbau, Streckentrassen, noch dazu wenn sie „drunter und drüber" führen, dagegen nach der offenen Rahmenbauweise. Jede Methode hat ihre eigenen Vor- und Nachteile; die Skizzen geben da einige Anhaltspunkte.

Bei der Plattenbauweise ist das Verlegen der Gleise und Aufstellen von Gebäuden problemlos, ja geradezu kinderleicht. Das ist wörtlich zu nehmen, denn nicht umsonst werden die meisten Spielbahnen für unseren Nachwuchs einfach auf einer Platte montiert. Notfalls können Gleise und Gebäude lose platziert werden und erlauben so eine Vielzahl von Variationsmöglichkeiten. Für den praktizierenden Modellbahner reicht dieser Anspruch selbstredend nicht aus. Wenn hier von Grundplatten die Rede ist, so muss deutlich getrennt werden zwischen dem konstruktiv Erforderlichen und den eigentlichen Trassenflächen. Die offene Rahmenbauweise stellt das Nonplusultra im Anlagenbau dar. Sie ermöglicht eine freizügige Landschaftsgestaltung und schafft – bei Verwendung einer geeigneten Gleisbettung – einen geräuscharmen Schienenweg, da die hölzernen Resonanzräume erheblich reduziert sind. Die praktische Umsetzung stellt allerdings hohe Ansprüche an das handwerkliche Können, etwa bei der Konstruktion von Steigungsstrecken mit den dazugehörigen Stützen. In jedem Fall ist eine exakte Vorplanung unverzichtbar. Im Folgenden einige Tipps, wie schon dabei denkbare Missgriffe vermieden werden können.

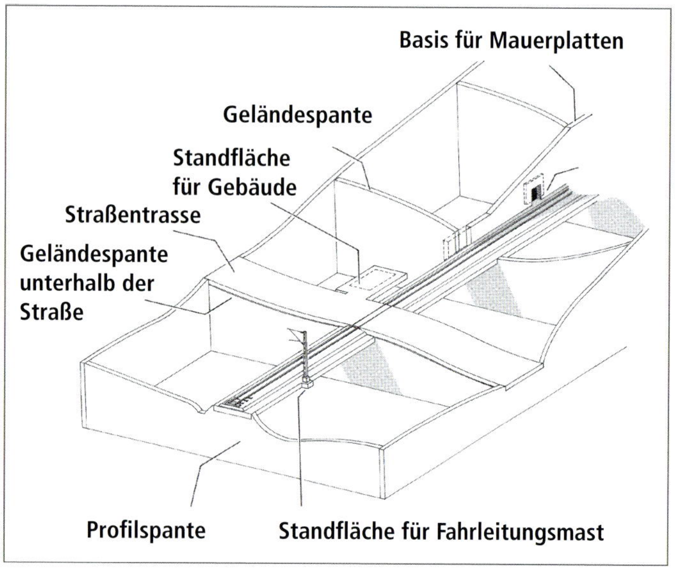

So könnte ein selbsttragender Segmentkasten mit Geländespanten aussehen. Die Form der Landschaft ist von Anfang an mit zu berücksichtigen.

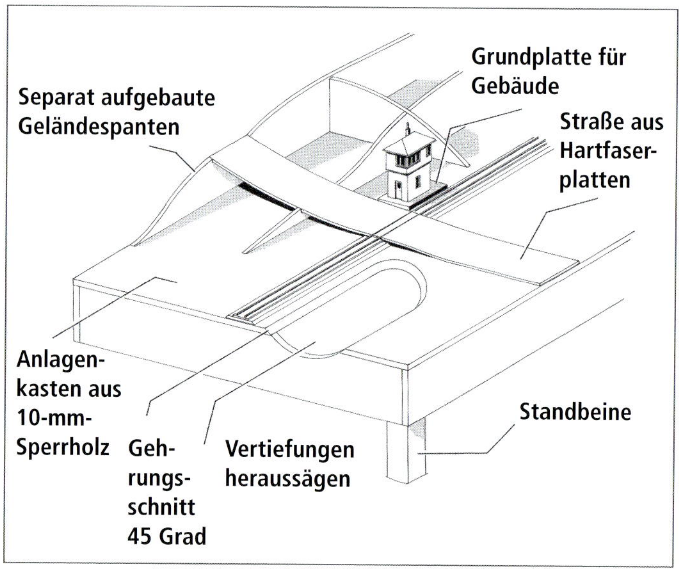

Bei der Plattenbauweise ist das Verlegen der Gleise und Aufstellen der Gebäude ein Kinderspiel.

Großflächige Gleisanlagen verlangen förmlich nach einem Plattenunterbau.

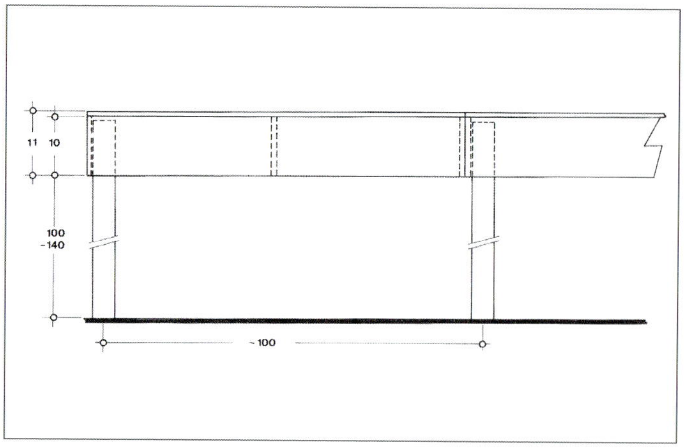

Bei der Kastenbauweise soll die Spannweite eines Segments nicht mehr als 100 cm betragen. Die Standhöhe ist dagegen reine Geschmackssache; es empfiehlt sich, 100 cm nicht zu unterschreiten.

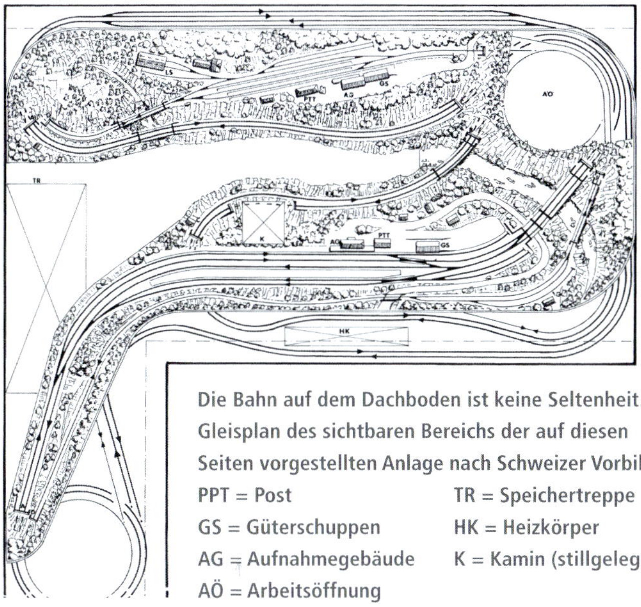

Die Bahn auf dem Dachboden ist keine Seltenheit. Gleisplan des sichtbaren Bereichs der auf diesen Seiten vorgestellten Anlage nach Schweizer Vorbild.

PPT = Post
GS = Güterschuppen
AG = Aufnahmegebäude
AÖ = Arbeitsöffnung
TR = Speichertreppe
HK = Heizkörper
K = Kamin (stillgelegt)

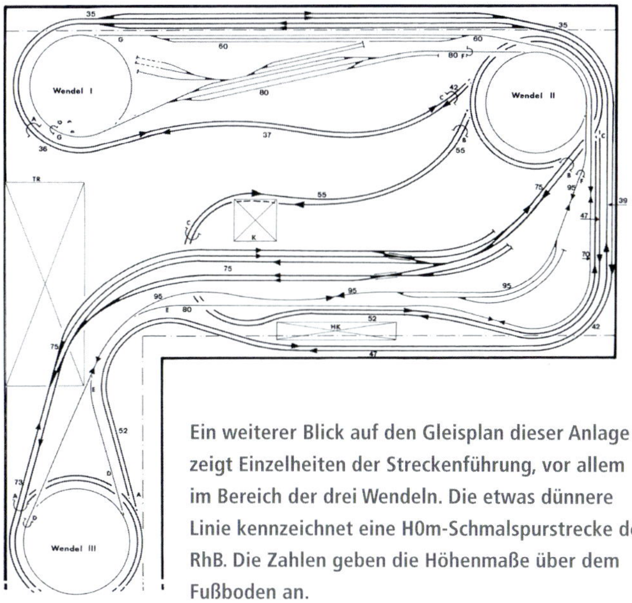

Ein weiterer Blick auf den Gleisplan dieser Anlage zeigt Einzelheiten der Streckenführung, vor allem im Bereich der drei Wendeln. Die etwas dünnere Linie kennzeichnet eine H0m-Schmalspurstrecke der RhB. Die Zahlen geben die Höhenmaße über dem Fußboden an.

Die offene Rahmenbauweise bietet die meisten Freiheiten hinsichtlich der Streckenführung und Geländegestaltung.

Die Züge rollen durch eine Aussparung in dem nicht mehr betriebenen Kamin. Er wird später durch eine Felswand mit kurzer Tunnelhöhe kaschiert.

Beim Bau dieses Anlagenschenkels war es wegen der Dachschräge besonders eng. Die Montage war schwierig, und die einzelnen Arbeitsschritte wollten gut durchdacht sein.

Die Einstiegsluke zum Dachboden war so schmal, dass alle Einzelteile Stück für Stück heraufgeschafft und erst hier montiert werden mussten. Die Sägearbeiten gingen im Keller über die Bühne.

Die klassische offene Rahmenbauweise in Perfektion. Die Lage der Brücke ist schon jetzt zu erkennen.

Die Rhätische Bahn schraubt sich nach oben. Gehobelte, miteinander verleimte und verschraubte Dachlatten bilden hier den Unterbau.

Eine grundsolide Basis für jeden Anlagenbau stellt die L-Träger-Methode dar. Dank „konfektionierter" Einzelteile schreitet die Montage rasch voran.

Aus 13 mm starkem so genanntem „Kistenholz", einem preiswerten Sperrholz mit relativ rauer Oberfläche, bauten die „Freunde der Eisenbahn Burscheid" die L-Träger.

Die L-Träger-Konstruktion ist entsprechend den späteren Segmenten teilbar.

WORAUF DIE ANLAGE STEHT

Unter der Vielzahl von Aufbaumöglichkeiten bevorzugen die amerikanischen Modellbauer die L-Träger-Bauweise. Nicht ohne Grund: Sie ist nämlich für alle Bauformen universell einsetzbar, insbesondere für transportable Segment- oder Modulanlagen. Im Rahmen der Vereinsanlage der „Freunde der Eisenbahn Burscheid" und beim „Elberfeld-Projekt" sind passend zu bestehenden Modulen auch L-Träger-Segmente entwickelt worden.

Die Art und Höhe der Stellbeine wird der Erbauer selbst wählen wollen. Bei der erwähnten Vereinsanlage bestehen sie aus den Winkelstahlleisten eines Lagerregalsystems. Diese Methode hat jedoch ihren Preis, und die Metallverarbeitung ist ja auch nicht jedermanns Sache. In den meisten Fällen ist daher eine Konstruktion aus Dachlattenleitern zu bevorzugen; sie ist bequem herzustellen, und die Kosten halten sich wohltuend im Rahmen.

Falls die Anlage häufiger ab- und an einem anderen Ort aufgebaut werden muss, sollten die Beine über Schrauben höhen-

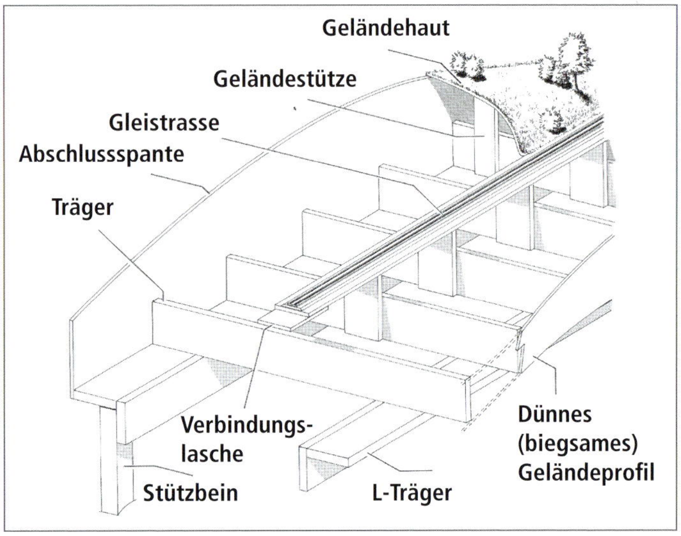

Mit den L-Trägern entsteht ein äußerst stabiler Unterbau, der ohne weiteres begehbar (!) ist, aber dennoch – wenn gewünscht – ausgerundete Blenden und Geländeprofile erlaubt.

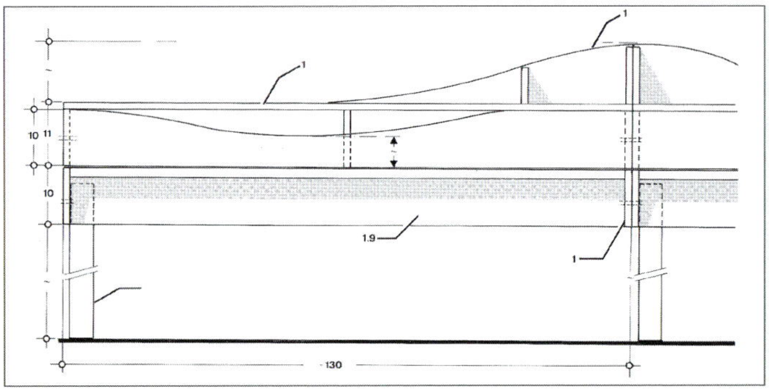

Seitenansicht eines Segments auf einem Unterbau aus L-Trägern. Die Spannweite der Beine sollte 130 cm nicht überschreiten (alle Angaben in cm).

verstellbar sein. Hierfür gibt es eine Reihe von Möglichkeiten. Die einfachste besteht in einem Langloch im Stellfuß, mit dem der Träger in gewissen Grenzen den Bodengegebenheiten angeglichen werden kann.

Die „Luxusausführung“ besteht in Konterschrauben, die die Feinregulierung jedes einzelnen Fußes übernehmen. Bleibt die Anlage auf absehbare Zeit ortsgebunden, dann ist ein solcher Aufwand natürlich nicht erforderlich.

Die L-Träger, die schon ziemlich gebräuchlich sind, sollte man stets vorsehen. Sie dienen als Arbeits- und Montagefläche und entsprechen von Anfang an der projektierten Anlagengröße. Dies schafft auch den Blick für das Ausmaß der noch anfallenden Arbeiten, woran man sich erst einmal gewöhnen muss. Kritische Stellen, wie etwa Türdurchgänge, lassen sich – wenn erforderlich – vor Ort noch optimieren und exakt einpassen.

Die L-Träger können aus Spanholz oder aus Sperrholz bestehen. Eine Stärke von 20 mm reicht vollkommen aus. Die Höhe sollte 10 cm betragen. Die so zugeschnittenen Holzleisten werden mit Kreuzkopfschrauben („Spax“) in L-Form verschraubt und zusätzlich mit Holzleim verklebt. Bei Spanplatten empfiehlt es sich, die Schraubenköpfe abzusenken. Dafür gibt es in Baumärkten Bohrer mit Senkkopf als Einheit für verschiedene Durchmesser. Im Grunde können die L-Träger beliebig lang sein; wegen der Beweglichkeit und Transportfähigkeit sollte eine bestimmte Größe aber nicht überschritten werden. Querstreben und Kopfstücke fixieren den Abstand der L-Träger zueinander. Bei transportablen Konstruktionen bilden sie gleichzeitig die Trennkante der einzelnen Segmente.

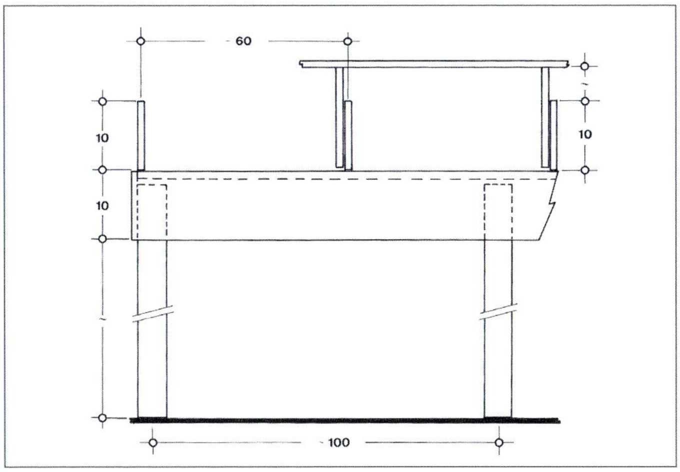

Die L-Träger-Bauweise im Seitenschnitt (alle Angaben in cm).

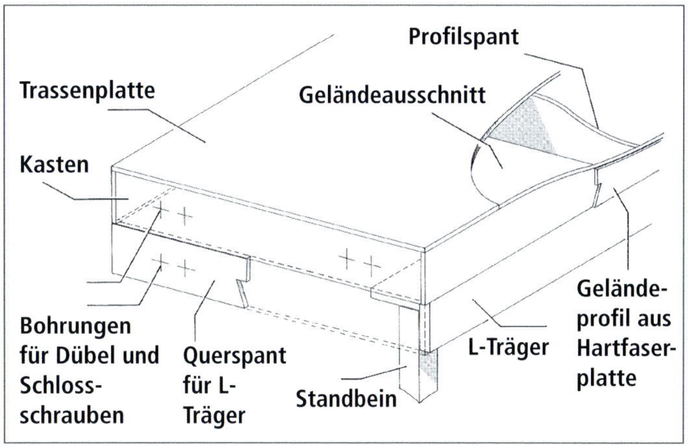

Segmentkasten auf einer L-Träger-Konstruktion. Die Geländespanten werden nachträglich angebracht.

Eine seitliche Erweiterung der L-Träger-Segmente ist problemlos möglich.

Die Anlagensegmente werden zunächst lose auf die L-Träger gelegt.

Aus Kunststoffblöcken entstand die Ausgleichsvorrichtung an den Standbeinen. Für die Konterschraube musste ein entsprechendes Gewinde geschnitten werden (links). Auch in der Mitte der L-Träger wurden Stützbeine angebracht.

Der Kopf der Schlossschrauben, mit denen die Standbeine befestigt wurden, wurde im Seitenträger versenkt, um eine glatte Oberfläche für die Stoffbespannung zu erhalten.

Jetzt zeigt sich, ob sorgfältig gearbeitet wurde

Der Plan kommt aufs Holz

Die Stunde der Wahrheit naht! Was hier leicht pathetisch klingen mag, entlarvt in der Realität manchen kleinen Selbstbetrug. Schummeleien in der Planungsphase wirken sich jetzt nämlich als gnadenlose Fußangeln aus.

Die Grundlage aller Maße bildet eine zugeschnittene Trassenplatte. Dem Plan entsprechend können nun die Abmessungen der Seiten- und Querspanten, unter Berücksichtigung der Materialstärke, übertragen werden.

Nun geht es an den eigentlichen Gleisverlauf, der wiederum von der Zeichnung übernommen wird. Hierbei ist es ratsam, sich als Gedächtnisstütze Fixpunkte an den Spanten zu markieren. Bei geraden Streckenabschnitten gestaltet sich dies alles noch unproblematisch, aber im Bogen verlaufende Trassen erfordern einen genauen Werkzeugeinsatz. Für das Anzeichnen fester Radien eignet sich ein großer so genannter Glaszirkel oder (einfacher) eine Holzleiste mit Bohrungen in den entsprechenden Abständen. Die Löcher müssen so bemessen sein, dass eine Bleistiftspitze gerade so hineinpasst. Der Kreismittelpunkt wird mithilfe eines Nagels fixiert. Übergangsbögen und große Halbmesser lassen sich mit einem Fleischmann-N-Flexgleis, das zum flexiblen „Kurvenlineal" umfunktioniert wird, kennzeichnen.

Die Längsstriche markieren die Gleismitten, die Querspanten werden gleich mit aufgezeichnet. Bei der Platzierung der Weichen ist Vorsicht geboten: Die Spanten können die Montage der Unterflurantriebe behindern.

Die Bemessung der eigentlichen Trasse sollte immer ab der Gleismitte erfolgen. Hierbei empfiehlt es sich, die NEM-Maße stets im Blick zu behalten. Auf mögliche Hilfsmittel für die Bestimmung der Trassenbreite wurde bereits im Kapitel über Radien hingewiesen. Wichtig ist, schon jetzt ausreichend Raum für allerlei Gegenstände im unmittelbaren Gleisbereich zu berücksichtigen. Zu nennen wären Signal- und Oberleitungsmasten, aber auch Gebäude, Bahnsteige, Brückenpfeiler oder Tunnelportale. Hier zeigt sich der Nutzen einer guten Vorbereitung: Aus einem genauen Trassenplan kann dies alles abgenommen werden.

Beim Anzeichnen der Weichen muss auf die Weichenwurzeln, also die geometrischen Mittelpunkte, zurückgegriffen werden. Diese können, entsprechend der Zeichnung, an der schon markierten Mittellinie der Trasse fixiert werden. Mit einem Geodreieck lassen sich die gewünschten Winkel übertragen. Es ist hilfreich, die entsprechenden Weichen jetzt auflegen zu können, um deren Anfang und Ende zu vermerken. Überhaupt sollten anhand des bereitliegenden Gleismaterials immer wieder Zwischenkontrollen durchgeführt werden.

Stück für Stück – im Laufe der Zeit gehen die verschiedenen Arbeiten immer besser von der Hand – ergibt sich nun der Trassenverlauf auf der Deckplatte. Aus der Zeichnung heraus können die Höhenangaben als Gedächtnisstütze an den jeweiligen Spantenverläufen notiert werden. Deren Grundabmessungen sind ja bereits vom Holzlieferanten zugeschnitten.

Durch Anlegen an die entsprechenden Stellen können die Trassenbreiten und vor allem deren exakte Vermaßung genau übertragen werden. Hangabschnitte, Böschungen und Mauern sind direkt aufzuzeichnen und mit der Stichsäge herauszusägen. Der „Abfall" lässt sich möglicherweise an anderen Stellen der Geländespanten wieder verwenden. Größere Reste aus der nunmehr fertig zugeschnittenen Trassenplatte eignen sich später als Straßenbasis oder Gebäudefundamente, teilweise sogar für den Aufbau des nächsten Stockwerks.

Hier wurde ein Bogenstück an die Weiche angesetzt. Am Gleisende ist wiederum die Gleismitte auf dem Holz zu kennzeichnen.

Die Weiche wird auf die Gleismitte ausgerichtet. Anhand entsprechender Markierungen wird das Zweiggleis angesetzt.

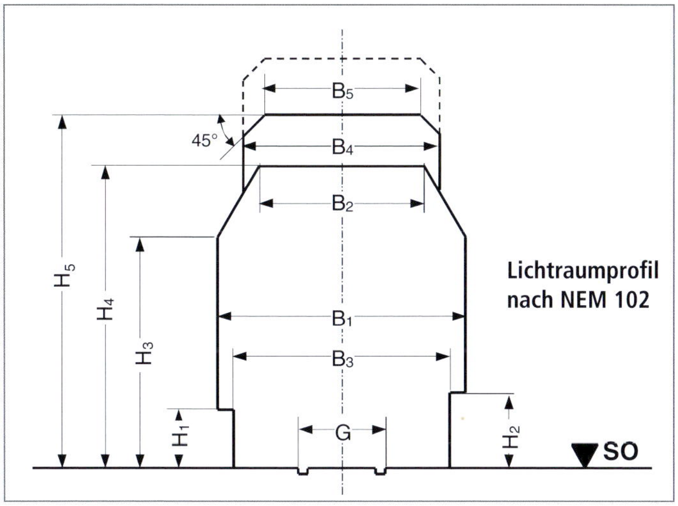

Beim Märklin-K-Projekt wurden – entsprechend dem Bauplan – sämtliche Spanten und auch Brücken auf die Trassenplatten übertragen.

Das N-Flexgleis von Fleischmann ist ein vorzügliches „Kurvenlineal", mit dem sich großzügige Bogenverläufe exakt bestimmen lassen.

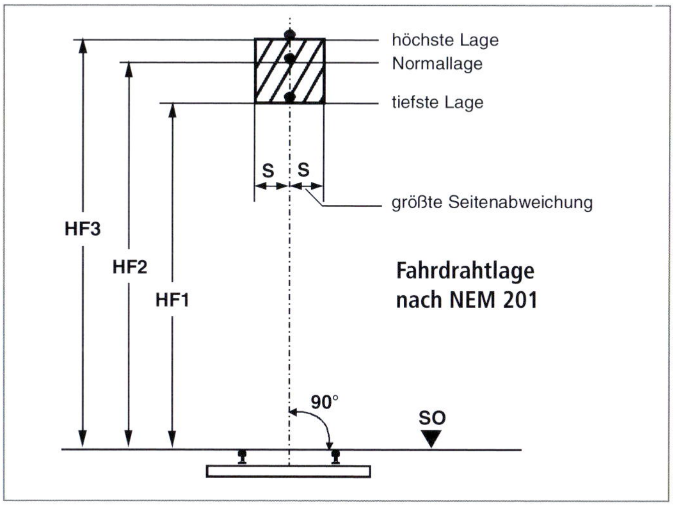

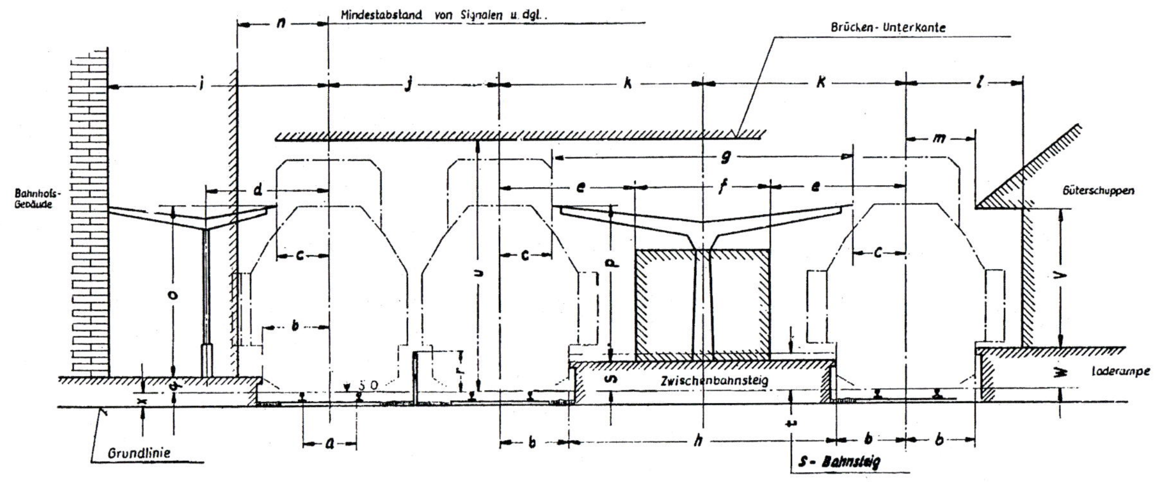

Spur	a	b	c	d	e	f	g	h	i	j	k	l	m	n	o	p	q	r	s	t	u	v	w	x
I	45,0	56	44	100	112	104	240	216	180	140	164	94	56	74	136	128	14	32	24	30	206	108	32	11
0	32,0	41	32	73	82	76	176	158	132	102	120	69	41	54	100	94	10	23	17	22	151	79	23	8
H0	16,5	20	16	36	41	38	88	79	66	51	60	34	20	27	50	47	5	11	8	11	75	39	11	4
N	9,0	11	9	20	22	21	48	43	36	28	32	19	11	15	27	26	3	6	5	6	41	22	6	2
Z	6,5	8	6	14	16	15	35	31	26	20	24	14	8	11	20	19	2	5	4	5	30	16	5	1

Die wichtigsten Abmessungen für maßstäbliche Bahnsteige nach NEM.

Nenngröße	G	B_1	B_2	B_3	H_1	H_2 [3]	H_3	H_4	bei Fahrleitungsbetrieb [4]		
									B_4	B_5	H_5 [5]
Z	6,5	20	14	18	4	6	18	24	16	13	27
N	9,0	27	18	25	6	8	25	33	22	18	37
TT	12,0	36	24	32	8	10	33	43	28	22	48
H0	16,5	48	32	42	11	14	45	59	38	30	65
S	22,5	66	44	57	15	19	60	78	50	38	87
0	32,0	94	63	82	21	27	85	109	68	52	120
I	45,0	130	87	114	30	38	118	150	93	71	165

NEM 102 (Lichtraumprofil) und NEM 201 (Fahrdrahtlage). Die strichpunktierte Linie markiert die Fahrzeugumgrenzung. Der Toleranzbereich für die Fahrdrahtlage darf nicht überschritten werden, etwa durch den Anpressdruck des Stromabnehmers oder durch Temperaturschwankungen, die auch beim Modell vorkommen.

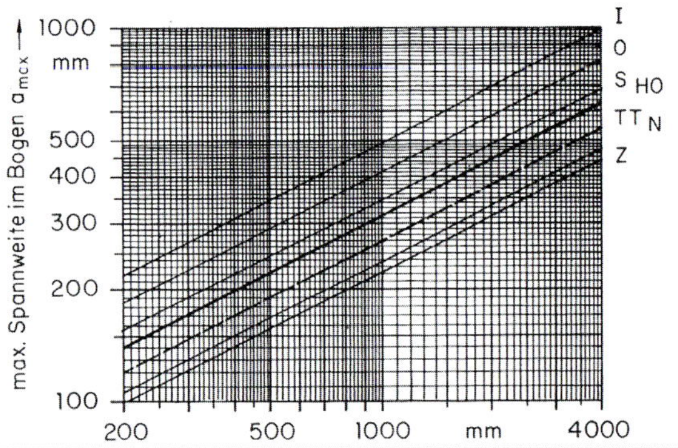

Das Diagramm weist den Abstand der Stützpunkte im Gleisbogen aus. Auf der waagrechten Achse ist der gewünschte Radius zu suchen und von dort senkrecht nach oben bis zur Kreuzung mit der H0-Linie zu verfolgen; links waagrecht kann an der senkrechten Achse dann das entsprechende Maß abgelesen werden.

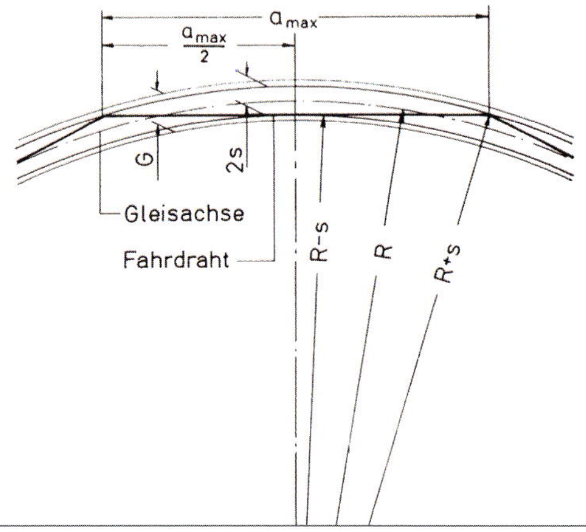

Die zulässige Fahrdrahtlage im Gleisbogen ist definiert durch das Maß s, das die maximale Abweichung von der Gleismittenachse angibt.
In Deutschland beträgt bei der Regeloberleitung RE 160 das Maß s 40 cm.

Per Stichsäge entstehen Spanten und Trassen

Die Holzbearbeitung

Die zurechtgesägten Spanten werden anhand des Trassenplans probehalber aufgestellt.

Ab jetzt lässt sich nichts mehr rückgängig machen. Mit der Stichsäge umzugehen ist kinderleicht, doch was sie zertrennt und zugeschnitten hat, ist endgültig. Hundertprozentiges Arbeiten ist also angesagt, vor allem wenn es an „freihändig" ausgeführte Bogenzuschnitte geht.

Das Hauptwerkzeug für alle Zuschnitte an Spanten und Trassen ist die elektrische Stichsäge. Aber Vorsicht ist angesagt: Ließ sich ein Bleistift bislang problemlos ausradieren, so ist nun ein Sägeschnitt endgültig. Auch der Schnitt selbst schlägt rasch mit einem Millimeter zu Buche, der dann an wichtiger Stelle fehlt. Vor allem an den Trennfugen müssen alle Holzteile absolut deckungsgleich sein. In der Regel ist es ratsam, die Werkstücke mit Schraubzwingen zu verbinden und die gemeinsame Form zugleich herauszuarbeiten. Vor allem die Bohrungen für die Schlossschrauben sollten auf diese Weise entstehen; hundertprozentig genaues Arbeiten ermöglicht hierbei ein Bohrständer.

Falls die Trennfugen eine Steigungsstrecke durchschneiden, muss die Spantenoberkante mit einer Feile oder dem Bandschleifer der Neigung angepasst werden. Ansonsten ziehen sich die Trassenbretter beim Festschrauben waagrecht, und es entstehen Buckel. Der gleichmäßige Verlauf einer Steigung lässt sich mit einem Lineal überprüfen, bei längeren Steigungen ist die Verwendung einer Schnur ratsam. Alles, was beim Zeichnen noch recht locker von der Hand ging, ist hier perfekt in die Tat umzusetzen. Aber selbst Steigungen im Bogen sind keine Hexerei, sondern erfordern lediglich einige besondere Baumaßnahmen in Form konstruktiver Spanten. Die Steigungshöhen können anhand des Trassenplans schon an den Schnittstellen von Steigungsstrecken und Spanten vermerkt werden.

Dabei handelt es sich um Mittelwerte, die nur übernommen werden können, wenn die Trasse rechtwinklig einen Spant kreuzt. Ansonsten muss die Auflagefläche auf dem Spant dem Neigungswinkel der Trasse angepasst werden – reine Gefühlssache, denn vorab ist eine Vermaßung in solchen Fällen kaum möglich. Und die leichte Bogenüberhöhung, die hierbei entsteht, ist dem späteren Fahrbetrieb nur zuträglich.

Neuralgische Punkte sind die sanften „Trassenausrundungen" am Beginn und am Ende der Steigungsstrecken. Die Steigung vom Anfang zum Ende gleichmäßig durchzuziehen, wäre ein Fehler und ließe einen horizontalen Knick in der Trasse entstehen. Hier sollten jeweils 10 bis 15 cm Länge zugegeben werden, um einen gefälligen, vor allem aber betriebssicheren Übergang zu erzielen.

Hier zeigt es sich, ob genau gearbeitet wurde: Ein Bleistiftstrich lässt sich schnell ausradieren, ein Sägeschnitt ist dagegen endgültig.

Die Profilstücke müssen exakt zum Trassenzuschnitt passen. Mit Feile und Raspel können kleinere Ungenauigkeiten ausgeglichen werden.

Nun können die eigentlichen Trassen ausgeschnitten werden.

Mit der Stichsäge sind Bogenzuschnitte (fast) kinderleicht auszuführen. Zu berücksichtigen ist allerdings die Schnittbreite des Sägeblatts.

Stück für Stück entstehen die Trassenteile. Hier wurden zwei größere Holzzuschnitte benötigt.

Wenn ins Innere einer Trassenplatte oder eines Profilspants eine Öffnung gesägt werden muss, genügt eine kleine Bohrung, um das Sägeblatt einzuführen.

Bei allen Sägearbeiten ist für eine sichere Auflage zu sorgen. Böcke sind vielseitig einsetzbar und leisten auch hier gute Dienste.

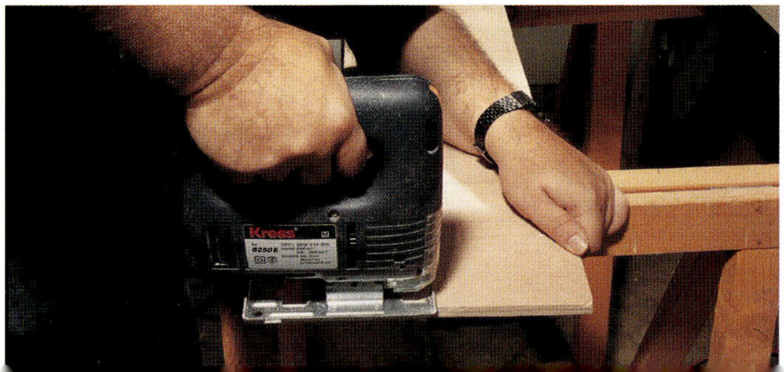

Der Rohbau wird fertig gestellt
Die Anlage entsteht

Hier entsteht der erste Unterbaukasten. Die Schrauben werden in die vorgebohrten Löcher gesteckt und mit dem Akkuschrauber festgedreht.

Der Beginn des Anlagenbaus gleicht dem ersten Spatenstich bei großen Bauprojekten, und irgendwie kommt dieser Vergleich der Wahrheit ziemlich nahe: Eine Modellbahnanlage ist nichts anderes als eine gleichsam mit dem Spaten aus der Landschaft gestochene Imitation des Originals.

Aber beginnen wir mit dem Anlagenunterbau – am Fallbeispiel einer großen Märklin-Anlage (Plan S. 89) werden wir uns Schritt für Schritt vorwärts arbeiten. Die erwähnten L-Träger bilden die Grundlage der gesamten Konstruktion, die entsprechend den Anlagenteilen in Segmente aufgebaut wird.

Die L-Träger werden ausgerichtet und verschraubt. Damit entsteht die Grundlage für die eigentliche Anlagenbasis.

Die Wasserwaage ist dabei ein unverzichtbares Instrument für exaktes Arbeiten. Zudem müssen natürlich die Frontteile rechtwinklig zu den Trägern montiert werden, was man mit dem Stahlwinkel ständig überprüfen sollte. Am einfachsten wird die notwendige Genauigkeit durch das Auflegen der Trassenplatten erreicht, die ja bereits der Händler rechtwinklig zugeschnitten hat.

Wenn Sie alleine zu Werke gehen, müssen die vormontierten L-Träger mit Schraubzwingen im richtigen Abstand fixiert und gesichert werden. Die Kopfteile lassen sich nun problemlos festschrauben. Innerhalb einer kurzen Zeitspanne entsteht auf diese Weise die gewünschte Zahl der Trägersegmente.

Wenn alles zu einer bestimmten Norm passen soll, ist es ratsam, die Bohrungen für Holzdübel und Schlossschrauben mithilfe des Bohrständers und einer entsprechenden Schablone anzufertigen. Auch für die Spax-Schrauben müssen Bohrungen vorgesehen werden, und zwar immer durch das anzuschraubende Teil hindurch. Vor der endgültigen Montage sind die Verbindungsstellen mit Weißleim zu bestreichen.

Der Aufbau der gesamten Konstruktion erfolgt, wie schon erwähnt, vor Ort mithilfe einer Wasserwaage. So wird von Anfang an die optimale Genauigkeit erzielt. Die Auswahl geeigneter Stützbeine kann ganz nach eigenem Geschmack getroffen

Die Querspanten erhalten – wo erforderlich – Aussparungen für die Gleistrassen. Sofort anschließend müssen hier die Gleisbauer in Aktion treten, da das nächste Stockwerk diesen Bereich verdeckt.

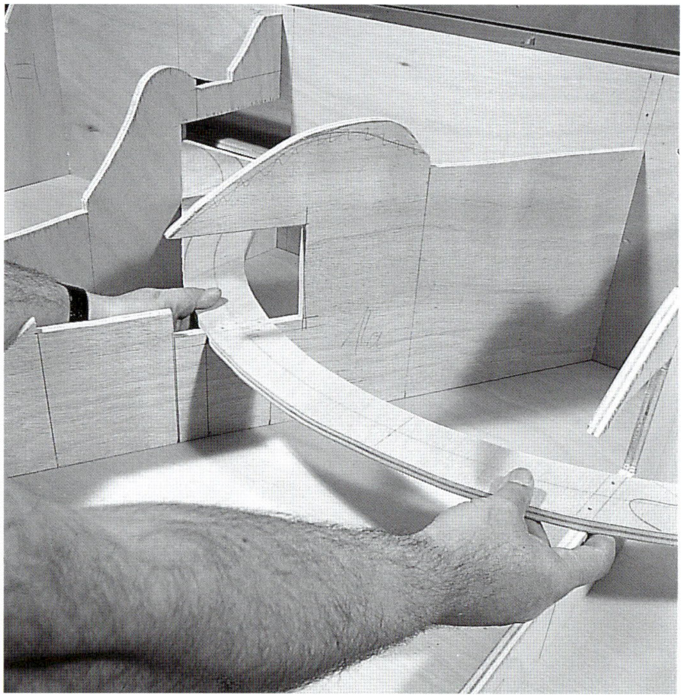

Die ersten Trassenteile können vorsichtig eingepasst werden.

Die Geländespanten enden an passenden Seitenteilen. Der L-Träger-Rahmen dient als übergroßer rechter Winkel für die exakte Ausrichtung des zweiten Seitenteils.

Klemmen fixieren das Segment am vorhandenen Anlagenteil. Nun werden die Bohrungen für die Schlossschrauben angebracht.

Eine Manschette sichert die Anlagenteile gegen das Verrutschen nach vorne.

Die deckungsgleichen Profilstücke an den Segmentkopfteilen werden zugleich ausgeschnitten.

werden; möglicherweise sollte man die eine oder andere Diagonalverstrebung vorsehen, um den Aufbau zu stabilisieren. Die Verbindung der L-Träger untereinander erfolgt wiederum mit Kreuzkopfschrauben, bei transportablen Anlagen mit Schlossschrauben.

Sämtliche Trassenteile sind bereits ausgesägt, die Spanten liegen ebenso bereit wie der Bauplan, und der Akkuschrauber ist geladen: Dann kann es ohne Pause weitergehen. Zunächst sind alle Bohrlöcher vorzubohren, auch im Sperrholz. Ein Absenken der Köpfe ist bei diesem Material allerdings nicht erforderlich. Für die Befestigung der Trassenteile sollte auf beiden Seiten jeweils eine Schraube im Abstand von ca. 20 cm vorgesehen werden. Nur bei eingleisigen Trassenbrettchen mit ungefähr 8 cm Breite genügt ein Befestigungspunkt. Vorsicht bei Bogenstücken: Um Verwerfungen zu vermeiden, sollten hier jedenfalls zwei Bohrungen vorgesehen werden. Beim Bohren entstandene Splitter und Spleiße müssen mit feinem Schmirgelpapier beseitigt werden – auch auf der Rückseite. Nur so lassen sich die Holzteile einwandfrei justieren. Bei diesem Arbeitsgang wer-

So entsteht ein absolut sauberer Übergang. Dann können die Trassenbrettchen mit Spax-Schrauben und Leim fixiert werden.

Die drei vorgesehenen Ebenen haben ihren Platz gefunden. Mit einem aufrecht gestellten, langen Lineal lässt sich überprüfen, ob sich in die Trassenbretter Buckel eingeschlichen haben.

Gut zu erkennen sind die in die Spanten eingelassenen Trassen. So ist die spätere Gestaltung der Geländehaut erheblich leichter. Auf der oberen Ebene verläuft die Zahnradstrecke, unten die Kehre in den Schattenbahnhof.

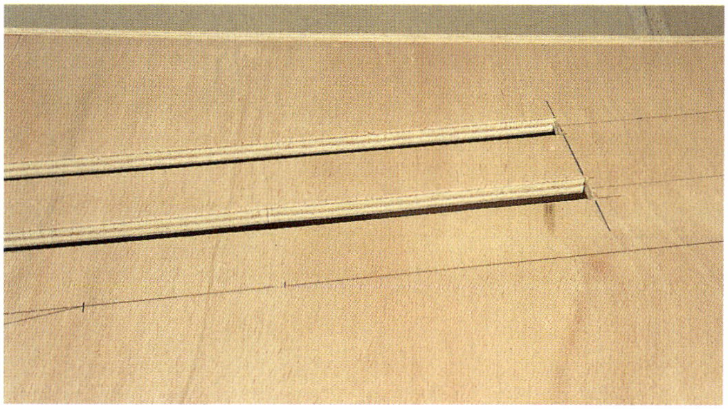

Vor dem eigentlichen Gleisbau sind einige Details zu berücksichtigen. Hier wurden die Öffnungen für die Schlackegruben aus der Trasse ausgesägt. Auch Drehscheiben sollten vor dem eigentlichen Gleisbau eingepasst werden.

Die Faller-Schranke wurde zum Teil ohne Grundplatte eingebaut. Für die Stellseilführungen sind jetzt die Bohrungen vorzusehen.

Im verdeckten Bereich kamen Oberleitungsteile von Märklin zum Einsatz. Bei der vorderen Trasse wurden die Standplätze für die Masten mit ausgesägt.

den die Bohrungen in Spanplatten für die Schraubenköpfe angesenkt. Nun kann die eigentliche Montage beginnen. Kleiner Tipp vorab: die entsprechenden Teile zuerst „trocken" zusammenfügen, um eventuelle Passungenauigkeiten noch beheben zu können.

Erst dann die Verbindungsstellen mit Expressleim einstreichen, die Teile aneinanderpressen und kurz auf korrekten Sitz prüfen. Jetzt tritt der Akkuschrauber in Aktion, Schraube nach Schraube wird mit mäßiger Geschwindigkeit eingedreht. Auch hierbei sind bis zum endgültigen Festziehen noch kleinere Korrekturen möglich. Mit der Zeit entwickelt man ein Gefühl dafür, ob die Schraube richtig „kommt". Befinden sich alle Spax-Schrauben an den ihnen zugedachten Punkten, können die Verbindungsstellen mit dem Finger nach Unebenheiten untersucht werden – gerade die letzten Schraubumdrehungen sind wichtig für den bündigen Sitz.

Die geschilderten Arbeiten werden schon nach kurzer Zeit zügig von der Hand gehen. Ziemlich rasch entsteht ein Segment nach dem anderen, und der Anlagenrohbau ist schneller fertig, als mancher es befürchtet haben mag.

Bevor der Hügelrücken verschlossen wird, sind natürlich die Gleise zu verlegen. Die Segmenttrennung verläuft entlang des Geländespants des Hügelrückens.

Verlauf der Zahnradstrecke durch die Geländespanten des Bergrückens. Die Geländeform ist schon gut auszumachen.

KAPITEL 5

GLEISE UND WEICHEN VERLEGEN

Start in die Praxis

Die Gleise kommen auf die Anlage

Sosehr die Preiser-Rotte sich auch rein optisch abmüht – helfen wird Sie uns tatsächlich nicht. Aber dennoch, eine nachgestellte Gleisbau-Szene dürfte ihre Wirkung nicht verfehlen.

Der große Moment naht – Sie haben sich für das Gleis (oder die Gleise) Ihrer Wahl entschieden und beim Händler Ihres Vertrauens die entsprechenden Mengen erworben. Und weiter? Jetzt müssen die Gleise entsprechend Ihrem Plan (oder auch nicht) auf die Anlage – und zwar möglichst schnell, denn wie alle Modellbahner sind Sie ungeduldig, aber auch sauber verlegt, denn schließlich legen Sie Wert auf reibungslosen Betrieb.

Mitentscheidend für den Erfolg der Gleisbauarbeiten ist das, was sich unter dem Gleis befindet. Daher zunächst ein bisschen Werbung in eigener Sache: Ausführlicher, als es in diesem Kapitel möglich ist, befasst sich die MIBA-Praxis-Broschüre „Anlagen-Unterbau" (Best.-Nr. 150 88102) mit allen denkbaren Fragen zu Trasse und Unterbau.

EINE TRASSE FÜRS GLEIS

Ganz entscheidend für den optimalen Gleisaufbau, um den es ja letztendlich geht, ist die handwerklich möglichst perfekte Unterkonstruktion. Eine gute Trasse an sich ist schon fast der Garant für gute Gleislage und störungsfreien Betrieb. Bei allem ist nicht nur das Können des Modellbahners, sondern auch die Wahl seiner Materialien ausschlaggebend. Für den Unterbau, das zeigt die langjährige Erfahrung, kommen nur Sperrholz oder Tischlerplatten in Frage.

Wahrscheinlich haben Sie Ihren Gleisplan – auf welche Weise auch immer – in einem bestimmten Maßstab gezeichnet. Das geht ganz traditionell mit Stift und Papier, aber neuerdings auch mit sehr brauchbaren Computerprogrammen (Raily, Winrail, PC Rail, Wintrack und andere). Auf jeden Fall entspricht der Gleisplan schon sehr genau dem, was später auf die Trassenplatte kommt. Als geeignete Zeichenmaßstäbe haben sich 1:10 für H0 oder 1:5 für N bewährt. Auf Basis dieser Pläne – am besten man erstellt für den Trassenbau auch eine Version ohne detaillierte Landschaft – können alle Gleiselemente in Form einer Mittellinie 1:1 auf die Holzplatte übertragen werden.

Anhand der Skizzen und Katalogangaben der einschlägigen Hersteller von Gleissystemen können Sie die für die 1:1-Übertragung wichtigen Eckdaten abgreifen. Allein schon für die Zeichnung in der Maßstabsverkleinerung sind diese Angaben wichtig. Die Länge ist eine der Basisdaten, die Weichenwurzel – also der geometrische Abgangspunkt des stets in einem bestimmten Winkel integrierten gebogenen Zweiggleises – eine weitere. Zunächst interessiert uns hier nur die Mittellinie – sie wird aber vorläufig nicht in einem Bogen dargestellt. Für den Anschlag des Winkels ist ein übliches Geodreieck bestens geeignet. Auf diese Weise kann die erste Weiche oder ein anderes Element platziert werden, welches sich vornehmlich als Ausgangspunkt der weiteren Zeichenarbeiten an der Trasse eignet.

Der Gleisplan wird möglichst exakt aus der 1:10-Zeichnung auf die Trassenplatte übertragen. Zweckmäßig ist die Darstellung der Gleismittenlinie und die Begrenzung der Weichen. Wichtiges Hilfsmittel ist ein Geodreieck zum Anlegen der richtigen Winkel.

Brückenbauwerke und vor allem das Lichtraumprofil werden schon jetzt berücksichtigt. Nach dem Vermaßen beginnt der Aufbau der Widerlager. Die Gleise wurden hier übrigens mit ihren maximalen Maßen (Schwellenenden) aufgezeichnet.

Bevor die Gleise endgültig verlegt werden, sollte man die „Dreckarbeit" erledigen, wie hier das Hervorheben der Mauerfugen. Diesmal war etwas zu viel Flüssigkeit im Spiel – der Filzschreiber verläuft sehr stark. Besser sind einfache Bleistiftstriche.

Nun schreiten wir aber zur Tat: Ausgehend von den ersten Weichen, mit denen man beim Verlegen immer beginnen sollte, werden die Gleise auf der Trassenplatte fixiert. Deutlich zu sehen sind die markierten Begrenzungen der Weiche.

Ganz wichtig ist es, Brückenbauwerke, Radien und die entsprechenden Bogenenden oder Tunnels und sonstige Überführungsbauwerke in diesem Stadium mit einzuplanen, vor allem was die Umgrenzung des lichten Raumes betrifft. Das hat nichts mit der Deckenbeleuchtung zu tun, sondern bezeichnet jenen Raum entlang des Gleises, in den nichts hineinragen darf. Im Gleisbogen ist der lichte Raum wegen des Überhangs der Fahrzeuge größer. In den NEM 102 „Umgrenzung des lichten Raumes bei gerader Gleisführung", NEM 103 „Umgrenzung des lichten Raumes bei Gleisführung im Bogen" und NEM 104 „Umgrenzung des lichten Raumes bei Schmalspurbahnen" sind alle Maße für alle Baugrößen minuziös aufgeführt – wer sich daran hält, kann eigentlich nichts falsch machen.

Nebenbei wird auch die Frage beantwortet, warum der Parallelgleisabstand bei den meisten Herstellern viel zu groß ist. Die Antwort gibt ein Blick in die NEM-Tabellen: Je enger der Bogenradius, umso größer der Gleismittenabstand. Wir versuchen daher, zu enge Halbmesser in schwer bis nicht mehr einsichtbare Anlagenbereiche zu verbannen und den Mittenabstand parallel geführter Gleise auf ein vorbildgerechtes Maß zu reduzieren. Entsprechend den NEM-Vorgaben müssen wir das Lichtraumprofil bei der Platzierung von Signalen, Oberleitungsmasten, Brückenpfeilern und Ähnlichem berücksichtigen.

Bei der Verwendung von Bettungsgleisen zeichne ich im weiteren Verlauf stets von der Mittellinie ausgehend die beiden äußeren Ränder der Gleisbettung auf die Trasse. Ansonsten sind die äußeren Begrenzungslinien durch die Schwellenbreite vorgegeben. Auf die Trasse gezeichnet sieht das Ganze dann aus wie ein altes Trix- oder Märklin-Gleis mit durchgehendem Mittelleiter. Wenn man sich diese Mühe gemacht hat, geht die eigentliche Verlegung wesentlich effektiver über die Bühne.

GLEISE UND WEICHEN VERLEGEN

Aus der Erfahrung heraus habe ich beim Anlagenbau stets mit einer markanten Weiche angefangen. Vor der Montage müssen aber spezifische Details beachtet werden – etwa das Anlöten des Polarisierungskabels oder die einzusägende Öffnung für den Unterflurantrieb. Bei Peco- oder Tillig-Elite-Weichen sind zwingend Isolierverbinder an den Enden des Herzstücks vorzusehen. Bei Roco-Line ist dies nicht erforderlich, denn das

Herzstück ist bereits werksseitig vorbereitet. Hier befindet sich seitlich in der Schwelle eine kleine Hülse, durch die das Kabel eingeführt wird. Bei anderen Herstellern kann ein Draht in einer Hohlschwelle nach außen geführt werden. In der Regel liegen auch entsprechende Anleitungen der Verpackung bei.

Bei schaltungstechnischen Gleistrennungen oder wenn ein Gleisstück eingepasst werden soll, werden die Profile per Kleinbohrmaschine und Trennscheibe durchgeschnitten. Außerhalb der Anlage lässt sich das auch mit einer Laub- oder elektrischen Dekupiersäge mit einem feinzahnigen Blatt (für Metall) erledigen. Ein Werkzeug dafür ist auch ein spezieller Seitenschneider, wie er u.a. bei Weinert oder der Hobby-Ecke Schuhmacher erhältlich ist. Mit ihm lassen sich die Profile durchzwicken, ohne dass sie nachbearbeitet werden müssen. Bei Verwendung einer normalen Zange entstehen durch die Quetschung Wülste am Material, welche mit einer Schlüsselfeile nachgearbeitet werden müssen. Stromeinspeisungen sind je nach Wahl der Schaltungstechnik mehr oder minder bei allen Anlagen erforderlich. Bei einigen Gleissystemen, wie z.B. Märklin, muss man schon sehr genau überlegen: Wo kann ich Drähte anlöten oder muss ich etwas anderes vorsehen? Die dort verwendeten Schienenmaterialien aus Stahl lassen eine direkte Lötung nicht zu. Allenfalls beim K-Gleis lassen sich an den Schienenverbindern (Masse) oder an den Kupferbrücken (Mittelleiter) Lötpunkte anbringen. Beim C-Gleis stehen im Bettungskörper entsprechende Silberkontakte zur Verfügung. Dort kann gelötet oder das Kabel mit speziellen Schuhen aufgesteckt werden. Bei allen anderen Neusilber- und Messinggleisen kann man löten, wo es erforderlich ist. Es empfiehlt sich, die betreffende Stelle etwas anzukratzen, um einen besseren Fluss des Lots zu erzielen. Für alle Lötungen ist der Einsatz von zusätzlichem Flussmittel (Kolophonium) ratsam.

Anschlussdrähte lassen sich am leichtesten unter dem Schienenfuß verstecken. Nachträglich lässt sich auch ein verzinntes und umgebogenes Draht- oder Litzenende direkt an die Außenseite des Schienenstegs zwischen Fuß und Kopf anlöten – dort fällt die Lötstelle noch am wenigsten auf.

In dem Zusammenhang sei auf ein eher optisches und akustisches „Schmankerl" hingewiesen. Liebhaber der Epochen I oder II, aber auch Kleinbahnfreunde, können die typischen Schienenstöße mit ihren Geräuschen und die markanten Laschenverbindungen recht einfach nachahmen. Mit der Trennscheibe wird von einer Weiche als Fixpunkt ausgehend der Schienenkopf alle 15 cm ein wenig eingeschnitten. Steg und Fuß bleiben dabei jedoch unberührt. Der Rhythmus entspricht in etwa den damals üblichen 12-m-Stücken beim Vorbild. Akustisch ist nun beim ersten Rollversuch das bekannte „Klackklack" deutlich auszumachen. Zur optischen Darstellung der seitlichen Schienenlaschen können nun kleine Polystyrol-Profile (Evergreen oder Plastruct) mit Sekundenkleber an den Stegen fixiert werden. Die Schraubnachbildungen haben wir uns schließlich erspart. Man kann sie aber mit einem Tropfen dickflüssigem Sekundenkleber-Gel „aufpflanzen" – eine Menge Arbeit, die sich aber bei kleinen Schauanlagen oder Dioramen lohnen kann.

Bei unserem Beispiel habe ich auch den Schwellenabstand gleich auf Kleinbahnniveau 8 bis 9 mm angehoben. Dazu werden die Stege im Kunststoff-Schwellenrost durchgetrennt. Das

Wo es erforderlich und schon bekannt ist, sollten die Isolierverbinder direkt vorgesehen werden. Bei Peco- (im Bild) und Tillig-Elite-Weichen müssen bereits beim Aufbau die Herzstücke isoliert werden.

Fahrstromeinspeisungen werden ganz unauffällig von unten an das Profil gelötet.

Wo Befestigungslöcher fehlen, werden sie mit der Mini-Bohrmaschine nachgeholt. Zum Absenken der Nagelköpfe wird die Bohrung mit einem Fräskopf (hier im Minenstiftgehäuse) vergrößert. Man kann die Gleise aber auch mit doppelseitigem Klebeband ohne mechanische Verbindung fixieren.

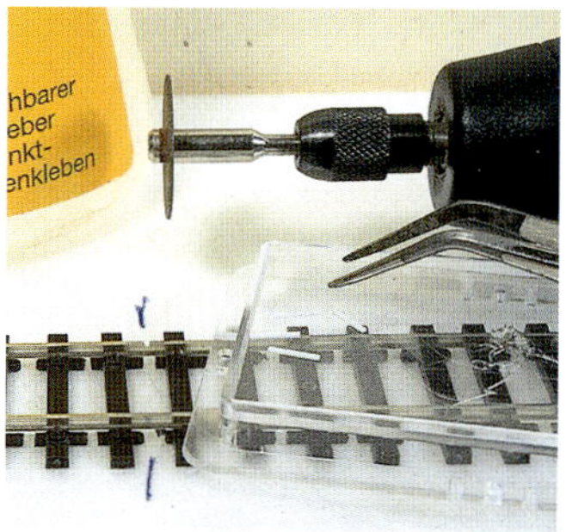

Für die „ganz Harten" unter uns: imitierte Schienenstöße. Dazu wird der Schienenkopf mit der Trennscheibe eingeschnitten. Kleine Polystyrolstreifen (z.B. von Evergreen oder Plastruct) bilden dann die Schienenlasche nach. Unten das Ergebnis – eine Maßnahme, die eher Klein- und Länderbahnfreunde ansprechen dürfte.

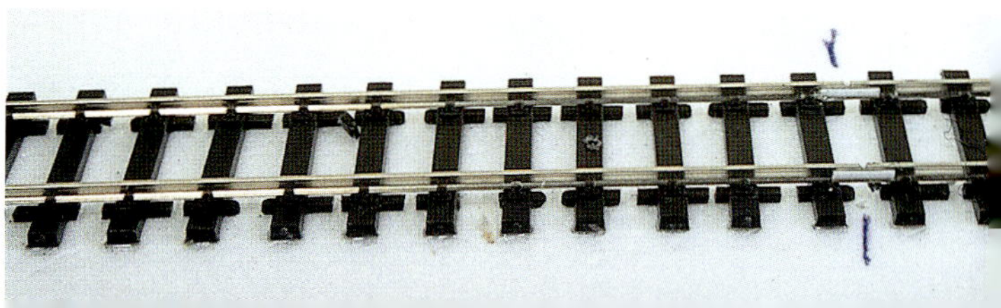

Code-75-Gleis von Peco eignet sich hierfür vorzüglich, aber auch mit anderem Gleismaterial funktioniert das. Die Bildfolgen zeigen hier mehr als viele Worte. Bei Weichen kann man übrigens die engere Schwellenteilung beibehalten, denn das Vorbild sah dies in der Regel so vor.

NAGELN, KLEBEN ODER SCHRAUBEN?

Von Letzterem, dem Anschrauben von Gleisen, wollen wir Sie eigentlich abhalten. Schrauben eignen sich nur in Ausnahmefällen zur Gleisbefestigung. Aus Gründen der Geräuschdämmung sind Klebeverfahren wirkungsvoller, denn eine direkte Verbindung zum Untergrund wird vermieden. Die berüchtigten „Lärmbrücken" zum Resonanzkörper des Unterbaus entstehen oft durch die Nägel oder Schrauben. Also: Besser fährt man mit verklebten Gleisen. Zur Fixierung eignen sich verschiedene Mittel und Methoden. Sehr gute Ergebnisse bringt doppelseitiges Klebeband. Das gibt's entweder im Baumarkt oder auch von Fachfirmen, wie z.B. von Greven oder Busch, welche die Bänder in verschiedenen Breiten (je nach Spurweite) und mit unterschiedlich dicker Schaumstoffschicht anbieten. Auf diese Art und Weise erreicht man neben dem Klebeeffekt auch gleichzeitig eine Böschungsdarstellung.

Das Klebeband selbst hält allerdings den Schotter auf der Oberseite kaum deckend fest. Hier muss man unbedingt mit der „klassischen" Methode (Leimwasser- und andere Klebegemische) nachhelfen. Dazu mehr im nächsten Kapitel. Grundsätzlich ist empfehlenswert, die Gleise nachhaltig zu befestigen – bekanntermaßen haben Modellbahn-Baustellen ein langes Leben. Durch Temperaturschwankungen können sich Klebebandverbindungen schnell wieder lösen. Gleisverwerfungen wären die Folge.

Optimal zur zusätzlichen Fixierung sind dünne Drahtstifte (aus dem Baumarkt) oder die speziellen dünnen Nägelchen der Gleishersteller. Beim Eindrücken (nicht mit dem Hammer einschlagen!) sind unbedingt die Hinweise und Besonderheiten des Gleisherstellers zu beachten.

Einige Gleishersteller rüsten die Gleisroste zwar mit Bohrungen für die Nägel aus, aber die Oberseite der Schwelle ist noch mit einer ganz dünnen Kunststoffschicht verschlossen. Man muss an der gewünschten Stelle die Bohrung mit einer Dekonadel durchstoßen und die Öffnung mit einem kleinen Fräskopf oder einem passenden Bohrer auf die Stärke des Nagelkopfes erweitern. Der verschwindet dann komplett in der Schwelle, und mit etwas Revell-Spachtel lässt sich der Rest des Lochs in der Schwelle gut kaschieren. Vielfach ist das nach einiger Übung gar nicht mehr erforderlich. Schraubverbindungen haben allenfalls bei Freilandanlagen ihre Berechtigung. Gartenbahngleise sind Wind und Wetter ausgesetzt und unterliegen auch anderen mechanischen und elektrischen Anforderungen. Ausgefuchste Gartenbahner arbeiten mit Schrauben und Dübeln in Beton- oder Steinfundamenten.

Generell ist beim Nageln oder Schrauben der Gleise darauf zu achten, dass die Schwellen nicht eingedrückt werden. Je nach Beschaffenheit der Dämmmaterialien unter dem Gleis kann dies schnell geschehen – bis hin zum Bruch der Schwelle. Ob das Gleis nach dem Fixieren plan liegt, lässt sich mit Rollmaterial überprüfen: Kuppeln Sie zwei bis drei gleichartige Zweiachser zusammen und schieben Sie diese über den bearbeiteten Abschnitt. Die Wagen dürfen nicht gegeneinander schaukeln und zu starke Bewegung an den Puffern oder Kupplungen aufweisen.

Das gilt besonders beim Bogenlauf. Man sollte vor allem im sichtbaren Bereich Übergangsbögen vorsehen: Der ganz sanft beginnende Radius mündet schließlich in den endgültigen Gleisbogen – ein harmonischer Zuglauf ist dann garantiert. In NEM-Tabellen gibt es auch hierzu ein Datenblatt (NEM 113). Wer es wissenschaftlich mag, kann sogar auf Formeln zur Berechnung von Übergangsbögen zurückgreifen, aber in der Praxis steht dem Modellbahner kaum der Raum zur Erfüllung aller Kriterien zur Verfügung. Flexgleise sind wie geschaffen dafür, Gleisbögen mit den erforderlichen Übergängen den eigenen Platzverhältnissen anzupassen.

Nun können Schienen und Schwellen farblich angelegt werden. Wir kommen im nächsten Kapitel noch darauf zurück.

Derselbe Anlagenausschnitt nach der Fertigstellung – mit geschotterten Gleisen und gestalteter Landschaft.

Damit die Optik stimmt

Bettungen, Schotter und Farbe

Ab den 80er-Jahren kamen mehrere Hersteller mit Hartschaumprodukten auf den Markt. Merkur bietet für fast alle Gleissysteme eine mit Korkschotter beflockte Bettung an. Tillig hat eine ähnliche Fertigbettung mit echtem Steinschotter im Programm.

Der technische Aufbau eines Gleissystems sorgt dafür, dass der Modellbahnbetrieb im Zusammenspiel von Rad und Schiene reibungslos funktioniert. Im Großen und Ganzen, das konnten wir bisher gut verfolgen, ist das auch so. Aber Modellbahner sind anspruchsvoll: Der Modellbahn-Fahrweg soll nicht nur einwandfrei funktionieren, sondern auch noch gut aussehen.

Fertigbettungen sind so alt wie die Modellbahn selber. Die frühen H0-Gleise wurden sogar nur zusammen mit einem Bettungsunterbau hergestellt und verkauft – man denke an die Trix-Bakelit- oder Märklin-Blechgleise. Über deren Aussehen braucht man heute kaum zu streiten, doch seinerzeit freuten sich die Miniaturbahner über den ziemlich „vorbildorientierten" Eindruck.

Märklin baut bekanntermaßen auf diese Tradition und entwickelte das schon beschriebene C-Gleis mit tatsächlich vorbildlich aussehender Kunststoffbettung. Vor längerer Zeit erkannten bereits Fleischmann oder Roco die Zeichen der Zeit, heute liefern beide ein gut gestaltetes Modellgleis entsprechend der eigenen Firmenphilosophie. Die neueste Errungenschaft in dieser Richtung ist das schon erwähnte, aber hierzulande nur schwer erhältliche Kato-Gleis.

In der klassischen Fertigbettung zum Nachrüsten besteht für den Modellbahner eine Möglichkeit, sein Gleis mit einem adäquaten Unterbau auszustatten. Firmen wie Mössmer (über

Fertigbettungen gibt es schon seit langem. Ein Klassiker ist etwa das bekannte Schaumstoffprodukt von Mössmer. Noch hat den Vertrieb inne und bietet zudem eine mit strukturiertem Schotter beflockte Version an.

Noch erhältlich), Merkur und auch neuerdings Tillig füllen diese Marktlücken.

FERTIGBETTUNG ZUM NACHRÜSTEN

In den 60er-Jahren überraschte Mössmer die Modellbahnwelt mit einer sehr wirkungsvollen Schaumstoffbettung. Das Material sah für damalige Maßstäbe gar nicht übel aus und verfügte zudem über hervorragende geräuschdämmende Eigenschaften. Es ist für alle gängigen Gleissysteme verfügbar. Inzwischen hat die Firma Noch den Vertrieb übernommen und den Schaumstoff mit aufgeklebten Schottersteinchen in passenden Farbtönen optimiert. Dies ist auch eine Art Konservierung, denn erfahrungsgemäß zeigte das Mössmer-Originalmaterial nach vielen Jahren des Anlageneinsatzes durchaus Auflösungserscheinungen. Durch die zusätzliche Schotterkaschierung ist der Schaumstoffkern gegen Einflüsse von außen geschützt. Eine ganz ähnliche Schaumstoffbettung, allerdings ohne aufkaschiertes Schottergranulat, bietet übrigens auch Peco für seine Gleissysteme an.

Ganz neu auf dem Markt sind Schaumstoffbettungen von Woodland. Sie werden hierzulande von Noch und Bachmann vertrieben. Sie sind ganz ähnlich wie Korkstreifen zu verarbeiten und besitzen die Vorzüge des sehr offenporigen und geräuschdämmenden Kunststoffes.

Dämmplatten aus dem Baumarkt zur Verlegung von Laminat-Böden eignen sich auch für unsere Zwecke. Hier wie dort dienen sie letztendlich der Geräuschdämmung. Darüber hinaus kann man sie leicht mit dem Messer in die gewünschte Form bringen. Ein kleiner Nachteil: Sie verursachen bei der Bearbeitung ziemlich viel Schmutz und Fusseln, sind also nichts für die „gute Stube".

Merkur geht einen anderen Weg und bietet für fast alle Gleise in fast allen Baugrößen Bettungen aus Hartschaum, wie er seit einigen Jahren preiswert zur Verfügung steht. Die Rohbettung ist mit Korkgranulat auf einer Trägerfolie kaschiert. Diese Art der konfektionierten Gleisbettung, von Merkur als „Styroplast" bezeichnet, lässt sich hervorragend für Festgleise und Weichen, aber auch für Flexgleise verwenden. Der Hartschaum ist leicht bearbeitbar und kann mit passendem losen Schotter wieder ausgebessert werden. Die Geräuschdämmung ist recht gut, sinkt allerdings, sobald Gleise und Bettung auf die Trassenplatte genagelt werden. Das empfehlenswerte Material führt auch optisch zu guten Ergebnissen.

Der Gleisspezialist Tillig schlägt einen ganz ähnlichen Weg ein, verwendet aber echte Steinchen als Schotter auf dem Hartschaummaterial. Die „Styrostone"-Bettung eignet sich zunächst für die hauseigenen Gleissysteme, aber das Angebot soll vielleicht auf andere Gleisfabrikate ausgedehnt werden. Für das original LGB-Gleis ist schon eine entsprechende Bettung, natürlich freiland- und allwettertauglich, im Sortiment. Das Aussehen der eingebauten „Styrostone"-Bettung ist absolut überzeugend.

Für Modellbahner mit wenig Zeit oder noch weniger Geduld sind die Lösungen von Mössmer, Merkur und Tillig eine feine Sache und durchaus empfehlenswert. Man sollte bloß vor dem Eindrücken der Gleise in die entsprechende Bettung den losen oder zu üppig verklebten Schotter mit einem Borstenpinsel entfernen – beim Hineindrücken darf kein oder nur ganz wenig Widerstand spürbar sein.

GEDULDSPROBE: DAS EINSCHOTTERN

Wer vor dem nachträglichen Einschottern der Gleise und Weichen per Hand nicht zurückschreckt, hat zahlreiche Produkte zur Nachbildung von Böschungskörper und Schotterbett zur Verfügung. Fündig wird der Modellbahner zunächst in der Konfektionsware der einschlägigen Hersteller, aber auch im Arsenal von Baumärkten und Baustoffhändlern.

Ganz neu bietet Noch eine zweigeteilte Bettung aus sehr dichtem Schaumstoff an, die vom US-Hersteller Woodland stammt. Äußerlich erzielt sie nach dem Einschottern eine ähnliche Wirkung wie Korkstreifen. Die Geräuschdämmung ist vorzüglich. Selbst wenn man die Gleise darauf nagelt – ganz behutsam, damit die Schwellen nicht durchknacksen – bleibt die

In einem Bastelgeschäft entdeckte ich Moosgummiplatten in 2 und 3 mm starken Tafeln. Sie sind bestens mit dem Klingenmesser zu bearbeiten und verursachen keinerlei Abfall, von kleineren Geruchsemissionen mal abgesehen.

Der „rote Brummer" macht sich auf dem überhöhten Roco-Line-Gleis besonders gut. Prinzipiell lässt sich jedes Gleis auf diese Weise verlegen. Tillig bietet übrigens schon abgeschrägte Hartschaumbettungen (ohne Schotter) ab Werk an.

Auch im Bahnhofsbereich können natürlich Bettungsgleise verlegt werden. Nur kann man hier auf die Seitenböschungen verzichten und das Gelände zwischen den Gleisen eben auffüllen.

Das neue Märklin-C-Gleis kann durch „Entschärfung" des Winkels der Seitenböschungen mit zusätzlichem Leim-Sand-Spachtel noch weiter optimiert werden. Für den letzten Schliff sorgen Farbe und Schotter.

Bei der Verwendung von fertigen Bettungsgleisen, wie hier rechts im Bild von Roco, ist bei der Kombination mit anderen Systemen eine Unterfütterung erforderlich. Obwohl das Profi-Gleis von Fleischmann auch einen Schotterkörper besitzt, ist dessen Höhe deutlich geringer. Man sollte immer zuvor eine Messung am Objekt, am besten noch beim Fachhändler, im Vorfeld des Einbaus vornehmen.

Dämmung einigermaßen erhalten. Korkstreifen, wie sie etwa von Faller oder Heki angeboten werden, sind in der Wirkung nicht ganz so effektiv, doch sie lassen sich sehr gut verarbeiten. Mit Kontakt- oder speziellem Korkplattenkleber lassen sie sich dauerhaft fixieren. Weißleim hat sich nach meiner Erfahrung weniger dafür bewährt, für die Dauer der Auftrocknung sollte man die Korkflächen zudem unbedingt mit Stecknadeln sichern und fixieren. Eine spezielle Weichenbettung aus Korkmaterial gibt es nicht. Sie muss aus normalen Streifen zusammengeschnippelt werden, was nach kurzer Einübung aber kein allzu großes Problem ist.

Alternative: Wer aufmerksam durch den Baumarkt geht, findet sicherlich passende Korkplatten für wenig Geld. Daraus lassen sich auch die Streifen für Strecken problemlos selber herstellen. Die korrekten Maße ergeben sich aus NEM 122 „Querschnitt des Bahnkörpers". Den Rest erledigt man mit Stahllineal und Bastelmesser, wobei der passende Böschungswinkel durch schräges Ansetzen der Klinge erzielt wird. Diese Bearbeitungsmethode eignet sich auch für andere Rohmate-

Der Bettungsaufbau der Roco-Line-Produkte besticht durch die Funktionalität und vor allem durch die vorbildgerechten Abmessungen. Entsprechend nachgeschottert und farblich optimiert erfüllen sie bei geringen Aufbauzeiten auch höhere Ansprüche.

rialien: Kunststofffolie für Laminatböden, Dämmplatten oder Styroportapete beispielsweise, erhältlich in Stärken von drei bis sechs Millimeter. Bei der Verwendung von Dämmplatten können Ihre Mitbewohner im wahrsten Sinne „aus dem Häuschen sein", denn die Abfälle Ihrer Bastelarbeit in Form von feinsten Flocken können beträchtlich nerven – am besten stets einen Staubsauger bereithalten.

Sehr gute Erfahrungen habe ich mit Moosgummi gemacht, auch wenn es vielleicht nicht die preiswerteste Alternative ist. Die Dämmung ist hervorragend, das Material ist prima zu verarbeiten und in mehreren Stärken erhältlich. Fixieren lässt es sich ebenso gut wie einfach mit Kontaktkleber. Egal, was Sie auch nehmen – das optimale Ergebnis hinsichtlich der Dämmung ist nur durch Vermeidung jedweder Schallbrücke erreichbar.

Ich habe testweise mal eine Trassenplatte komplett mit Kork ausgelegt, auf die dann noch einmal die Bettungsböschung mittels Korkstreifen folgte. Erst dann kam das eigentliche Gleis an die Reihe. Es wurde nur verklebt (Teppichband) und anschließend eingeschottert. Das Ergebnis war sehr zufriedenstellend, wenngleich auch hier nicht alle Geräusche unterdrückt wurden. Aber auch die große Bahn fährt letztendlich nicht lautlos – im Gegenteil!

KURVEN ÜBERHÖHT

Die berühmt-berüchtigte Bogenüberhöhung der Außenschiene beim Vorbild ist im Modell keine physikalische Notwendigkeit. Dennoch sieht eine entsprechend verlegte Kurve sehr elegant und vorbildgerecht aus. In der NEM-Tabelle 114 „Überhöhung im Gleisbogen" finden Sie alle erforderlichen Maße und Regeln für die Modellumsetzung. Aber wie geht das ganz konkret? Tillig bietet kleine Keile aus Hartschaum, die vom Bogenäußeren her unter die Gleisbettung geschoben werden – damit ist das Verlegen fast ein Kinderspiel.

Mit ganz einfachen Mitteln gehts aber auch anders. Ich habe beispielsweise eine normale Litze nach dem Anzeichnen der Gleise auf der Trasse im Bereich der Außenseite verlegt. An Bogenanfang und -ende verläuft sie ganz außen, im Bogen wandert sie dann weiter in die Gleismitte. Den gleichen Effekt kann man natürlich mit kleinen Streifen aus Polystyrolplatten erzielen. An den Nagelpunkten werden sie einfach untergeschoben, wobei man die Stärke der Überhöhung regelrecht einstellen kann – allerdings muss hier zwingend genagelt werden.

AUF DIE KÖRNUNG KOMMT ES AN

Zur Farbgestaltung später mehr. Hier nur so viel: Vor dem Schottern grundiere ich die Schienenprofile und Schwellen mit wasserverdünnbaren Dispersionsfarben. Die Schwellen erhalten einen braunen bis grauen Farbton von sehr dunkel bis hell, die Profile sind durchweg bräunlich. Oft sind viel zu rötliche rostbraune Abmischungen zu sehen. Aber wir kommen auf das Thema noch zurück … Nach dem Grundieren wenden wir uns also dem Schotterbett zu. Ab jetzt werden endgültige Arbeiten durchgeführt – will heißen: Fehler bleiben sichtbar! Aber keine Bange! Wenn man sich mit einigen Werkstoffen und Methoden vertraut gemacht hat, kann kaum etwas schiefgehen.

Vorher aber noch ein kleiner Exkurs zu den Bettungsgleisen. Das von Roco-Line hat einen nahezu perfekten Querschnitt, ist aber leider nicht mehr lieferbar. Gleise mit zu schmalem oder

Problematisch ist es, die Seitenböschungen mit losem Schotter zu versehen. Oft geht dabei jede Menge Material (und damit Geld) drauf. Übrigens eignen sich zum Verteilen des Schotters eine Filmdose und diverse weiche Pinsel besonders gut.

Besser die Seitenböschungen vorher satt mit Leim (hier von Faller) und einem Pinsel einstreichen. Dort hinein kann der Schotter direkt eingestreut werden. Oben aufs Gleis sollte man das Material dann wieder trocken auftragen.

Stück für Stück wird dann der Schotter oben aufs Gleis gebracht. Mit feinen Pinseln werden die Schwellen von verirrten Schottersteinchen befreit.

Besonders empfindlich sind die Herzstücke, Radlenker und Zungenbereiche der Weiche. Hier sollten sich vor dem Verkleben des Schotters alle Steinchen an ihrem angedachten Platz befinden.

zu flachem Bettungskörper (Märklin C oder das Fleischmann-Profi-Gleis in H0 und N) lassen sich nachträglich noch verbreitern und somit optisch verbessern. Auf freier Strecke sollte die Böschung nämlich stets ausgeprägt erkennbar sein und zudem die vorbildgemäße Form aufweisen. Um dies beim Märklin-C-Gleis zu erzielen, kann man seitlich mittels Spachtelmasse (feiner Quarzsand, Holzleim und graue Dispersion) die Böschung „entschärfen“ und dann mit passendem Schotter nachträglich nass in nass veredeln. Auch der andere Bereich des Gleises kann noch einen feinen Überzug aus demselben Schotter erhalten. Damit sieht die Bettung absolut nicht mehr uniform oder gar plastikhaft aus.

Im Bahnhofsbereich fallen die Seitenböschungen nicht auf, da dort die Zwischenräume zwischen den Gleisen mit Splitt oder ähnlichem Material aufgefüllt sind. Der Eindruck, die Gleise lägen platteben auf einem Niveau ohne größeres Schotterbett, täuscht – muss aber natürlich auch im Modell so entstehen. Die seitliche Schottermenge ist gerade bei Rangierbahnhöfen sehr gering – vom Anschein her! Der passende Splittbelag im Modell könnte z.B. aus dem schon beschriebenen Sandspachtel modelliert werden. Hinsichtlich von Alternativen sind der Fantasie fast keine Grenzen gesetzt: Diverse Materialien von Asoa oder Heki in feinkörniger Ausführung und stimmiger Farbe bieten sich ebenso an wie Quarzsand aus dem Baumarkt, der entsprechend eingefärbt wird. Die Fixierung erfolgt mit nachträglich aufgebrachtem Flüssigkleber – einem Gemisch aus Weißleim und Wasser beispielsweise –, dem noch etwas Farbe im gewünschten Ton beigemengt wird. Dafür eignet sich Dispersionsfarbe ganz hervorragend. Ein Problem beim Einschottern ergibt sich möglicherweise aus der Stärke der Schotterschicht. Bis alles durchtränkt ist, erfordert es eine Menge Flüssigkeit – und selbst dann ist noch nicht sicher, dass alles stabil auftrocknet. Einfacher geht es manchmal mit Spachtelmasse und kleinem Spatel. Damit lässt sich der Splitt prima modellieren. Wenn es nur darum geht, die Seiten der Böschungskörper (etwa bei Kork- oder Hartschaumbettungen oder bei Bettungsgleisen) effektiv zu beschottern, empfiehlt es sich, zähflüssigen Leim auf Latexbasis (z.B. von Faller in Grau erhältlich) satt aufzutragen, mit einem nassfeuchten Pinsel diesen Film gezielt zu verteilen und da sofort den ausgewählten Schotter einzustreuen.

Die Steinchen auf der Oberseite des Gleises werden hingegen lose aufgetragen und mit dem Pinsel sorgfältig verteilt. Auf den Schwellen sollten keine Schotterbrösel herumliegen – auch das Vorbild hat dies (zumindest hierzulande) in aller Regel vermieden. Die Schwellenfächer sind jedoch bis an die Oberkanten aufgefüllt, mit einer leichten Vertiefung in der Mitte. Diesen Effekt erreicht man nur, indem man den Schotter zuerst lose aufbringt. Stück für Stück, in Abschnitten von 30 bis 40 cm Länge, wird das Gleis anschließend mit entspanntem Wasser angefeuchtet. Erst dann folgt verdünnter Leim oder spezieller Schotterkleber, wie er z.B. von Asoa angeboten wird. Er unterdrückt die Nachdunklung des Schottergranulats nach dem Befeuchten – so ganz wird man das nie vermeiden können. Denn gerade echte Steine sind nach dem Mahlvorgang noch mit feinstem Staub umhüllt, der bei Flüssigkeitsberührung nachdunkelt.

Weinert bietet einen wasserverdünnbaren Latexleim als Schotterkleber an. Der verhindert zwar nicht das Nachdunkeln, aber er bleibt wegen seiner Basis (Latex) ziemlich elastisch und

Die Bereiche zwischen den Gleisen kann man auch direkt in einem Arbeitsgang mit Sand einstreuen. Gerade im Bahnhof sind sie so hoch wie die Schwellen geschottert.

Mit einer Blumenspritze wird nun das lose Material auf jeweils 20 bis 30 cm Länge gut angefeuchtet. Entspanntes Wasser (Zusatz: 1 Tropfen Fließverbesserer) erleichtert die Aufnahme des Leimgemisches.

Den Kleber oder Weißleim im Verhältnis 1:4 mit Wasser verdünnen und behutsam auftragen. Gut eignen sich dafür Einwegspritzen.

Kleber- und Farbschichten lassen sich mit dem Roco-Rubber problemlos von den Schienenoberflächen entfernen.

reduziert in Grenzen sogar die Rollgeräusche der Modellfahrzeuge. Recht ähnlich ist, bis auf die Farbgebung, der graue Faller-Schotterkleber.

Ein kleiner Tipp zum Schottervorgang: Manchmal hilft es, mit einem kleinen Hammer oder dem Knauf eines Schraubendrehers vorsichtig neben das Gleis zu klopfen, um den Schotter ein bisschen zu verteilen. Dann fallen die Steinchen schön in sich zusammen und verschwinden sogar wie von Zauberhand von den Schwellenoberflächen – aber ganz vorsichtig, bitte!

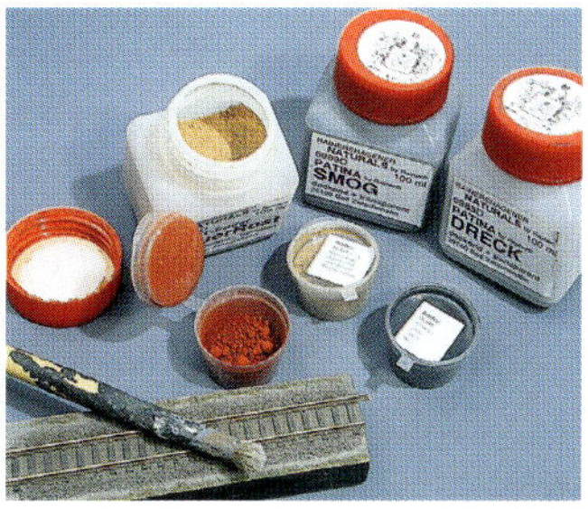

Das fertig gestaltete Gleis lässt sich mit Pigment- oder Trockenfarben weiter verfeinern, eine Alternative zur Airbrushtechnik. Allerdings ist die Puderfarbe sehr empfindlich gegen Nässe.

Ein Beispiel für die Wirkung von Pigmentfarben. Man darf die Farbe nicht zu dick auftragen; besser mehrere Aufträge versuchen.

DIE FARBE BRINGTS

Die Grundierung unserer Gleise haben wir schon im Vorfeld der Schotterung „abgehakt“. Dafür eignen sich wasserverdünnbare Dispersions- oder Acrylfarben ganz besonders. Farbe auf Nitrobasis ist genauso geeignet, wenn man von gesundheitsschädlichen Wirkungen, der Geruchsbelästigung, der Feuerempfindlichkeit und möglicher Unverträglichkeit mit Kunststoffen mal absieht. Das konkrete Einfärben aber ist von der Materialwahl unabhängig. Schwellen und Schienen werden nass in nass in den jeweiligen bevorzugten Tönen angelegt. Dafür eignet sich eigentlich der Pinsel ganz gut. Wer eine Airbrush-Pistole hat, kann auch diese verwenden. Mit dem Pinsel gelingen manche Akzente an den Schwellen, Kleineisen und Profilen aber wesentlich besser, alles sieht halt nicht so „geleckt“ aus.

Nach dem Fixieren des Schotters und Trocknen des Klebers bleiben manchmal leichte helle Flecken zurück, die vom Leim verursacht werden. Insgesamt werden Schotterbett und Gleis von einem nicht sehr auffallenden, aber doch sichtbaren, matt glänzenden Film überzogen. Meist wird der verursacht durch zu üppig dosierten Kleber oder Leim. Grundsätzlich ist es kein Problem, ihn durch die nachträgliche Farbgebung wieder zu beseitigen. Die Entscheidung wird wahrscheinlich zwischen Nass- oder trockenen Pigmentfarben fallen. Über Acryl- und Dispersionsmaterial muss man nicht viele Worte verlieren, ihre Verarbeitung ist komplikationslos. Vor allem spritzfertige Acrylfarben eignen sich ganz hervorragend zur Airbrush-Verarbeitung. Ein allzu gleichmäßiges Aussehen muss man jedoch zu vermeiden versuchen: Zwar lagert sich auf Schienen und Schotterbett mit der Zeit ein ziemlich einheitlicher Schmutzbelag ab, jedoch wirkt eine zu uniforme Optik auch nicht realistisch.

In aller Regel muss man die unterschiedlichen Teile des Oberbaus auch farblich voneinander abheben. Sich dabei nur auf eine im Vorfeld getroffene Wahl ohne spätere Optimierung zu verlassen, dürfte in aller Regel nicht reichen. Man kann den Farbton nicht separat für jedes Teil des Oberbaus festlegen, das Gleis als Ganzes muss farblich überzeugen. Das gelingt sogar in Pinseltechnik, wenn man die Farbe, etwa in den Abstufungen Grau bis Braun in allen Schattierungen, mit einem Borstenpinsel regelrecht aufstreift – auch über den Schotter sollte man mal eben mit ganz wenig, fast trockener Farbe „wedeln“. Dabei entstehen wunderbare „Lichter“ und Schattierungen, der Schotter erhält sehr viel mehr Struktur.

Mit Pigment- bzw. Trockenfarben lassen sich die tollsten Effekte erzeugen. Aber der Farbauftrag ist prinzipiell nässeempfindlich. Das heißt: Die Farbe wird erst ganz am Ende der Bauaktivitäten aufgetragen, Blumenspritzen, Leimwasserbehälter, Flüssigkeiten im Allgemeinen haben dann in der Nähe der Anlage nichts mehr verloren. Ein paar Tropfen können schon böse dunkle Flecken verursachen, die sich nur sehr mühselig wieder ausbessern lassen. Einige Hersteller bieten Fixiermittel dafür an, was die Empfindlichkeit reduzieren, wenngleich auch nicht völlig neutralisieren kann. Mit ein wenig Umsicht ist das Material aber unbedingt empfehlenswert.

Jede der beschriebenen Methoden hat ihre Vor- und Nachteile. Zaubermittel oder Optimallösungen gibt es nicht. Am besten probieren Sie, wohldosiert, unbekannte Arbeitsweisen und -mittel aus. Sie werden schnell Ihren eigenen Weg finden.

Empfehlenswert für die farbliche Gestaltung von Gleisanlagen sind alle wasserverdünnbaren Materialien. Im Baumarkt gibt es z.B. Dispersionsfarben oder spezielle Produkte auf Acryl-Basis. Zur „Entspannung“, d.h. zur besseren Fließfähigkeit, dient Fließverbesserer von Asoa aus dem Fotobedarf – oder etwas Spülmittel.

Ein Holzrest dient zur Anmischung der Farben. Man kann hier auch den Pinsel – je nachdem welche Dosierung gewünscht ist – entsprechend ausstreichen.

Nur für den Moment
Zweispulenantriebe

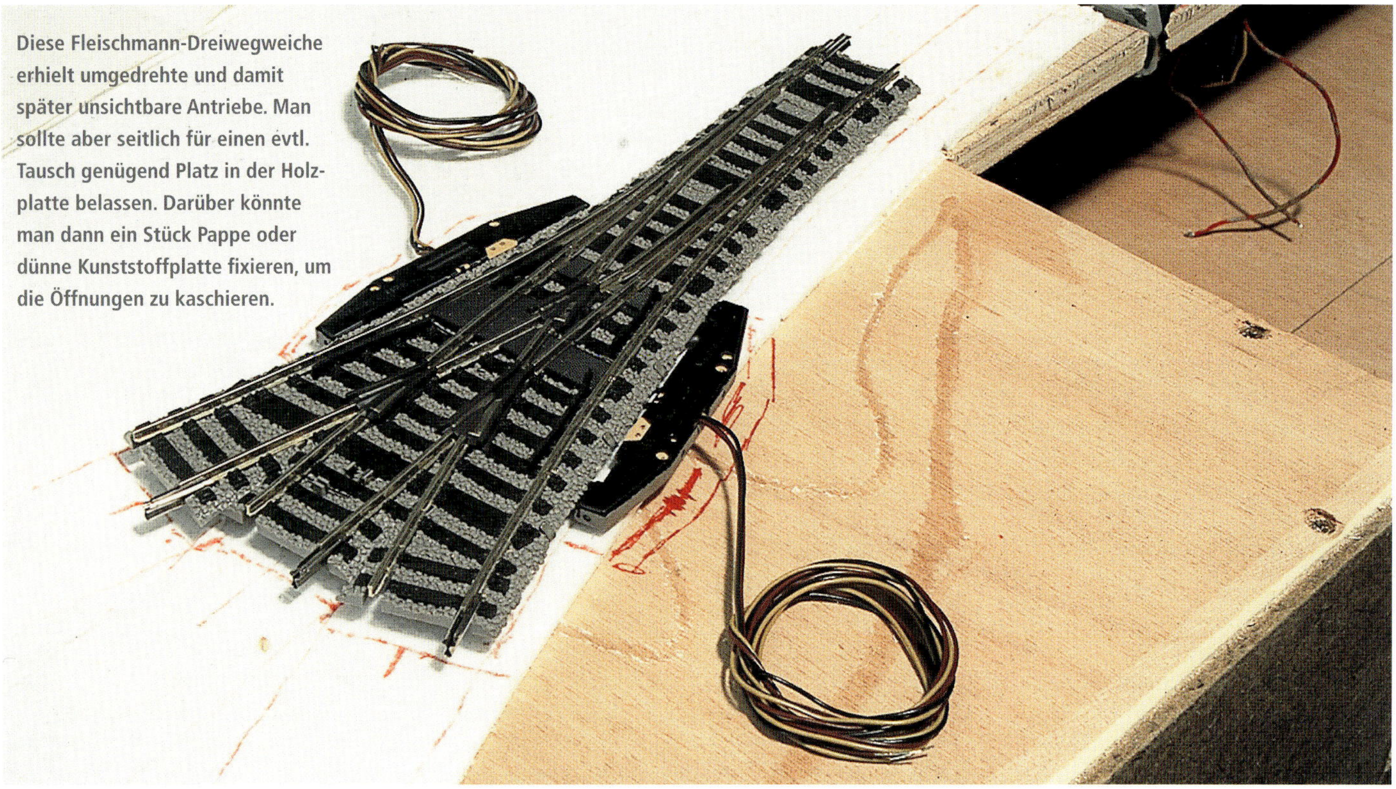
Diese Fleischmann-Dreiwegweiche erhielt umgedrehte und damit später unsichtbare Antriebe. Man sollte aber seitlich für einen evtl. Tausch genügend Platz in der Holzplatte belassen. Darüber könnte man dann ein Stück Pappe oder dünne Kunststoffplatte fixieren, um die Öffnungen zu kaschieren.

Als Klassiker beim ferngesteuerten Weichenstellen gelten die Zweispulenantriebe. Und es gibt jede Menge davon. Aber die Unterschiede darf man nicht außer Acht lassen: Manche funktionieren nur systemgebunden, andere sind ausgeprochene Stromfresser. In der letzten Zeit haben sich stromsparende und endabgeschaltete Antriebe durchgesetzt.

So ziemlich jeder Hersteller eines kompletten Gleissystems bietet auch entsprechende Antriebe für seine Weichen an. Viele davon sind sogar herstellerübergreifend einsetzbar – man kann sich also seine Favoriten aussuchen. Ob man einen Motorantrieb oder einen Zweispulenantrieb für effektiver hält, ist schon fast eine Frage der Weltanschauung. Nur ein großer Hersteller, nämlich Tillig für sein Elite-Gleis, favorisiert grundsätzlich den Motor. Alle anderen Gleislieferanten setzen auf den klassischen Zweispulenantrieb.

Dieser ist in der Regel natürlich den hauseigenen Produkten angepasst. Wenn dann auch noch die Weichenmechanik so speziell ausgeprägt ist, dass sie nur mit diesem Antrieb funktioniert, bleiben dem Modellbahner kaum Alternativen. Zu diesen Konstruktionen zählt sicher der Fleischmann-Steckantrieb für die Profi-Gleise in H0 und N. Er ist wahlweise über- bzw. unterflurtauglich, aber an Weichen anderer Hersteller ist er kaum verwendbar. Ansonsten erfüllt er aber durchaus gehobene Ansprüche, denn er lässt sich leicht tauschen (Steckverbindung)

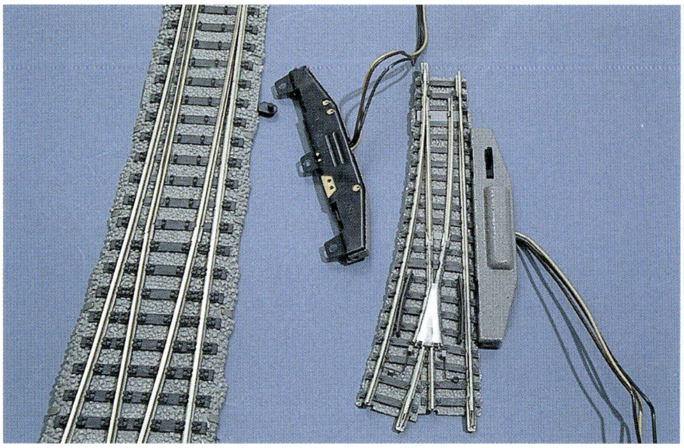
Passend zum Bettungsgleis in H0 und N liefert Fleischmann einen Antrieb für alle Anwendungen aus. Er ist endabgeschaltet und lässt sich über- oder unterflur leicht durch Anstecken montieren.

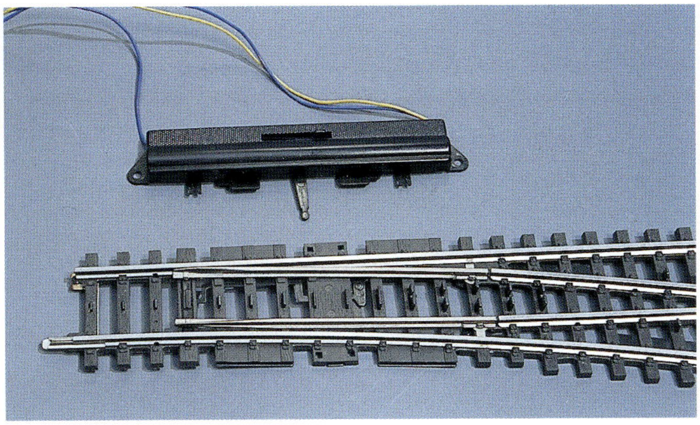

Märklin hat sein K-Gleissortiment ebenfalls mit ansteckbaren Antrieben ausgerüstet. Nach Wunsch können sie auch unter Tage platziert werden.

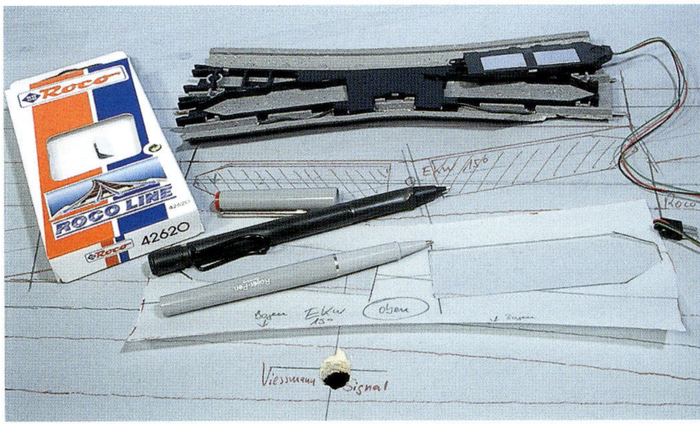

In den Bettungskörper der Roco-Line-Weichen können die speziellen und nur dafür geeigneten Antriebe eingeklipst werden.

Man kann sich entsprechende Sägeschablonen fertigen und Wartungsöffnungen für die Antriebe vorsehen. Das ist auf jeden Fall ratsam, denn die Weichenelemente kann man später nur noch schwer von oben auswechseln.

und ist auch endabgeschaltet. Das Problem beim „umgedrehten“ Unterflureinbau liegt in der nach oben frei liegenden Mechanik zum Antrieb. Dieser Bereich muss vor dem Einschottern oder bei der Landschaftsgestaltung durch einen Streifen (beispielsweise Tesafilm) geschützt werden.

Märklin ist bei den Weichen des K-Gleissystems (ausgenommen die Dreiwegweiche) einem ganz ähnlichen Gedankengang gefolgt. Auch hier lassen sich die Antriebseinheiten problemlos an den Weichenkorpus stecken. Rastnasen halten beides zusammen. Natürlich geht das auch in Unterflurmontage. Mit einem speziellen Unterflur-Zurüstsatz lassen sich zwei verschiedene Platzierungen unterhalb der Platte wählen und alle Komponenten auf die verwendete Holzstärke der Trasse einstellen. Eine gute Idee ist die parallel dazu einsteckbare, beleuchtete und funktionsfähige Weichenlaterne.

Für sein C-Gleis liefert Märklin ganz darauf abgestimmte Bettungsantriebe mit Endabschaltung. Sie werden in den Schotterkörper eingeschraubt. Gleichzeitig besteht die Möglichkeit, eine bewegliche und beleuchtete Laterne nachzurüsten. Und das Ganze kann schließlich noch über einen Einzeldecoder digital geschaltet werden. Eine rundherum gelungene Lösung für C-Gleis-Weichen.

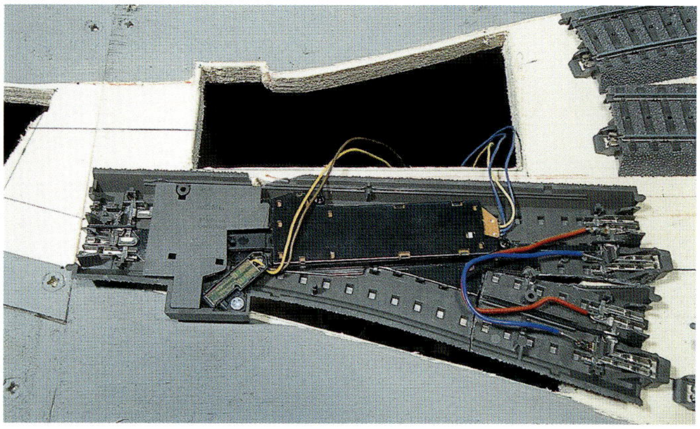

Der C-Gleis-Bettungsantrieb wird von unten in die Bettung geschraubt. Auch hier ist eine Eingriffsöffnung zu Wartungszwecken empfehlenswert.

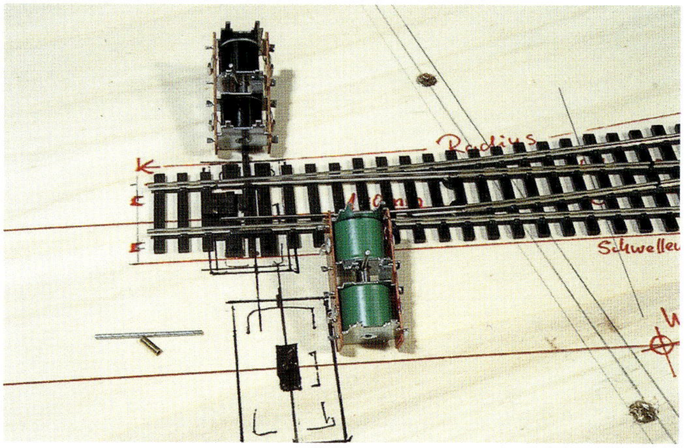

Die Peco-Universalantriebe brauchen sehr viel Strom zur Überwindung des internen Klipp-Klapp-Mechanismus der Weichenzungen. Zudem sind die Montageöffnungen sehr groß. Man kann sie aber auch von unten fixieren und über eine mitgelieferte verlängerte Stellstange den Mechanismus oben erreichen. Dann wäre nur noch ein Langloch (hier: schwarz markiert) erforderlich.

Man sollte bei Unterflurantrieben zum darunter liegenden Stockwerk stets genügend Platz vorsehen. Die meisten Komponenten brauchen diesen, und eine Zugriffsmöglichkeit ist im Störungsfall immer ratsam.

Bei Bettungsantrieben empfiehlt es sich übrigens, im Trassenbrett ausreichend Raum für einen eventuellen Tausch des Antriebs vorzusehen – meist gibt der genau dort seinen Geist auf, wo die Weiche nur schwer aus- und wieder eingebaut werden kann.

Daneben bietet Roco natürlich für die bettungslosen Roco-Line-Weichen auch noch einen Überflurantrieb mit Endabschaltung und zusätzlichen Kontakten (Herzstück) an. Dieser wird einfach in entsprechende Gewindestücke im Schwellenrost der Weiche geschraubt, wobei die Seite frei wählbar ist. Besonders erwähnenswert ist der universelle Unterflurantrieb mit sage und schreibe vier Umschaltkontakten. Der Stelldraht zur Weiche ist variabel einstellbar. Somit eignet sich dieser Antrieb für so ziemlich alle Weichen mit Gelenkzungen und Stellvorrichtung an den Zungenenden – tatsächlich ein Universalantrieb. Dazu passend gibt es von Roco noch einen Zusatz mit beleuchteter und beweglicher Weichenlaterne. Der Körper der Laterne kann auch nach Schweizer Vorbild gewählt werden. Dieser Antrieb ist natürlich endabgeschaltet und verbraucht relativ wenig Strom.

Der „Methusalem" aller Weichenantriebe ist sicher der von unten ansteckbare Peco-Antrieb. Er funktioniert auf diese Weise auch nur mit den original Peco-Weichen. Sie verfügen über den schon geschilderten Rastmechanismus, welchen diese Mechanik unbedingt benötigt. Um die Zungen überhaupt bewegen zu können, ist schon eine enorme Kraft erforderlich. Diese bringt nur der besagte Antrieb auf und verbraucht dabei eine Menge Strom – und zwar in der Regel zu viel für die digitale Ansteuerung über Decoder. Deshalb hat man auf Drängen des deutschen Importeurs Weinert eine neue Generation dieses Antriebsklassikers aufgelegt, der in der Tat wesentlich weniger Strom benötigt (aber unter Umständen Kraftprobleme bei älteren und längere Zeit nicht gestellten DKWs hat). Daneben gibt es inzwischen Kontaktsätze für die Herzstückpolarisierung oder auch Endabschaltung, die der Antrieb in seiner Lieferform nämlich nicht bietet. Auch wenn der Peco-Antrieb aus heutiger Sicht nicht ganz auf der technischen Höhe der Zeit ist, so sind die erfreulich niedrigen Anschaffungskosten ein deutlicher Pluspunkt.

Weinert führt in seinem Vertriebsprogramm auch den bekannten Weichenantrieb von Fulgurex, der in vielerlei Beziehung eine ideale Alternative ist. Dies gilt auch für das preisgünstige Modell von Conrad, das sowohl mit einem Umschalter für die Herzstückpolarisierung als auch in einer Digitalausführung geliefert wird.

Diese Eigenschaften sollte ein Spulenantrieb haben

- Endabschaltung
- max. ca. 500 mA Stromaufnahme
- eine sichere Verbindung der Mechanik zur Weiche
- Kontakte etwa zur Herzstückpolarisierung
- gute Verfügbarkeit (Austausch im Störungsfall)
- einen Preis von höchstens € 15,–
- die Option zur Nachrüstung einer Weichenlaterne

Kräftige Platzfresser
Stellmotoren

Im Vergleich zu einem Zweispulenantrieb (rechts) offenbart der Motor wohl seinen größte Schwäche – er ist relativ voluminös und benötigt entsprechend Einbauraum. Hier im Bild übrigens ein Motor von Tillig, aber das zuvor Gesagte gilt eigentlich für alle Artgenossen.

Über Sinn und Unsinn von Stellmotoren als Alternative zu den Zweispulenantrieben lässt sich trefflich streiten. Sind Stellmotoren immer sinnvoll? Erfüllen sie auch Ihre Erwartungen? Rechtfertigt die Leistung den höheren Preis?

Wenn irgendwo im Untergrund deutlich hörbar ein Motörchen lossurrt, hat man noch lange nicht die Gewähr, dass sich dann auch die Weiche oder das Signal bewegt. Wer mit dem Begriff „Motor" technische Qualität verbindet, liegt oft daneben – zumindest klaffen zwischen Wunsch und Wirklichkeit manchmal größere Lücken. Auch die Größe als solche ist noch kein Qualitätsgarant – und Stellmotoren sind in aller Regel wesentlich voluminöser als ihre spulenbestückten Artgenossen. Bei der Entscheidung zu Gunsten von motorischen Antriebskonzepten sollte man daher grundsätzlich etwas mehr Raum unter Tage vorsehen.

Noch eines ist gewöhnungsbedürftig: Es wird grundsätzlich Gleichstrom zur Ansteuerung benötigt. Auf der Modellbahn im klassischen Aufbau ist aber eher eine Wechselstromleitung für solche Fälle vorhanden. Das haben auch die Tillig-Entwickler berücksichtigt und konstruierten einen entsprechenden Motorantrieb. Der Strom wird erst innerhalb des Antriebs mittels Diodentechnik umgewandelt. Wer seine Anlage ohne Neuverkabelung umrüsten möchte, ist hiermit sehr gut bedient. An den Steuerleitungen muss man keine Änderungen vornehmen – sehr lobenswert! Der Einbau des Tillig-Modells bereitet keine Probleme: Dank seiner Aufbau-Philosophie ist auch die Justierung des Stelldrahtes zur Stellvorrichtung leicht möglich, der Draht kann nach dem Einbau einfach mit dem Seitenschneider abgelängt werden. Einen individuellen Weg kann man mithilfe von Bowdenzügen einschlagen, vor allem bei beengten Platzverhältnissen. Ausgangsbasis ist auch hier der Motor an sich, den man einfach dort platziert, wo es möglich ist. Die Verbindung zur Weiche übernimmt dann der aus dem Flugmodellbau bekannte Bowdenzug. Dieser ist speziell

Eine der Entwicklungen in Großserie stammt aus dem Hause Tillig. Die Energie für den kräftigen Motor wird erst im Gehäuse in Gleichstrom umgewandelt. Angesteuert wird das Ganze nämlich durch die üblichen drei Wechselstrom-Anschlüsse. Gerade für alle, die umrüsten wollen, könnte dieser Aspekt interessant sein.

für Flieger konzipiert und ziemlich kostspielig. Ein einfacher Bowdenzug aus dem Fahrradhandel (gibt's sogar im Baumarkt) reicht jedoch völlig aus. Mittels Schellen kann man ihn problemlos verlegen und zur Weiche führen. Dort übernimmt ein mit dem Kern einer Lüsterklemme verbundener Stahldraht die mechanische Verbindung.

Wir haben diese Methoden mit Tillig- und vor allem mit Fulgurex-Motoren probiert. Letzterer eignet sich ganz besonders dafür, denn er besitzt zwei Mitnehmer. Damit lassen sich Weichenpärchen gemeinsam umstellen, einschließlich der Herzstückpolarisierung. Hierbei spielt der Motorantrieb seine Pluspunkte aus: Er ist stark und ob nun zwei Weichen oder nur eine zu stellen ist, spielt schon fast keine Rolle mehr – und man spart einen Antrieb! Auch der Strombedarf hält sich wohltuend in Grenzen, denn selten werden mehr als rund 350 mA erforderlich. Insgesamt sorgen also Stellmotore für effektive und optimale Kraftübertragung. Preislich betrachtet gehören die Motoren von Fulgurex und Tillig zu den günstigeren Vertretern ihrer Spezies. Erstgenannter gehört jedoch auch zu den geräuschvollsten. Um diesem Missstand beizukommen, empfiehlt es sich, Moosgummi oder eine ähnliche Dämmschicht zwischen Antrieb und Anlagenplatte vorzusehen. Wer größere Stückzahlen von Weichenmotoren braucht, muss halt scharf kalkulieren und Kompromisse schließen. „Edelmotoren" von Lux haben ihren Preis. Dafür bekommt der Modellbahner aber auch viel geboten, denn ausreichend Kontakte oder eine Laternenmechanik sind obligatorisch.

Nicht vergessen dürfen wir einen der ältesten Motoren auf dem Markt aus dem Hause Bemo, der fast schon ein Vorbild für alle seine Nachfolger ist. Nach wie vor findet man ihn im Bemo-Angebot, und das spricht für seine Akzeptanz und Unverwüstbarkeit. Wir können an dieser Stelle nicht auf alle angebotenen Motorantriebe im Besonderen eingehen; das Angebot ist in der Tat sehr gut und reichhaltig.

Motorantriebe in der Übersicht (Stromverbrauch ist Obergrenze)

Bemo	Stromaufnahme ca. 0,4 A (=)	Endabschaltung, Umschaltkontakte (4)
Fulgurex	Stromaufnahme ca. 0.3 A (=)	Endabschaltung, Kontakte
Lux	Stromaufnahme ca. 0,1 A	Endabschaltung, Kontakte
Schuhmacher	Stromaufnahme ca. 0,4 A (=)	Endabschaltung, Kontakte
Tillig	Stromaufnahme ca. 0,2 A (~)	Endabschaltung, Kontakte, Folgeschaltung
Conrad	Stromaufnahme ca. 0,5 A (=)	Endabschaltung

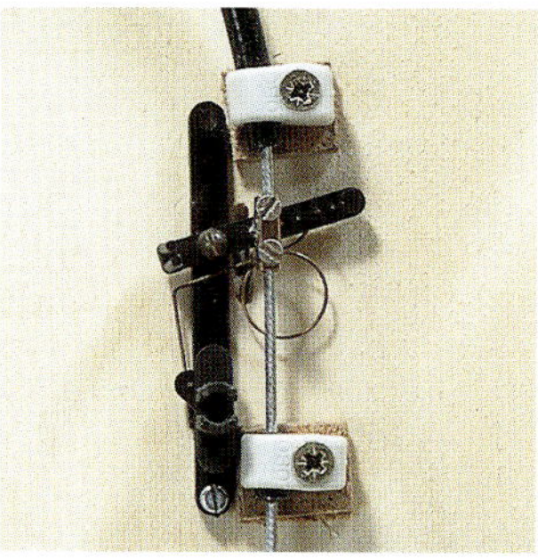

In der Höhe der „Stellschwelle" befindet sich der Umstellhebel der beweglichen und beleuchtbaren Weinert-Laternen. Man kann aber bei Bedarf eine direkte Ansteuerung an der Weiche vorsehen. Auch hier dient die Lüsterklemme zur mechanischen Verbindung. Die weißen Kabelschellen gibt es im Baumarkt. Sie dienen bei uns zur raschen Fixierung des Fahrrad-Bowdenzuges.

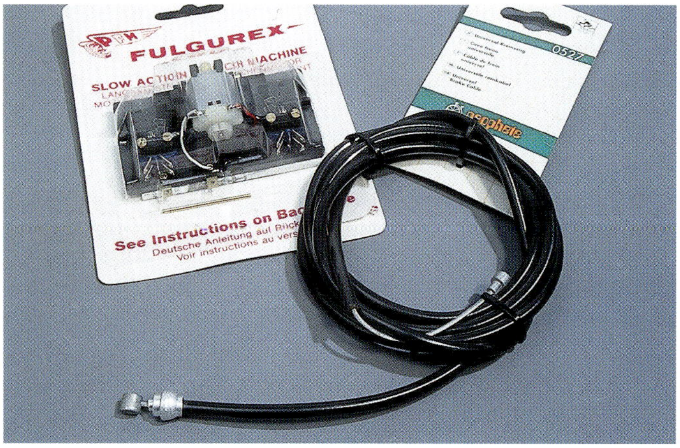

Banal, aber bewährt: Schon mehrfach kam in verschiedenen Anlagen und Baugrößen diese Motoransteuerung auf der Basis eines Fulgurex-Antriebs in Verbindung mit Bowdenzügen aus dem Fahrradzubehör zum Einsatz.

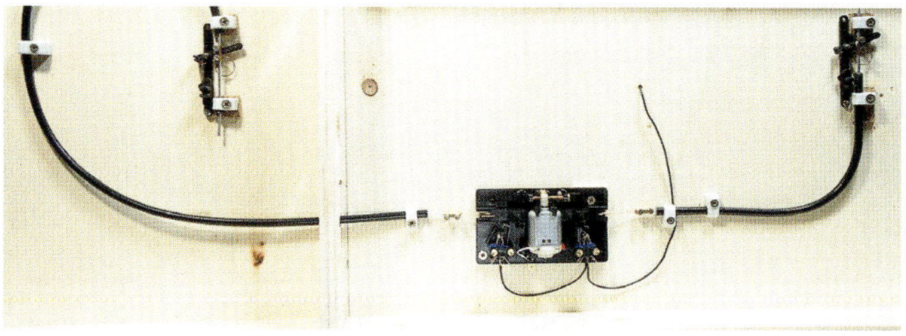

Mit einem Motorantrieb können bis zu zwei Weichen, sofern das notwendig ist, bewegt werden. Bei einem „Hosenträger", einer doppelten Gleisverbindung, wäre das z.B. der Fall. Zur Geräuschdämmung wurde der Motor auf Moosgummistreifen montiert, die Bowdenzüge sind mithilfe von Lüsterklemmen und Kabelschellen fixiert.

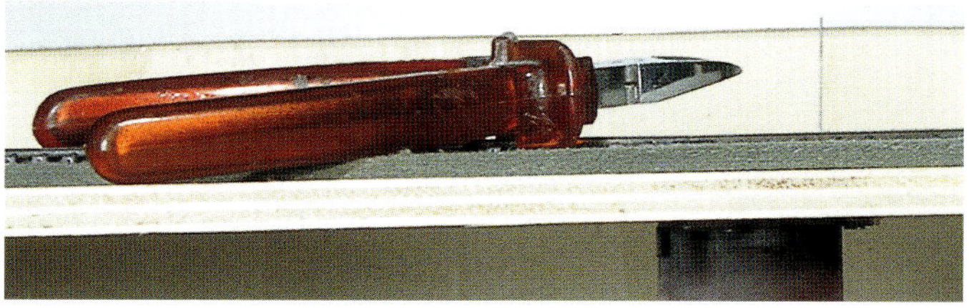

Hier wird unter der Trasse der angesprochene Raumbedarf ersichtlich. Man muss den Apparat ja auch noch festschrauben und justieren. Der Stelldraht wird zum Schluss oben mit dem Seitenschneider abgetrennt.

KAPITEL 6

GELÄNDEBAU UND BEGRÜNUNG

Zupampen und rumschmaddeln Geländemodellierung

Bevor es an die eigentliche Landschaftsgestaltung geht, muss natürlich erst einmal die Basis dafür geschaffen werden. Die Geländemodellierung findet nach der Fertigstellung des eigentlichen Anlagenunterbaus statt, wenn die Gleise verlegt, angemalt und eingeschottert sind.

Nun muss ein mehr oder weniger tragender Untergrund für die eigentliche Landschaft geschaffen werden. Wir wollen hier drei verschiedene Methoden kurz vorstellen, wobei wir einen Schwerpunkt auf die Vor- und Nachteile der jeweiligen Verfahren für die anschließende Landschaftsgestaltung legen möchten.

KONVENTIONELL: DRAHT UND PAPPMASCHEE

Beginnen wir mit einem Verfahren, das nicht nur wir bereits vor vielen Jahren eingesetzt haben. Mittlerweile ist es etwas in die Jahre gekommen, hat aber in bestimmten Anwendungsfällen noch immer seine Bedeutung: die Modellierung des Geländes mit Drahtgeflecht und einem Überzug aus Pappmaschee.

Maschendraht, wie ihn Gärtner zum Schutz des Gartens vor Kaninchen benutzen, wird auf ein Traggerüst des Anlagenunterbaues genagelt oder getackert. Dieses Traggerüst kann aus senkrechten Holzleisten bestehen, auf die sich der Draht nur ganz punktuell abstützt, oder aus Spantenbrettern, die den Draht entlang eines Profilschnittes durch das Gelände stützen.

Der große Vorteil dieser Bauweise liegt in der geringen Stärke der Geländeschicht: Sie kann auf wenige Millimeter verringert werden, was etwa da sinnvoll ist, wo knapp unter der Oberfläche ein verdecktes Gleis verläuft – vom geringen Eigengewicht einmal ganz abgesehen. Natürlich ist es dann mit der Sta-bilität nicht weit her, sodass man derart geringe Stärken nur in eng begrenzten Bereichen vorsehen kann.

Nachteilig sind die hohen Anforderungen an die Vorplanung: Kurzfristige Modifikationen der Landschaftskontur sind – wenn es um Abtragen von Gelände geht – sehr aufwändig, weil dann das Drahtgeflecht erneuert werden muss. Oder sie führen im Fall des Auftragens von Gelände zu sehr hohem Gewicht, weil dies nur durch Spachtelmasse wie Gips möglich ist. Zu einem weiteren Problempunkt in der Praxis wird dann die hohe Stoßempfindlichkeit: Unzureichende Anbindung des Gipses an das Drahtgitter führt häufig zum Absplittern.

Vergleich

Kriterium	Draht/Pappmaschee	Hartschaumplatten
Aufbauprinzip	hohl	massiv
Schichtdicke des Unterbaues	gering	mittel bis stark
Gewicht im Vergleich	hoch	gering
Anforderungen an Vorplanung	hoch	gering
nachträgliche Umbauten	aufwändig	leicht
Empfindlichkeit gegen Stöße	hoch	relativ gering
Zeitaufwand/Wartezeit	mittel	gering

Eine Achillesferse beim Arbeiten mit Fliegen- oder Kaninchendraht ist die hieb- und stoßfeste Befestigung des Drahtes auf dem Untergrund. Hier wurde der Draht mit einem Tacker angebracht. Im Bereich der Trassenbretter erfolgte dieses seitlich um das Aufkleben der Gleise nicht zu behindern; ansonsten wurde auf die Spanten getackert. Damit der Gips nicht durch den Draht durchtropft, ist eine Zwischenlage aus Pappmaschee oder in Leim getränktem Papier notwendig. Um eine bessere Verbindung zum Draht zu erreichen, wurden hier vorher noch schmale Streifen durch das Drahtgeflecht gezogen. Dann wurden in verdünntem Leim getauchte Stücke Toilettenpapier auf den Draht aufgelegt (unten links). Schließlich erfolgt das Verspachteln (unten).

Tipps zum Gips

So rührt man Gips (oder auch andere Spachtelmassen) gleichmäßig an:

Erst Wasser in das Mischgefäß füllen, dann das Gipspulver langsam hineinstreuen, bis kein stehendes Wasser mehr sichtbar ist. Weitere Pulverzugabe erfolgt dann unter ständigem Umrühren, bis die gewünschte Konsistenz erreicht ist. Auf keinen Fall das Wasser direkt auf das Gipspulver schütten, weil dann das Pulver nicht gleichmäßig durchgefeuchtet wird!

Der Spachtelmasse zugemischte Abtönfarbe erhöht deren Zähigkeit und verhindert später das Durchschimmern von hellen Flecken unter der begrünten Landschaftsoberfläche. Nach dem Austrocknen wird das Gipsgemisch in der Regel deutlich heller. Insofern sollte man dem Gemenge von vornherein etwas mehr Farbe zusetzen, als man auf den ersten Blick für nötig hält. Zu viel Farbe führt aber dann nach meiner Erfahrung zum Reißen während des Trocknens, so dass man ggf. einige Vorversuche machen sollte.

Beim Auftragen des Gipses nicht zu viel in einem Arbeitsgang auftragen, da die Masse sonst beim Trocknen reißt. Wenn schon viel Gips aufgetragen werden muss, ist es besser, mehrere maximal einen Zentimeter starke Schichten aufzubringen, wobei jede Schicht vor dem Auftragen der nächsten erst „knochentrocken" werden muss. Auch aus Gewichtsgründen sollten derartige Gipsanhäufungen jedoch von vornherein durch entsprechende Untergrundgestaltung vermieden werden.

Vor dem endgültigen Spachtelauftrag alle Teile einbauen, die in die Gipsoberfläche einmodelliert werden müssen. Nachträglich ist der Einbau solcher Elemente nur noch mit hoher Nacharbeit möglich.

Die letzte Feinmodellierung führe ich in der Regel durch, wenn die Spachtelmasse anzutrocknen beginnt. In diesem Moment glätte ich die Oberfläche noch einmal mit nassen Fingern, wodurch sich sehr gleichmäßige, fließende Konturen ergeben.

Die Hilfsmittel beim Gipsen: Spachtelmasse (hier Lightweigt-Hydrocal von Woodland Scenics), Abtönfarbe, ein flexibler Mischbecher aus Gummi, Spachtel in verschiedenen Breiten.

Auf den Anlagenrohbau werden zunächst Grundplatten aufkeklebt, auf die dann die weiteren Schichten der Styrodurplatten aufgeklebt werden.

Die einzelnen Platten werden dann verklebt. Gut eignet sich dazu Holzleim, der sehr dünn aufgetragen wird und mit einem Styrodur-Reststück als dünner Film verteilt wird. Anschließend müssen die Platten fest aufeinander gedrückt werden.

EXTRALEICHT: GELÄNDEBAU MIT HARTSCHAUMPLATTEN

Hartschaumplatten gibt es in verschiedenen Stärken zwischen drei Millimetern und mehreren Zentimetern. Die lassen sich sehr leicht mit scharfen Messern oder heißen Schneiddrähten bearbeiten.

Im Unterschied zum Aufbau mit einem Drahtgeflecht arbeitet man hier aber aus einem massiven Volumen heraus. Der Raum unter der Landschaftsoberfläche ist nicht hohl, sondern voll ausgefüllt. Das macht das Führen von verdeckten Gleisen direkt unter der Landschaftsoberfläche aufwendiger, weil man in den Platten dann auch Aussparungen von unten einbringen muss. Dieses massive Innenleben hat allerdings auch noch einen Vorteil: Hohle Anlagenunterbauten stellen immer mehr oder weniger ausgeprägte Resonanzkästen für Rollgeräusche fahrender Züge dar. Massive Anlagenunterbauten beugen dem vor, die Rollgeräusche werden merklich gedämpft.

Die Hartschaumplatten müssen natürlich auf dem Anlagenunterbau aufliegen, auf integrierten Holzplatten, ebenen Leistengerüsten oder auch nur auf punktuellen Abstützungen. Interessant ist an dieser Stelle vielleicht der Aufbau der vorne gezeigten Anlage „Steburg-Ost“: Hier sollte die Landschaftsoberfläche in abnehmbare Segmente aufgeteilt werden um eine bessere Zugänglichkeit zu den verdeckten Gleisen zu schaffen. Diese Segmente fertigten wir in Form von Holzkästen aus Tischlerplatten, die mit Hartschaummaterial ausgefüllt wurden. Übrigens muss man die Platten nicht zwingend notwendig waagrecht einbauen; auch geneigte Einbauten sind möglich.

Für das hier gezeigte Diorama wurden Hartschaumplatten aus dem Baubedarf verwendet. Dabei handelt es sich um 8O x 120 Zentimeter große Polyurethan-Innendämmplatten, die unter dem Namen „Superwand“ von der Firma Wanit Universal erhältlich sind. Sie weisen über ihre gesamte Fläche eine gleich bleibende Stärke von 10 mm auf. Stärkere Platten gibt es beispielsweise unter dem Markennamen Styrodur.

Noch ein Wort zu Styroporplatten: Dieses Material haben wir früher oft verwendet, benutzen es heute aber nicht mehr – zumindest nicht in

Plattenform. Zum einen waren die von uns verwendeten Platten nicht gleichmäßig stark, zum anderen lässt sich Styropor im Vergleich zu den beschriebenen Hartschaumplatten nicht so genau bearbeiten, und die Bearbeitung von Styroporplatten ist mit einem immensen Anfall von statisch aufgeladenen Bröseln verbunden – der Albtraum jeder Hausfrau.

Um den Plattenverbrauch in Grenzen zu halten, werden die Platten zunächst grob zurechtgeschnitten und positioniert, bevor sie verklebt werden. Wenn man später auf Spachtelmasse verzichten will, muss man allerdings darauf achten, die einzelnen Platten nicht zu klein zu bemessen.

Wenn der Leim ausgehärtet hat, kann man den Platten mit diversen Werkzeugen und Hilfsmitteln zu Leibe rücken: Für die ganz groben Anpassungsarbeiten eignet sich sehr gut ein scharfes Bastelmesser. Hierbei ist allerdings höchste Vorsicht geboten: Es ist immer vom Körper bzw. der festhaltenden Hand weg zu arbeiten. Das Material lässt die Klingen recht schnell stumpf werden, sodass man sie recht oft austauschen muss

Eine Stufe feiner wird es dann schon mit der Flächenraspel. Mit ihr lässt sich sehr schnell (und unfallfrei) jede Landschaftsform aus dem Hartschaum herausarbeiten. Die Klinge der Raspel kann auch ausgewechselt werden. Eine noch feinere Bearbeitung ist dann schlussendlich noch mit Schleifpapier möglich, was sich aber in der Regel erübrigt, da die nun geschaffene Oberfläche ja immer noch mit diversen Grün-Schichten belegt wird.

Von den hier vorgestellten Methoden des Geländeunterbaus haben Hartschaumplatten große Vorteile, weil sie sich gut verarbeiten lassen, geringe Anforderungen an Vorplanungen stellen und überdies einen relativ stabilen und doch leichten Landschaftsunterbau ergeben.

NUN WIRD GESPACHTELT

Hat man nun die grobe Geländeform hergestellt, so kann man dazu übergehen, mit Gips oder einer anderen Spachtelmasse die Landschaft „feinzuformen". Doch halt: Ist dieser Gipsüberzug überhaupt notwendig? Eine ganze Reihe von Hobbykollegen, die Hartschaumplatten verwenden, arbeiten mittlerweile so genau, dass sie auf einen Gipsüberzug ganz verzichten bzw. ihn nur im Ausnahmefall aufbringen. Sie schneiden aus den Hartschaumplatten die Landschaft so exakt aus, dass sie Gips nur benötigen um zu viel abgetragenes Material wieder aufzufüllen. Das ist zu bedenken, bevor man zum Gipstopf greift.

Wer auf das Gemansche nicht verzichten will oder kann, dem bietet die Industrie eine Reihe von Spachtelmassen an. Alle sind brauchbar, aber im Baumarkt lassen sich durchaus auch andere, oft preiswertere Materialien finden. Der oft zitierte Gips oder so genannter Ansetzbinder, wie er zur Befestigung von Rigipsplatten verwendet wird, sind zwei davon.

Nicht modern, aber einfach, preiswert und stabil

Geländebau mit Papier und Weißleim

3

Die Methoden für Geländebau und Landschaftsgestaltung sind fast so zahlreich wie Bäume in den Katalogen der Zubehörhersteller. Der „moderne" Anlagenbauer wird in den Arsenalen von Heimwerkermärkten und Baustoffhändlern immer neue Materialien für seine Einsatzzwecke finden.

Um es vorab zu sagen: Natürlich gibt es weder eine falsche noch eine richtige Methode zur Gestaltung von Modellbahngelände. Es gibt nur verschiedene Möglichkeiten, die jeweils bestimmte Vorzüge oder spezifische Nachteile aufweisen. Wichtig ist am Ende nur das Ergebnis einer harmonischen, naturgetreuen Landschaftsoberfläche. Wie es darunter aussieht, ist belanglos. Im Folgenden eine praktisch erprobte, wenig aufwendige und preiswerte Baumethode, die nur einfache Materialien (z.T. Abfall) benötigt.

Bevor mit dem Landschaftsbau begonnen wird, sollte der Gleisbau und die gesamte Verdrahtung der Anlage, zumindest aber des zu bearbeitenden Teilstückes, abgeschlossen sein. Dazu gehören natürlich auch ausgedehnte Probefahrten mit den unterschiedlichsten Fahrzeugen, auch in extremen Situationen (z.B. überlange Züge). Nichts ist ärgerlicher, als wenn später Betriebsstörungen auftreten, die nur durch Eingriffe in die fertige Landschaft behoben werden können – bekanntlich treten Störungen grundsätzlich dort auf, wo man nur sehr schwer hinkommt.

DER GELÄNDEUNTERBAU

Der hier beschriebene Landschaftsunterbau lässt sich vorzugsweise bei der offenen Rahmenbauweise anwenden. Im Prinzip kann sie jedoch auch bei jeder anderen Bauart zum Einsatz kommen. Auch sind Kombinationen mit anderen Bauweisen (z.B. Fliegendraht, Styrodur und andere) möglich.

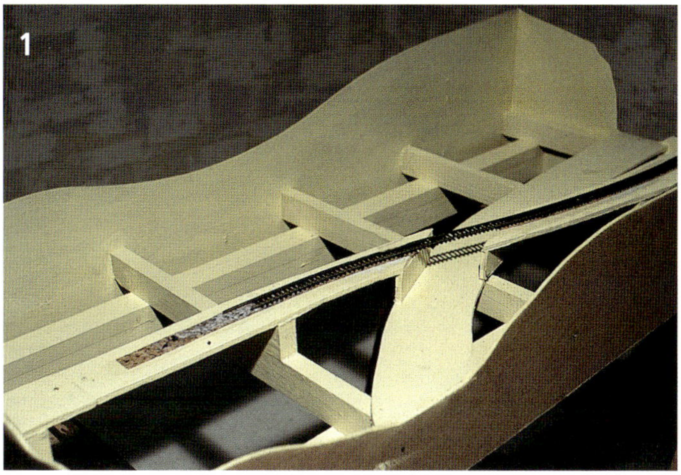

1 Die Trassenbretter und Geländeprofile sind bei diesem Anlagenteilstück schon angebracht. Auf diesem Grundrahmen kann der Landschaftsunterbau aufgebaut werden.

2 Schmale Zeitungsstreifen werden zwischen Anlagenprofil und Trassenbretter geleimt.

3 (links) Jetzt werden über Kreuz weitere Papierstreifen aufgeklebt.

4 Vorgesehene Felsen – hier aus Styroporklötzchen – können in dieser Bauphase ebenfalls schon aufgebaut werden. Sie werden ebenfalls mit Zeitungspapierstreifen mit dem Geländeunterbau verbunden.

5 Die Styroporquader erhalten einen Überzug aus Gips oder Fugenfüller, der nach dem Trocknen mit einer Drahtbürste immer in der gleichen Richtung abgezogen wird.

Nachdem neben den Trassenbrettern mit Gleisen auch die Grundplatten für die Gebäude und die Flächen für Straßen, Wege und Gewässer am Grundrahmen befestigt sind, werden noch Abschlussbretter mit dem späteren Landschaftsprofil an den Anlagenkanten angebracht. Nach der Fertigstellung soll es ja so aussehen, als wäre die Anlage mit einem Spaten aus der Landschaft herausgestochen worden.

Zunächst werden alle Grundflächen und Profilkanten entsprechend der späteren Geländeform mittels 2 bis 5 cm breiter Zeitungsstreifen miteinander verbunden. Die Streifen werden dazu in Holzleim (z.B. Uhu-coll) getränkt bzw. damit bestrichen und mit einem Abstand von ca. 2 cm zueinander an die Brettchen geklebt. Diese erste Lage muss vor der weiteren Bearbeitung durchtrocknen, um ein Wiederanlösen des Leimes durch die nachfolgende Feuchtigkeit zu vermeiden. Danach werden so lange kreuzweise weitere Papierstreifen aufgeleimt, bis eine geschlossene Fläche vorhanden ist. Am Ende sollten mindestens drei Lagen Zeitungspapier übereinander aufgeklebt sein.

Frei aufragende Hügel oder kleinere Berge erhalten ein Grundgerüst aus ca. 2 cm breiten Streifen aus Pappe (z.B. Wellpappe). Aus diesen Streifen wird ein grobmaschiges Gitterwerk als Unterbau konstruiert. An den Schnittpunkten werden die Streifen mit Heftklammern, Leim oder Klebeband fixiert. Der weitere Aufbau erfolgt nach der eben beschriebenen Methode mittels Zeitungspapier. Die grobe Landschaftsform ist nun erkennbar.

Sollen weitere Geländeerhebungen innerhalb der Flächen aufgebaut werden, werden Papp- oder Styroporstücke, Knäuel aus Zeitungspapier o.Ä. auf die beschriebene Weise kreuzweise mit Papierstreifen überklebt. Vertiefungen entstehen durch halbrundes Einschneiden mit einem Messer und Zwischenfüt-

6 Nach dem Trocknen erhält der gesamte Unterbau einen Anstrich mit erdbrauner Dispersionsfarbe. Die Felsen werden felsgrau eingefärbt.

7 Die Grundfläche wird satt mit verdünntem Weißleim eingestrichen und das Streumaterial in verschiedenen Tönungen sofort eingestreut.

tern mit Zeitungspapier. Dies hört sich komplizierter an, als es in der Praxis ist. Ein Vorteil dieser Methode: Sagt der Geländeverlauf noch nicht zu, kann man jederzeit Korrekturen durch das Aufbringen weiterer Schichten von Papierstreifen vornehmen. Kleinere Anpassungen erfolgen durch dünne Schichten von Fugenfüller oder Gips. Hiermit werden auch Gebäude oder Tunnelportale exakt in den Geländeverlauf eingepasst. Nach dem vollständigen Durchtrocknen ist dieser Landschaftsunterbau erstaunlich fest und stabil. Sogar eventuell vorgesehene Felsen können darauf im Rohbau erstellt werden.

VON DER ZEITUNG ZUR LANDSCHAFT

Die gesamte durchgetrocknete und erstarrte Geländeschicht wird nun mit erdbrauner Dispersionsfarbe gestrichen. So schadet es nichts, wenn beim späteren Auftrag der Streumaterialien manche Stellen nicht hundertprozentig abgedeckt sein sollten. Als Landschaftsgestaltungsmaterialien kommen die Produkte aller bekannten Hersteller in Frage: Heki, Busch, Noch, Faller, Woodland Scenics, Timber – um nur einige zu nennen. Wichtig ist eine sorgfältige Farbzusammenstellung. Die verwendeten Farben dürfen auf keinen Fall zu bunt und knallig sein. Gedeckte Farbtöne verdienen immer den Vorzug.

Doch auch Gleichförmigkeit muss in jedem Falle vermieden werden. Dies gilt sowohl für die Farbgebung der Streumaterialien als auch für den Bewuchs selbst. Ersteres lässt sich leicht vermeiden, indem man verschiedenfarbiges Streumaterial ineinanderstreut. Die Produkte werden hierbei nacheinander ungleichmäßig aufgebracht – auf keinen Fall dürfen verschieden gefärbte Streupulver vorab gemischt werden! Ein ungleichmäßiger Bewuchs wird erzielt, indem man gleichzeitig, neben den Streufasern oder -pulvern, auch grobkörniges Material (z.B. Schaumstoffflocken) aufklebt.

Die Befestigung der Streumaterialien erfolgt mit verdünntem Holzleim (z.B. Uhu-coll). Dazu wird ein Bereich von 10 bis 20 cm satt mit Leim eingestrichen. Die Fasern und Flocken trägt man „händisch" auf, indem man sie zwischen Daumen und Zeigefinger „zermahlt" und aufrieselt.

FELSEN

Nicht nur bei Anlagen mit alpinem Charakter sind Felsen zur Landschaftsgestaltung unverzichtbar. Auch auf Mittelgebirgsanlagen tragen aus der Landschaft ragende Felsen zur Auflockerung des Geländes bei. Zur Darstellung von Felsen werden kleine Styroporquader an der gewünschten Stelle aufgeschichtet und miteinander verleimt. Nach dem Trocknen erhält dieser Unterbau einen dünnen Überzug aus Gips oder Fugenfüller. Der Gips wird mit einem kleinen Spachtel oder einer Chemikalienkelle aufgetragen und in noch feuchtem Zustand modelliert. Der Übergang vom Fels zur bestehenden Landschaft erfolgt ebenfalls mit Gips oder Fugenfüller. Nach dem Aushärten werden die Felswände mit einer kleinen Drahtbürste abgezogen. Hierbei sollte die Bearbeitungsrichtung immer gleich bleiben.

Die Farbgebung erfolgt mit stark verdünnter Dispersionsfarbe. Man orientiert sich am besten an der Natur (z.B. Sandstein, Kalkstein usw.). Liegt der Farbton fest, werden von dieser Farbe zwei Teile abgezweigt und durch Zusatz von Weiß und Schwarz aufgehellt bzw. abgedunkelt und weiter verdünnt. Damit werden vorstehende bzw. tieferliegende Felspartien behandelt, was den Modellfelsen zu einer äußerst plastischen Wirkung verhilft. Geröllfelder unterhalb von Felswänden entstehen aus aufgestreutem Sand oder Steinschotter. Auch Bruchstücke aus Gips oder kleinere Steine finden hier Verwendung.

FAZIT

Die beschriebene Baumethode ist sicherlich nicht die modernste. Sie ergibt jedoch mit einfachen Mitteln und geringem finanziellen Aufwand ein ansprechendes Ergebnis. Sie ist daher besonders für den Anfänger oder weniger geübten Anlagenbauer geeignet. Wegen des geringen Gewichts bei relativ hoher Stabilität ist diese Bauweise sogar für Dioramen oder Module geeignet, wenn der Grundrahmen entsprechend stabil und verwindungsfrei aufgebaut wurde.

Der Geländeunterbau eines weiteren Anlagenteilstücks, der ebenfalls nach der auf der vorhergehenden Doppelseite beschriebenen Methode entstand. Davon ist jetzt nichts mehr zu sehen; die Oberfäche ist glatt und hat bereits einen ersten Anstrich in erdfarbenen Tönen erhalten.

Nun wird sie mit verdünntem Weißleim eingestrichen und das Streumaterial sofort eingestreut. Überschüssiges Streupulver wird nach dem Trocknen abgesaugt.

Der Streuvorgang wird so oft wiederholt, bis eine geschlossene Grünfläche entstanden ist. Die Landschaft nimmt ihre endgültige Gestalt an.

Die Landschaftsgestaltung ist abgeschlossen. Die verwendeten, sehr einfachen Baumaterialien sind nicht mehr erkennbar.

Die Anlage wird grün

Modellvegetation in ausgewogener und aufgelockerter Mischung zwischen kurzer Wiese und Laubbaum erzeugt einen „naturgetreuen" Eindruck.

In letzter Zeit sind beim Modellbahnbau Entwicklungen zu beobachten, die mehr und mehr die Landschaft in den Vordergrund stellen. Die perfekte Gestaltung von Fahrzeugen und Gebäuden wird auch auf die Landschaft übertragen. Doch es müssen nicht immer die teuren Produkte aus dem Fachhandel sein; viel lässt sich selbst erstellen.

Grasfasern, Sträucher, Bäume, ganze Berge oder Modellwasser fallen einem auf Anhieb ein, wenn man an das reichhaltige Angebot für die Landschaftsgestaltung im Modell denkt. Von der „begrünten Flaschenbürste" bis hin zum perfekt nachgebildeten Baum bekommt man fast alles, muss dafür aber auch nicht selten viel Geld bezahlen. Doch gerade bei den Landschaftsmaterialien kann sich der Anlagenbauer sehr viel aus der Natur holen und dadurch Geld sparen. Feinen Sand oder getrocknetes Islandmoos, kleine Äste und Zweige zum Bau von Bäumen findet man nicht nur im Modellfachhandel, sondern auch im Wald. Es ist also durchaus ratsam, bei einem der nächsten Spaziergänge oder im Urlaub die Augen nach brauchbaren Landschaftsmaterialien offen zu halten. Auch mit der Kombination von Naturprodukten und Material aus dem Fachhandel lassen sich landschaftliche Meisterstücke realisieren. Allein die Vorstellung aller Materialien, wie Grasmatten, Streufa-

Völlig verkrautete Gleise sind bei der Eisenbahn von heute durchaus üblich. Im Modell kann es sich genauso verhalten – ein Fall für den kreativen „Landschaftsgärtner".

Die richtigen Farbtöne und Körnungen mischt man sich aus verschiedenfarbenen Landschaftsmaterialien.

Zum Auftragen von Streufasern eignen sich Kunststoffflaschen; diese polarisieren die Fasern, wodurch das Material senkrecht steht.

Mit Woodland-Turf gestaltet sich der Modellbauer Böden in den unterschiedlichsten Farben. Wenn man das Material mit einem Löffel aufbringt, bleiben kleine Unebenheiten erhalten.

Der Turf wird mit verdünntem Holzleim getränkt und ist so nach dessen Aushärtung fixiert.

Auf den noch nicht völlig trockenen Leim können zudem Grasfasern aufgestreut werden.

Mit Foliage oder auch anderen Materialien bildet man etwas höheren Bewuchs nach.

sern oder Foliage bzw. Flockage, würde eine extra Broschüre füllen. Aus diesem Grund sei hier auf den Band „Neue Wege im Landschaftsbau“ verwiesen, der in der Reihe MIBA-Praxis erschienen ist. Natürlich kommt man auch mit den diversen einschlägigen Techniken zum Ziel. Konkrete Vorstellungen, Fertigkeiten und die Ausstattung des Modellbauers sind sehr verschieden; deshalb sollte man sich ruhig ausprobieren und eigene Techniken finden. Die Bildfolgen in diesem Kapitel wollen lediglich Tipps geben. Wichtig ist vor allem, den richtigen Farbton zu treffen. Nicht die vielen konfektionierten Farben

Sträucher und dichte Büsche lassen sich leicht aus in Leim getränktem und mit Flockage bestreutem Islandmoos anfertigen.

führen immer zum Ziel, sondern das Mischen zu Hause. Beim Einkaufen von Landschaftsmaterialien kann man sich auf wenige Farbtöne in preiswerteren Großpackungen beschränken und die gewünschten Schattierungen selbst mischen. Loses Probieren ist ebenfalls ratsam, bevor man mit Kleber und Pinsel ans Werk geht. Mit dem Staubsauger lassen sich provisorisch aufgebrachte Landschaftsmaterialien leicht wieder entfernen.

Neben dem treffenden Farbton sind noch die richtige Dosierung und die Abwechslung in der Landschaftsgestaltung extrem wichtig. Unkraut wächst in der Natur für gewöhnlich da, wo es gerade will; der Mensch beseitigt es meist nur, wo es ihm nicht gefällt. Das heißt: Eine Landschaftsgestaltung „wie mit dem Lineal gezogen" ist im Modell absolut fehl am Platz! Beobachtungen „draußen" liefern die besten Anregungen fürs Modell. Weniger ist hier oft mehr, da eine landschaftlich überladene Modellbahn nicht selten unrealistisch wirkt.

Unkraut wächst nicht flächendeckend; die Flocken oder Fasern sind deswegen nur punktuell (Leimtupfer) aufzubringen.

Eine Kunststoffdose liefert die Grasfasern, die dann als Unkraut nur an den gewollten, mit Leim bestrichenen Flächen stehen bleiben.

Ein dezenter Bewuchs neben den Gleisen und auf dem Sandbahnsteig darf im Modell nicht fehlen!

Mit Buntstiften, über eine Feile gerieben, lässt man Blumen bzw. Blüten „wachsen".

Grasfasern und -matten
Vom Golfrasen zur Unkrautwiese

Scheinanfahrt des Fotogüterzuges – die Preiserlein haben sich für den jeweils besten Fotostandpunkt in der Botanik verteilt.

Die Zeiten, als man mit eingefärbtem Sägemehl seine Landschaften gestaltete, scheinen eigentlich vorbei zu sein. Trotzdem findet man ab und an noch eine Anlage, die auf diese Weise „verschönt" wurde. Dies mag vielleicht daran liegen, dass dieses einfache Streumaterial immer noch angeboten wird. Aber im Zeitalter elektrostatischer Beflockungsgeräte und langer Grasfasern mag ich eigentlich auf diese Komponenten zur Darstellung von Vegetationsflächen gar nicht mehr eingehen.

KUNSTRASEN

So beginnt unser Überblick zunächst mit den handelsüblichen Grasfasermatten als der Methode, bei der die Ansprüche an die Annäherung zum Vorbild noch keine allzu große Rolle spielen und der einfache Gestaltungsgedanke an eine leicht und trotzdem schön wirkende Modelllandschaft im Vordergrund steht. Solche Grasteppiche hat jeder Hersteller von Landschaftszubehör im Sortiment. Verschiedene Grüntöne und unterschiedlich große Matten machen die Auswahl doch schon einigermaßen schwer.

Die Basis bildet in der Regel Krepppapier, auf das die synthetischen Grasfasern wie bei einem Kunstrasen aufgebracht sind. Durch den Produktionsvorgang stehen die kurzen Grasfasern allerdings so schön aufrecht, wie es der Anwender im Normalfall mit losen Grasfasern gar nicht hinbekommen würde. Dies erklärt sicherlich auch die Beliebtheit solcher Grasteppiche. Trotzdem wirken sie im Grunde genommen sehr einheitlich und sind in den meisten Darreichungsformen recht kräftig in der Farbe. Einige Firmen lockern ihre Matten mit integrierten Geröllstückchen oder eingearbeiteten Flocken als Blumenwiese auf.

Mit den großen Teppichen lassen sich wirklich große Flächen einfach und schnell begrünen, doch wird es dann schon komplizierter, sobald hügeliges und unebenes Gelände hinzukommt. Man kann allerdings diese Matten sehr einfach mit der Schere bearbeiten, passende Stücke zurechtschneiden und in die Landschaft einfügen. Dabei müssen allerdings aneinanderstoßende Übergänge gut kaschiert werden.

MAINSTREAM

Hauptsächlich verwenden Modellbahner in Deutschland für die Begrünung ihrer Anlagen lose Synthetikfasern. Diese in Beuteln erhältlichen Grasfasern bieten eine große Palette von Grüntönen, vielfach kommen Braun- oder Naturtöne hinzu. Das Prinzip des Aufbringens besteht darin, dass die Fasern

Mit großen Grasfasermatten, ja fast Teppichen lassen sich schnell große Flächen bekleben. Das Gras ist kurz und wirkt ziemlich einheitlich. Sie scheinen für einen Golfplatz oder eine Kuhweide und insbesondere für Anfängeranlagen gut geeignet.

Synthetische Grasfasern in kurzer Ausführung gibt es von jedem Zubehörhersteller. Dabei variieren die Farben und Mischungen. Auch sollte man beim Kauf auf die Verpackungsgröße achten.

auf dem Landschaftsuntergrund in ein Leimbett unterschiedlicher Konsistenz eingebettet werden. Auf diese Weise lassen sich abgrenzbare und unterschiedlich große Flächen nacheinander ohne sichtbare Übergänge gestalten. Sowohl der dabei verwendete Leim, der vorzubereitende Untergrund, aber auch die Hilfsmittel, die dafür verwendet werden, sind sehr unterschiedlich.

So kann man die Fasern direkt auf die Landschaftshaut aus Gips aufkleben, muss dann aber damit rechnen, dass der weiße Untergrund durchschimmert. Einen Schritt weiter binden fortgeschrittenere Bastler die Gipsschicht zunächst noch mit einem Anstrich mittels wasserlöslicher Dispersionsfarben. Der Gips verliert so seine enorme Saugfähigkeit und der Untergrund erhält schon ein natürlicheres Aussehen.

Schon bei diesem Schritt scheiden sich aber die Geister. Während ein Teil der Hobbygemeinde das Gras erst im nächsten Schritt mit Leim aufträgt, streuen manche die Grasfasern nun schon in die noch feuchte Farbe. Wer mit einer Extraportion Kleber arbeitet, kommt ebenfalls wieder an einen Scheideweg: Tapetenkleister oder verdünnter Weißleim – oder gar eine Mischung aus beidem? Und wenn Weißleim, unter Umständen noch einmal eingefärbt und wie stark verdünnt? Jeder hat hier so seine eigene Philosophie, und letztlich muss man die Methode anwenden, mit der man am besten zurechtkommt.

Ich gehe aber einen Schritt weiter und streue den eingefärbten Gipsuntergrund noch mit feinem Schwemmsand ab, um einen wirklich natürlichen Untergrund zu erhalten. Außerdem: Gerade bei größeren Flächen neigt der Weißleim dazu, schnell aufzutrocknen. Die Folge davon sind oft kahle Flächen. Die Kapillarwirkung der feinen Sandkörnchen hält jedoch den Leim viel länger feucht, was eine längere Verarbeitungszeit nach sich zieht.

Der Mix der Arbeitsmethoden geht noch weiter. Jeder benutzt unterschiedliche Werkzeuge. Diese reichen von einfach gefalteten Papierbögen als Aufstreuersatz über Streuflaschen und selbst angefertigte Hilfsmittel über Haushaltssiebe bis hin zu professionellen Begrasungsgeräten.

Die optimale Empfehlung liegt mittendrin: Für kleine Flächen zwischen Gebäuden oder Felsen hilft mir eine Streuflasche am besten weiter. Bei einer größeren Fläche leistet ein Haushaltssieb mit entsprechend großen Öffnungen gute Dienste. Es verteilt die Fasern schön gleichmäßig und großflächig, lässt aber einen gezielten Auftrag der Grasfasern kaum zu.

Dafür ist das Begrasungsgerät „Grasmaster“ von Noch viel besser geeignet. Hiermit kann man den Strom der austretenden Grasfasern immerhin so gut steuern und dosieren, dass sich leicht auch Schattierungen in den Grasflächen anlegen lassen. Gräben und Mulden kann man so mit einer weiteren Fasermischung dunkler darstellen, Hügelkuppen, Bahndämme und ähnlich exponiert liegende Flächen bekommen mit einem zusätzlichen Naturton einen ausgebleichteren Touch. Besonderer Effekt des Gerätes: Die Fasern laden sich elektrostatisch auf, was ein aufrechtes Stehen auf dem Untergrund bewirkt.

Noch ein Tipp am Rande: Wer eine komplette Anlage in Teilabschnitten zu begrasen hat oder im Laufe von Jahren mehrere zusammenpassende Segmente oder Module bauen möchte, sollte sich zum Zeitpunkt der ersten Begrünung einen ausreichenden Vorrat seiner ausgewählten Fasermischung kaufen. Ich habe es immer wieder erlebt, dass Hersteller trotz gleicher Produktbezeichnung innerhalb weniger Jahre unterschiedliche Farbtöne herausbrachten und man dann beim Nachkauf „seines“ Grases einen komplett anderen Grünton in den Händen hielt, der sich doch erheblich von dem bisher aufgetragenen unterschied. Dies ging mir z.B. mit dem Heki-Sommergras so, das sich über Jahre hinweg eher zur grüneren Frühlingswiese wandelte.

DIE HOHE SCHULE

Die hohe Schule der Geländegestaltung fing nicht etwa schon in den Zeiten an, als Preiser bereits Anfang der Achtzigerjahre längere Grasfasern im Sortiment führte, sondern im Grunde erst, als Heki Mitte der 90er mit langfaserigen Grasmatten und nachfolgend langen Grasfasern einen Trend in Gang setzte, der sich bis heute wohltuend erweiterte und fortsetzte. Erst hiermit haben sich wirklich hoch wachsende Graswiesen und verunkrautete Wildflächen deutlich durchgesetzt. Immer mehr sieht man Anlagen mit angenehmen Grüntönen und naturähnlichem Bewuchs.

Auch die Münchner Firma Silhouette hatte schon früh mit höher gestalteten Grasmatten (auf ein Textilgewebe kaschierte lange Grasfasern) versucht, einen solchen Trend in Gang zu setzen, doch schienen das Preisniveau und recht lange Lieferzeiten (in meinem Fall bis zu einem Jahr) den Modellbahnern nicht recht in den Kram zu passen. Auch liegen diese Grasfasermatten, trotz ihre lobenswerten Darstellung unterschiedlicher Jahreszeiten und der zusätzlichen, durchaus gelungenen Verfeinerung mit weiteren Vegetationselementen, in ihrem Grundton bei einem zu satten und zu „uni" wirkenden Grünton. Auch ist die Verarbeitung der etwas steifer (und stabiler) geratenen Grasmatten noch etwas diffiziler als bei den übrigen Grasmatten der drei anderen Hauptlieferanten für Landschaftszubehör Busch, Heki und Noch.

Zwar sieht man bei vielen der so genannten Superanlagen die dort verarbeiteten Silhouette-Grasmatten, doch wenden deren Profi-Erbauer weitere zusätzliche Verarbeitungstricks an, um die gezeigten und durchaus sehr überzeugend wirkenden Grünflächen so natürlich wirken zu lassen. Ein fast unentbehrlicher Schritt ist unter anderem der Einsatz einer Spritzpistole, mit der man das satte Grün etwas abmildern und den Glanz der Kunststofffasern beseitigen kann. Gerade aber für fortgeschrittene Bastler, die insbesondere ihre Kunst in kleinen und feinen Dioramen austoben, sind die Silhouette-Materialien sicherlich allererste Wahl.

Für die langen Grasfasern, die heute von fast allen namhaften Herstellern erhältlich sind, ist aber im Grunde genommen ein richtiges elektrostatisches Begrasungsgerät unerlässlich. Hinweise der Hersteller, die statische Aufladung bei der Benutzung von Plastikstreuflaschen erzeugen zu können, führen zu unbefriedigenden Ergebnissen. Erst ein Elektrogerät mit einer echten Hochspannung erlaubt es den Fasern, sich richtig aufzurichten. Bisher hat nur Heki ein solches Profigerät im Sortiment. Doch der sehr hohe Preis machte es für den reinen Privatanwender nahezu unerschwinglich. Im Internet kursieren Baupläne für ähnliche Vorrichtungen, die zwar prinzipiell funktionieren, aber mit großer Vorsicht zu genießen sind, weil bei den dort benutzt hohen Spannungswerten oft eine minimalste Stromstärke und eine wirklich sehr schnelle Abschaltung vermisst werden. Der schon erwähnte „Grasmaster" von Noch ist hingegen ein guter Kompromiss zwischen Preis und Leistungsfähigkeit. Die Feldstärke der Version 2.0 ist für die meisten Fälle völlig ausreichend.

GESCHMACKSFRAGE

Noch eine Anmerkung zu den langen Grasfasern von Woodland: Es handelt sich um Stränge langer Fasern, aus denen man sich Stücke herausschneidet und einzeln als Solitärgrasbüschel pflanzt. Woodland hat als amerikanischer Hersteller sowieso eine etwas andere Philosophie der Grasgestaltung. Traditionsgemäß benutzen die amerikanischen Landschaftsbauer nämlich eher Flocken (so genannten Turf) oder Flockengewebe (so genanntes Foliage) zur Nachbildung des Bodenbewuchses.

Die Diskussion darüber, welche Methode die bessere sei, geht nun schon einige Jahre, und es mag dahingestellt bleiben, was letztlich einen besseren Eindruck hinterlässt. Aber schließlich kommt es auch ganz entscheidend darauf an, wie der jeweili-

Die Methoden des Begrasens sind sehr unterschiedlich. Für kleinere Flächen eignen sich die handelsüblichen Streuflaschen gut, für größere Abschnitte sind schon eher Haushaltssiebe empfehlenswert. Allen Aufbringungsarten ist gemeinsam: Die Fasern liegen zumeist flach auf der Klebung.

Längere Grasfasern gibt es lose und in kleineren Matten. Rechts im Bild sind die langen Fasern von Heki auf ein Trägergewebe kaschiert.

Die kürzeren Synthetikfasern eignen sich ganz besonders für die Nenngröße N. Zum Aufbringen genügt das Gerät von Noch.

Verfeinert man solch hohe Wiesen noch mit ein paar Flocken oder sonstigem Landschaftszubehör, wird der Eindruck noch besser.

Bei der Verwendung der langen Grasfasern, wie hier auf einem Diorama der Baugröße H0, ist aber ein echtes elektrostatisches Begrasungsgerät unerlässlich, da nur dessen Hochspannung (bis zu 70 000 Volt!) die Härchen wirklich aufrecht stehen lässt.

Auch größere Flächen lassen sich so als Unkrautwiese mit richtig hohem Wuchs darstellen. Bei der Verwendung der Mattenstücke empfiehlt es sich allerdings, diese vorher etwas auseinanderzuziehen.

ge Landschaftsbauer damit umgeht und welchen Eindruck das Ganze zum Schluss macht. So mag eine mit Flocken gestaltete Landschaft des einen unter Umständen besser wirken als die begraste Fläche des anderen.

Von den reinen Grasfasern oder Grasfasermatten entfernt, gibt es noch einige weitere Produkte, die zur Darstellung von hohen Wildwiesen geeignet erscheinen (sollen). Zwar kann man mit der teddyfellähnlichen Pflanzenflora von Busch wachsende Wiesen nachstellen, insbesondere, wenn es sich um Blumenwiesen handelt, doch lässt sich das Material kaum glaubwürdig mit einer herkömmlichen Begrasung kombinieren. Auch ist die Verarbeitung wegen des durchgehenden textilen Untergrundes etwas komplexer als bei einem luftigen Fasergewebe.

Bei Silhouette gibt es verschiedene Blühpflanzen, wie z.B. Goldrute zum Einfügen in wilde Wiesen. Sie bilden eine sinnvolle Ergänzung zu den übrigen Kleinpflanzen, wie Schachtelhalmen o.Ä. und lassen sich hervorragend mit anderen Produkten kombinieren. Auch Woodland hat ein Blütenfoliage im Programm, das als Ergänzung herkömmlich begraster Flächen den Farb- und Vegetationseindruck verbessern soll.

Von Silhouette gibt es Matten auf einem größeren Trägergewebe, die Gras zu unterschiedlichen Jahreszeiten darstellen und mit verschiedenen zusätzlichen Verfeinerungen ausgestattet sind.
Trotzdem wirken diese Grasmatten fast zu einheitlich grün. Der satte Grünton steht eher für Frühjahr, allenfalls noch Frühsommer.

Als so genanntes Pflanzenvlies liefert Busch eine teddyfellähnliche Grasmatte, die vom Farbeindruck recht gut wirkt. Sie ist teilweise schon mit weiterem Flockenauftrag vorbehandelt. Sie lässt sich z.B. für Blumenwiesen oder auch andere hoch wachsende Unkrautwiesen einsetzen, muss aber bei der Verarbeitung besonders bearbeitet werden, da sie auf einem durchgehenden Textilgewebe aufgebaut ist.

Marktübersicht Gräser und Grasmatten

Hersteller	Auhagen	Busch	Faller	Heki	Noch	Silhouette	Woodland
Kurze Grasfasern	3 div. Grüntöne	3 div. Grüntöne 1 Naturton	4 div. Grüntöne	9 div. Grüntöne 1 Braunton 1 Naturton 1 Gelbton	3 div. Grüntöne 4 weitere Fasern mit unterschiedlichen Beimischungen		4 div. Grüntöne 1 Naturton 1 Kornfeldton
Begrasungshilfsmittel	Streuflasche		Streumaterial in einer praktischen Streudose	Industriebeflockungsgerät	Gras-Spritzdose		
Lange Grasfasern		5 Grüntöne 1 Kornfeldton		5 Grüntöne	5 Grüntöne 1 Kornfeldton		2 Grüntöne 1 Kornfeldton 1 Naturton (nicht zum großflächigen Begrasen geeignet)
Grasfaserteppiche mit festem Untergund	7 verschiedene, mittelgroße Geländematten	8 div. Grüntöne, teilweise in 3 unterschiedlichen Mattengrößen	4 div. Grüntöne, in 3 unterschiedlichen Mattengrößen	5 verschiedene Grüntöne, in 3 unterschiedlichen Mattengrößen	6 verschiedene Grüntöne, teilweise in 4 unterschiedlichen Mattengrößen		
Grasfasermatten, langfaserig, auf Trägernetz kaschiert				6 unterschiedliche Grüntöne, 28 x 14 cm großen Matten	2 unterschiedliche Grüntöne, 27 x 13 cm großen Matten, zusätzlich 1 Kornfeld, 2 Blumenwiesen	als Wiese bezeichn. 63 x 50 cm große Matten in jahreszeitlich unterschiedlichen Grüntönen	
Grasfasermatten, kurzfaserig, auf Trägernetz kaschiert				4 unterschiedliche Grüntöne 28 x 14 cm große Matten zusätzlich 65 mit Blumendekor		als Rasen bezeichn. 63 x 50 cm große Matten in jahreszeitlich unterschiedlichen Grüntönen	
Sonstige Grasfasermatten		Pflanzenflora (teddyfellartige Grasmatte) Pflanzenflies (faserartige Bodenmatte)			Minigrasmatten für kleine Szenen	verschiedene Blühpflanzen in unterschiedlichen Größen als Ergänzung	Blütenfoliage als Ergänzung für begraste Flächen

Häufiger als „englischer Rasen"

Felder, Wiesen und Auen

Im vorherigen Kapitel haben wir den klassischen Weg der schichtweisen Landschaftsgestaltung beschrieben, wie er auf vielen guten Modellbahnanlagen anzutreffen ist. Nun wollen wir einige alternative Methoden beschreiben, die mit etwas mehr Aufwand zu noch besseren Ergebnissen führen.

Grasflächen und Wiesen wirken mit langen Fasern (länger als 5 mm) deutlich besser als mit den kurzen, die wir im Kapitel „Schicht für Schicht" aus der kleinen Applikator-Dose aufgetragen haben. Damit diese langen Fasern aber nach dem Auftragen schön gerade stehen, benötigen sie ein deutlich stärkeres elektrostatisches Feld, als es die kleine Dose aufbauen kann. Gut, dass es eine alternative Methode gibt – Hochspannung muss her!

Ein sehr sinnvolles Werkzeug ist der Elektrostat der Firma Heki. Er besteht im Wesentlichen aus einem Transformator, der eine Hochspannung von bis zu 70.000 Volt (70 kV) erzeugt, einem Erdungskabel und einem Applikator zum Auftragen der Grasflocken. Hat man den zu begrasenden Untergrund mit dem Erdungskabel verbunden, so bildet dieser Untergrund den Gegenpol der Hochspannung, und die aufgeladenen Fasern werden mit hoher Kraft angezogen. Dabei richten sie sich entlang der magnetischen Feldlinien zwischen Applikator und Untergrund aus und stehen somit immer senkrecht zum Untergrund. Wichtig ist, dass der Anwender das Gerät am geerdeten Metallgriff packt, damit er sich selbst nicht elektrostatisch auflädt.

Als Kleber empfiehlt sich verdünnter Weißleim, Tapetenkleister oder so genannter Tiefengrund auf Dispersionsbasis, da diese matt auftrocknen. Wichtig: Auf gar keinen Fall sollte man lösemittelhaltigen Kleber verwenden, der sich durch die eingesetzte Hochspannung selbst entzünden könnte!

Das Arbeiten mit dem Elektrostaten ist im Grunde ganz einfach: Kleber auf den Untergrund auftragen, den Untergrund mit dem Erdungskabel verbinden und dann den Applikator

Lange Fasern wirken als Grasimitation deutlich besser als kurze. Allerdings erfordern sie spezielle Hilfsmittel wie den rechts abgebildeten „Elektrostaten" von Heki. Hier wurde ein mittlerweile etwas in die Jahre gekommenes H0e-Diorama mit langen Fasern von Heki nachgearbeitet, und das Ergebnis dürfte für sich sprechen.

Hier der verwendete Elektrostat von Heki.

Auf den mit feineren Schaumstoffflocken vorbegrünten Untergrund wird partiell Flormaterial aufgebracht. Dieses dient dazu, den Untergrund in der Oberfläche unregelmäßiger zu machen.

Dann kann man die zu begrasende Fläche mit Klebstoff einstreichen. Dabei kann man die Struktur der Florfasern noch etwas gestalten. Einzeln hochstehende Fasern sollte man vermeiden, da sich dann die Grasfasern darum kugelartig ausrichten werden.

über der zu begrasenden Fläche schütteln. Aufhören, sobald die gewünschte Faserdichte erreicht ist. Das richtige Feingefühl erreicht man nur durch praktische Übung; von daher an dieser Stelle lediglich ein paar weitere Tipps.

Vor der Begrasung muss der Untergrund vorbereitet werden. Das Begrasen von einer nur grün angemalten Gipsoberfläche würde etwa zu dem „Parkrasen-Effekt" führen, der in freier Natur recht unnatürlich aussieht. Daher sollte der Untergrund zunächst mit Flocken (z.B. Heki-Laub) „verunregelmäßigt" werden.

Ecken, Kanten und Spitzen verursachen eine sehr hohe elektrische Feldkonzentration, die verhindert, dass an diesen Stellen Fasern in den Kleber einschießen. Abhilfe erreicht man durch eine Zurücknahme der Hochspannung oder einen größeren Abstand zwischen Objekt und Applikator. Am besten vermeidet man derart scharfe Kanten von vornherein.

Die Fasern stehen grundsätzlich in 90 Grad von ihrem Untergrund ab. Dies gilt auch für geneigte Flächen wie Bahndämme und lässt sich im Moment des Begrasens leider nicht vermeiden. Allerdings kann man versuchen, die überschüssigen

Dann konnte begrast werden. Kleber auf den Untergrund auftragen, den Untergrund mit dem Erdungskabel verbinden und dann aus einem Abstand von circa 30 cm unter leicht schüttelnden Bewegungen den Applikator über der zu begrasenden Fläche bewegen.

Fasern vorsichtig abzusaugen, sobald der Kleber etwas „angezogen“ ist, und die verbleibenden Fasern vorsichtig „bergauf“ zu kämmen. Das klingt schwierig und erfordert ein wenig Übung, ist aber möglich. Das elektrostatische Begrasen unter Bäumen oder Büschen funktioniert nicht; weshalb man diese also vorher entfernen sollte.

Im Bereich von Ansatzstellen (wenn etwa eine größere Fläche in zwei Durchgängen begrast werden muss) sollte man grundsätzlich immer etwas weiter einleimen als zunächst erforderlich und erst beim zweiten Durchgang die Restfläche des vorhergehenden begrasen. Sonst entstehen unschöne Wölbungen.

Wenn zwei Flächen mit verschiedenen Grastönen aneinanderstoßen sollen, so deckt man mit einer Maske aus Papier, die der Kontur der Trennkante entsprechend zugeschnitten ist, die zweite Fläche zunächst ab. Der Abstand der Maske zum Untergrund legt dabei fest, wie scharf der Übergang zwischen den beiden Farbtönen ausfällt. Im zweiten Durchgang wird dann quasi nass in nass der andere Farbton aufgebracht.

Nach der Ausgestaltung der entstandenen Grünfläche mit Büschen und Bäumen kann man sich über das bestechende Ergebnis der „langhaarigen“ Wiese freuen, das die hohen Investitionen in das recht teure Gerät rechtfertigt. Wer diese scheut, hat noch zwei andere Chancen. Inzwischen gibt es bereits eine Reihe von Fachhändlern, die das Gerät gegen eine angemessene Gebühr verleihen. Oder man verteilt die Kosten auf mehrere Gleichgesinnte – erkundigen Sie sich doch mal im Modellbahner-Bekanntenkreis oder vielleicht sogar beim örtlichen Modellbahnclub nach möglichen Interessenten und deren Bedarf.

DIE GRASMATTEN SIND WIEDER DA!

Alternativ kann man hohes Gras mithilfe von speziellen Grasmatten nachahmen, wie es sie etwa von Silflor und Silhouette, aber auch von Heki gibt. Es handelt sich dabei um etwas ganz anderes als die altehrwürdigen, bisher auf dem Markt erhältlichen Grasmatten. Diese ähnelten mit ihren gleichmäßigen kurzen Fasern eher einem gepflegten englischen Rasen als einer Wiese, die – wenn überhaupt – allenfalls einmal im Jahr gemäht wird. Spötter meinen gar, ein Dreitagebart sehe mehr nach Wiese aus als diese Grasmatten … Die neuartigen Matten hingegen geben Struktur und Aussehen einer Wiese wesentlich besser wieder, haben aber durchaus ihren Preis.

Wir sehen uns die Verarbeitung der Silhouette-miniNatur- oder der Silflor-Matten einmal näher an. Die langen, dichten, aufrecht stehenden Fasern machen die Matte schön dick (zwischen 0,5 und 1 cm) und unregelmäßig – eben wie eine ungemähte Wiese. Darüber hinaus gibt es das Material aber auch in dünneren Ausführungen (Rasen kurz oder lang), um auch frisch gemähte Wiesen und Rasenflächen nachbilden zu können, und das in vier Jahreszeiten von Frühling bis Spätherbst.

Dass diese Matten – zumal die „Wiesenmatten“ – recht volumig sind, muss man schon berücksichtigen, bevor man die Landschaftsoberfläche modelliert. Einige Vorüberlegungen sind erforderlich: Jene Flächen, auf denen die Grasmatten „wachsen“, sind gegenüber den konventionellen begrünten Flächen um etwa einen halben Zentimeter abzusenken. Besonders wichtig ist dies, wo die Grasflächen etwa an Straßen und Plätze oder Schotterflächen angrenzen – eine unschöne Stufe im Gelände würde die perfekte Wirkung der Grasmatten

An manchen Stellen muss man die Matten etwas dünner schneiden, um beispielsweise den Anschluss an einen Weg, eine Straße oder den Bahnkörper zu gestalten, denn die Wiesen-Matte ist „roh“ etwa einen Zentimeter dick. Das Dünnerschneiden ist recht unproblematisch, da die Matte in der Regel aus zwei Schichten besteht, die man mit einer Schere voneinander trennen kann. Die obere Schicht allein ist dann zwar nicht mehr so dicht, was aber in den wenigsten Fällen auffällt.

Die beste Art, die Matten aufzukleben: von unten mit lösemittelhaltigem Alleskleber versehen und sie dann auf die Landschaft drücken. Dafür zunächst etwas Klebstoff auf ein Blatt Papier flächig auftragen und anschließend das Mattenstückchen „eintauchen“, bis es gleichmäßig mit Klebstoff benetzt ist.

Das mit Klebstoff benetzte Mattenstückchen wird auf die entsprechende Stelle aufgelegt und mit einer Pinzette vorsichtig angedrückt. Nicht flächenhaft andrücken, sonst werden die Fasern platt gedrückt! Soll die Matte über eine Kante verlegt werden (etwa im Bereich eines Grabens), sollte man sie zuerst auf der kleineren Fläche fixieren; wenn sie dort klebt, kann man auch den Rest der Matte befestigen.

Die Matten von Heki (links) und Silhouette

Hier ein wahrhaft vorbildlicher Feldweg, wie er eigentlich überall zu finden ist. Deutlich zu sehen ist, dass bis auf die Fahrspuren alles mit Gras bewachsen ist.

Zunächst werden drei etwa 5 mm breite „Grünstreifen" geklebt. Die beiden Fahrspuren sollten etwa 1,2 cm breit sein und einen Abstand von Mitte zu Mitte von etwa 2 cm haben. Letztlich hängt dieses Maß aber von dem Fahrzeug ab, das auf dem Feldweg verkehrt.

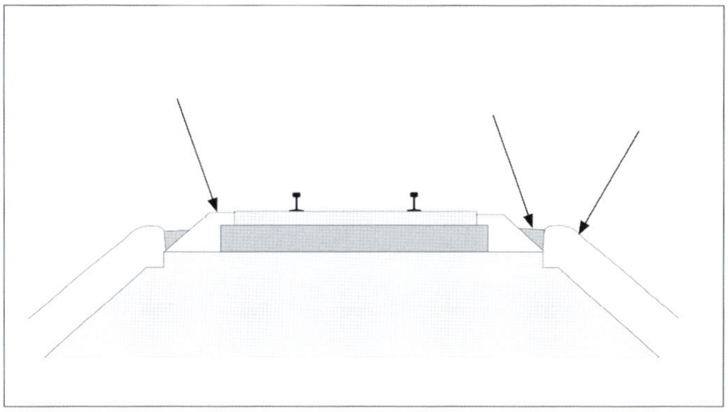

Weil die Matte relativ stark ist, muss man den Anschluss der Wiese an den Bahnkörper sorgfältig vorbereiten. Damit die Gräser nicht allzu sehr über die Gleise hinausragen, ist der Untergrund, auf dem man die Matte aufklebt, gegenüber dem Normalfall etwa um drei bis vier Millimeter abzusenken.

Der Zwischenraum, also die eigentliche Fahrspur, wird mit Sand oder feinem Schotter aufgefüllt. Den Sand kann man dabei auch ein wenig über das Gras streuen und mit einem Pinsel verteilen, sodass er nach unten durchfällt. So entsteht ein guter Übergang vom Sand zum Gras. Beim Fixieren des Sandes darauf achten, dass der Kleber nie direkt auf das Gras tropft, sondern immer nur auf den Sand.

Da der ganze Eindruck noch etwas „klinisch" ist, muss man mit anderen Materialien auf den Fahrspuren noch einige Gebrauchsspuren anbringen. Hier diente braunes Streumaterial dazu, den Charakter eines Holzabfuhrweges zu verdeutlichen.

zunichtemachen. Der fertig modellierte Untergrund wird mit einer matt auftrocknenden Farbe in einem dunklen Braunton angestrichen, denn die Matten sind nicht ganz undurchsichtig.

Für den Bau des auf den Bildern zu sehenden Anlagenteilstücks kam ausschließlich die Matte „Wiese-Frühherbst" zum Einsatz. Diese Matte ist richtigerweise nicht ganz gleichmäßig eingefärbt: Neben Bereichen, in denen das Gras recht grün ist, gibt es auch Flächen mit welkerem (sprich: gelberem) „Bewuchs". Damit lassen sich sehr gut feuchtere und trockenere Wiesenbereiche nachbilden. So ist beispielsweise in Bachnähe

Perfekt gestaltetes Schaustück der Firma Marks: frisch gemähtes Getreidefeld mit filigranem Mähdrescher

Wer vor der aufwendigen Selbstherstellung eines Kornfeldes zurückschreckt, kann zu einer entsprechenden Matte von Busch greifen. Sie ist recht gelungen und muss nur aufgeklebt werden.

das Gras noch recht grün, während es an Bahndämmen oder in höher gelegenen Bereichen schon gelber sein kann.

Die Matten im Ganzen zu verarbeiten ist nicht zu empfehlen, denn sie sind nicht sonderlich flexibel. Einfacher ist es, aus der Matte unregelmäßige Stücke von etwa 5 bis 15 Quadratzentimeter Größe herauszuschneiden und weiterzuverarbeiten. Aufgeklebt werden die Stückchen mit Technicoll-Alleskleber von Tesa (lösemittelhaltig) oder vergleichbaren Klebstoffen. Dazu gibt man etwas Kleber auf ein Stück Papier und verteilt ihn etwas. Das Stückchen Wiesenmatte wird dort hineingelegt, bis die Unterseite gleichmäßig mit Klebstoff benetzt ist. Das verbraucht ziemlich viel Klebstoff, aber bei flächendeckendem Einstreichen des Untergrunds würde der glänzend auftrocknende Klebstoff durch die Matte scheinen. Damit die Ansätze zwischen den Mattenstückchen nicht zu sehen sind, kann man die Ränder schräg anschneiden. In kleinere Lücken zwischen die Mattenstückchen lassen sich später noch Büsche pflanzen.

Dieses Verfahren Modellwiesen anzulegen ist zwar um einiges aufwendiger (und auch teurer) als die Verarbeitung von Streufasern aus der Dose. Aber der naturgetreue Eindruck, den die Grasflächen später bieten, entschädigt für alle Mühen. Das Ergebnis ist ein lebendiges Stück Landschaft, das die Züge, die dort hindurchfahren, erst so richtig zur Geltung kommen lässt. Abschließend sei noch bemerkt, dass sich die Silhouette-Grasmatten nicht nur für großflächige Wiesen anbieten, sondern wegen ihrer langen Fasern auch für Randstreifen an Wegen und Straßen. Oder an Feldwegen, wie wir nun zeigen wollen …

FELDWEG

Ein Feldweg, der nicht allzu viel Verkehr aufweist, ist in der Regel bis auf die Fahrspuren mit Gras bewachsen. Wir greifen wieder zum Silhouette-Gras: Zunächst werden drei Streifen aus der Wiese-Frühherbst-Matte auf den Untergrund geklebt, dann kommen in die Fahrspuren direkt an diese Streifen noch zwei ganz schmale Streifen aus der Matte „Rasen-Lang“, weil an den Rändern der Fahrspuren das Gras öfter überfahren wird und somit entsprechend kurz bleibt. Der verbleibende Zwischenraum wird mit Sand oder feinem Schotter aufgefüllt,

Mit einer Draht-Topfbürste, am besten an einen Winkelschleifer montiert, wird die Matte gebürstet. Sie wird dadurch lichter, und vor allem löst sich die Büschelstruktur der Fasern auf. Da sich eine Menge an Fasern beim Bürsten löst, sollte dieser Arbeitsgang in einem leicht zu säubernden Raum oder gleich im Freien durchgeführt werden.

Je nach gewünschter Jahreszeit und verwendeter Matte stimmt die Farbgebung nicht immer hundertprozentig. Unsere erschien uns zunächst etwas ockerfarben und wurde daher mit Abtönfarbe strohgelb gestrichen.

So lässt sich die Matte kürzer schneiden: biegen, dass sich die Fasern spreizen und radial abstehen, und Faserreihe für Faserreihe auf die gewünschte Länge beschneiden.

Um die Landschaft „drum herum" an das Feld anzuschließen, werden die zuvor beschnittenen Fasern zum Rand hin abgeschrägt. Man kann dann gut das umgebende Gras (z.B. mit Silflor-Matten) an das Feld anschließen. Es wird dabei so viel tiefer in die umgebende Landschaft eingebaut, dass es nur noch etwa einen halben bis ganzen Zentimeter über das umgebende Gras hinausschaut.

Bauer Lannemann und Nachbar Harms bei der Inspektion eines H0-Feldes: Hier wurden kleine Heki-flor-Büschel einfach in Reihen nebeneinander gepflanzt – zugegebenermaßen eine Arbeit für lange Winterabende, an denen man wirklich nichts Besseres zu tun hat.

mit Spüli-Wasser (als Weichmacher) eingesprüht und dann mit verdünntem Holzleim fixiert. Wenn der Sand nach dem Trocknen nicht fest genug ist, muss die Prozedur wiederholt werden.

GETREIDEFELDER

Getreidefelder gehören zum prägenden Bild unserer Kulturlandschaft. Aber so selbstverständlich sie in unserer Umwelt vorkommen, so schwierig ist ihre naturgetreue Nachbildung. Eine der überzeugendsten Methoden ist die Verwendung einer Kokosfaser-Fußmatte. Die kann man natürlich nicht einfach kaufen und aufkleben, sondern muss sie in mehreren Arbeitsschritten bearbeiten, um eine gute Wirkung zu erzielen.

Zunächst wird die Matte mit einer Draht-Topfbürste malträtiert, die man entweder in eine Bohrmaschine oder einen Winkelschleifer einspannt. Die Kokosmatte ist nämlich sehr dicht und zeigt eine auffällige „Büschel"-Struktur. Die Behandlung mit der Drahtbürste löst einerseits die Struktur der Büschel auf und macht zum anderen die Matte offener, da ein nicht unerheblicher Teil der Fasern herausgerissen wird. Es ist nicht zu befürchten, dass durch das Bürsten zu viele Fasern herausgerissen werden. Heraus kommen nur die losen Fasern – es bleiben immer noch genügend (eigentlich immer noch zu viele) Fasern stehen, die fest mit dem Kunststoffboden der Matte verbunden sind. Um Struktur und Welligkeit in die Oberfläche zu bringen, muss man die Fasern der Matte etwas kürzen: Matte so biegen, dass eine Büschelreihe frei steht, mit einer robusten Haushaltsschere beschneiden und anschließend noch mal mit der Drahtbürste bearbeiten.

Der Zuschnitt erfolgt zunächst ganz grob entsprechend der Form des vorgesehenen Feldes. Am Rand sieht man dann noch die vielen Faserbüschel, die eigentlich sehr untypisch für den Rand eines Kornfeldes sind. Um diesen Büscheln beizukommen, müssen die Fasern auf etwa halber Höhe mehr oder weniger einzeln abgeschnitten werden, sodass sich ein gerader Rand ergibt. Die abgeschnittenen Fasern werden dann noch angeschrägt, damit man die daran anschließende Landschaft gut anpassen kann.

Leider hat die Kokosfaser-Fußmatte von Haus aus nicht die richtige Farbe. Sie ist zu braun für ein Getreidefeld, das kurz vor der Ernte steht. Die geeignete Farbe ist ein beigegelber Ton, je nach Jahreszeit mehr oder weniger grünlich. Aber auf jeden Fall nicht zu kräftig oder gar grell, damit sich zusammen mit dem umgebenden Gras ein geschlosser Gesamteindruck ergibt. „Eingebaut" wird die Matte schließlich so tief, wie die Fasern am Rand abgeschnitten worden sind. Die angrenzende Landschaft wird dann in der entsprechenden Höhe anmodelliert. Das Gras, das um das Feld herum wächst, kann durchaus etwas höher wachsen, da es in der Regel kaum gemäht wird.

Wem diese Prozedur zu aufwendig ist, kann zu einer recht gelungenen Getreidematte von Busch mit dem Namen „Greenland-Pflanzenflora Kornfeld" greifen. Sie besteht aus einem teddybärenfellähnlichen Material, welches gelb eingefärbt ist. Da es relativ wellig ist, wirkt es wie ein Getreidefeld nach einem Platzregen, der manche Halme halb zu Boden gedrückt hat. Das Busch-Feld harmoniert gut mit den hier beschriebenen Materialien und Techniken und ist eine echte Alternative zum Selbstbau.

Preiswerte Materialien für den Anlagenbau

Der Einstieg muss nicht teuer sein

Der Einstieg in den Anlagenbau muss nicht unbedingt teuer sein. Etwas einfachere Materialien reichen dazu auch - hier eine kleine Auswahl.

In Zeiten knapper Kassen sind bekanntlich die Kosten ein ganz wichtiger Faktor; das gilt natürlich auch beim Bau einer Anlage. Am falschen Ende sollte man freilich auch nicht sparen. Es gibt aber auch preiswerte Materialien für den Modellbahneinstieg.

Der Entschluss steht also fest – eine kleine Anlage soll gebaut werden. Dazu braucht man natürlich erst einmal einen stabilen Anlagenuntergrund; bei einer typischen Fläche von etwa 1,20 m x 2,40 m reicht dazu eine einfache Platte, gleich welcher Stärke, nicht mehr. Bewährt hat sich 10-12 mm starkes Sperrholz, das mit einem Rahmen aus 10 cm hohen Streifen einer 16mm starken Tischlerplatte verstärkt wird. Der Preis dazu liegt in diesem Fall bei rund € 35,–; auf gehobelte Dachlatten für den Verstärkungsrahmen sollte besser verzichtet werden, denn sie sind in der Regel etwas verzogen und nicht genau gerade (für die Standbeine kann man sie aber ohne weiteres nehmen). Im Übrigen sollte man auch einen Preisvergleich nicht scheuen, denn Unterschiede von bis zu € 10,– pro Quadratmeter sind bei Sperrholz gar nicht so selten.

Was man auf keinen Fall nehmen sollte, sind Spanplatten – davor kann nur gewarnt werden. Diese kosten zwar deutlich weniger als Sperrholz, haben aber den Nachteil des hohen Gewichts – bei einer nach Möglichkeit transportablen Anlage für den Modellbahneinstieg sicher nicht empfehlenswert. Aufgrund des Gewichts hängen Spanplatten auch schnell durch – und der Bahnhof, der eigentlich auf einer ebenen Fläche liegen sollte, wird zur „Berg- und Talbahn". Außerdem lassen sich Spanplatten schlecht verarbeiten, das Eindrehen von Schrauben ist entweder nur schlecht möglich oder sie finden erst gar keinen Halt. In diesem Punkt sollte man also besser nicht auf den letzten Cent achten und lieber einige Euro mehr investieren – das erspart auf jeden Fall später unnötigen Ärger …

Bevor es an das Verlegen der Gleise geht, ist es außerdem empfehlenswert, die Anlagengrundplatte möglichst von beiden Seiten mit einem preiswerten Acrylklarlack aus dem Baumarkt zu streichen. Auf diese Weise wird ein Verziehen verhindert, wenn später beim Landschaftsbau mit viel Wasser gearbeitet wird, etwa mit verdünntem Weißleim oder Gips.

Da der „Sperrholzkasten“ im Prinzip wie ein Resonanzboden wirkt und fahrende Modellzüge eine beachtliche Geräuschentwicklung verursachen können, sollte wenigstens ansatzweise für eine Geräuschdämmung gesorgt werden. Dazu eignen sich beispielsweise Korkplatten, die mindestens 5 mm stark sein sollten. Sie kosten im Baumarkt rund € 7,– für einen halben Quadratmeter. Preislich günstiger sind die so genannten Untertapeten aus Styropor mit einer Kartonkaschierung. Sie haben aber den Nachteil, sehr empfindlich gegen lösungsmittelhaltige Kleber wie Pattex oder Uhu zu sein.

SCHOTTER FÜR DIE GLEISE?

Bei einer Spielanlage, deren Gleisplan öfter einmal umgestaltet wird, ist es sicher nicht die beste Idee, die Gleise fest einzuschottern. Sofern man sich nicht ohnehin für ein Bettungsgleissystem wie Roco-GeoLine oder das C-Gleis von Märklin (bzw. von Trix ohne Mittelleiter) entschieden hat, sollten die Gleise aber wenigstens mit einer Andeutung des Schotterbetts versehen werden.

Die einfachste Möglichkeit dazu ist die Verwendung einfacher Schottermatten, wie sie von Auhagen (Art.-Nrn. 75 118, 75120) und Faller (Art.-Nrn. 180786, 180778, 180785) angeboten werden. Dabei handelt es sich um Streumaterial auf einer Papierunterlage, die sich mit einer Schere leicht zuschneiden lässt. Wenn aus diesen Matten etwa 5 cm breite Streifen geschnitten werden, liegen die Kosten bei rund € 0,50 pro Meter Gleis. Aufwendiger wird es bei den eingeschotterten Schaumstoffstreifen von Mössmer und Merkur, die im Noch-Katalog zu finden sind. Sie gibt es passend für nahezu alle Gleissysteme, sie sind aber mit etwa € 3,50-4,00 pro Gleismeter auch wesentlich teurer.

Wer nun aber doch einen Teil des verlegten Gleises richtig einschottern möchte, etwa im Bahnhofsbereich, der fest installiert und nicht „fliegend“ aufgebaut wurde, hat die Qual der Wahl – das Angebot an diversen Schottersorten der verschiedensten Hersteller ist mehr als unübersichtlich. Als preiswerteste Alternative bietet sich immer noch der seit „Urzeiten“ bekannte Korkschotter an, der beispielsweise bei Faller in zwei Farben zu haben ist (Art.-Nrn. 170731 und 170732, ca. € 1,– für 300 g). Dieses Material ist übrigens besser als sein Ruf – ein damit ordentlich eingeschottertes Gleis sieht besser aus als ein Gleis mit echtem Steinschotter, dessen Steinchen viel zu grob ausgefallen sind.

Echten Steinschotter zu einem sehr günstigen Preis (250-ml-Beutel für € 3,–) bietet die belgische Firma Jeweha-Modelbouw an. Es gibt ihn in sechs verschiedenen Sorten (Basalt, Phonolith, Kalkstein, Dolomit, Granit rot und Granit grau) in jeweils fünf Körnungen (für H0 empfiehlt sich „normal“, für N „fein“). Phonolith und Kalkstein sehen meiner Meinung nach am besten aus; lediglich bei dem Basaltschotter ist Vorsicht geboten, denn er wird beim Verkleben mit verdünntem Weißleim nahezu schwarz. Im Übrigen gibt es bei Jeweha auch recht günstige Gleisbettungen aus Kork (ca. € 2,50 pro Meter).

LANDSCHAFT MUSS NICHT TEUER SEIN

Für viele Modellbahner gehört der Bau der Landschaft zu den Lieblingsbeschäftigungen. Glücklicherweise kann man gerade in diesem Bereich sehr viel improvisieren, ohne allzu tief in den Geldbeutel greifen zu müssen. Eine der einfachsten und bewährtesten Methoden zum Bau der „Geländehaut“ ist die Verwendung von Kartonstreifen als Grundgerüst – schließlich macht es nur wenig Sinn, die Berge massiv aus Styropor oder Ähnlichem aufzuschichten, von der beim Bearbeiten entstehenden „Sauerei“ mit statisch aufgeladenen Krümeln einmal ganz abgesehen. Da diese Methode außerdem auch bei einem größeren Anlagenprojekt so gut wie nichts kostet, sei sie hier näher vorgestellt.

Die 4-5 cm breiten Streifen kann man einfach aus alten Pappkartons schneiden, sie lassen sich leicht mit Heißkleber auf der Anlage und gitterförmig untereinander verkleben. Auf diese

Bei einer größeren Anlagenfläche ist es besser, Streifen aus 16 mm starker Tischlerplatte für den Rahmen zu verwenden.

Beim Holz für den Anlagenbau sollte am wenigsten gespart werden. Grundplatte und Versteifungsrahmen entstehen hier aus 10 mm starkem Sperrholz und werden verleimt und verschraubt.

Wenn ein Teil der Gleise mehr oder weniger „fliegend“ verlegt wird, sollte wenigstens die Andeutung einer Bettung mit Streifen aus einer „Schottermatte“ erfolgen – das sieht immer noch besser aus als das nackte Holz zwischen den Schwellen.

Wesentlich besser sehen da schon die diversen Schaumstoffflocken aus, die sich auch nicht schwieriger verarbeiten lassen. Woodland Scenics war hier vor vielen Jahren der Vorreiter, mittlerweile werden sie von nahezu allen Zubehörherstellern in nahezu unüberschaubarer Vielfalt von unterschiedlichen Farbtönen angeboten.

Für die flächige Begrünung „auf die Schnelle“ eignen sich die bekannten Grasmatten, die von fast allen Zubehörherstellern angeboten werden – hier zwei Beispiele von Faller.

Eingefärbtes Sägemehl als Streumaterial ist zwar eigentlich längst nicht mehr „up to date“. Für eine einfache Spielanlage zu Weihnachten erfüllt es aber immer noch seinen Zweck – hier passt dann auch farblich der selbst gebaute Bahnhof aus Legosteinen. Eine praktische Sammelpackung gibt es bei Faller.

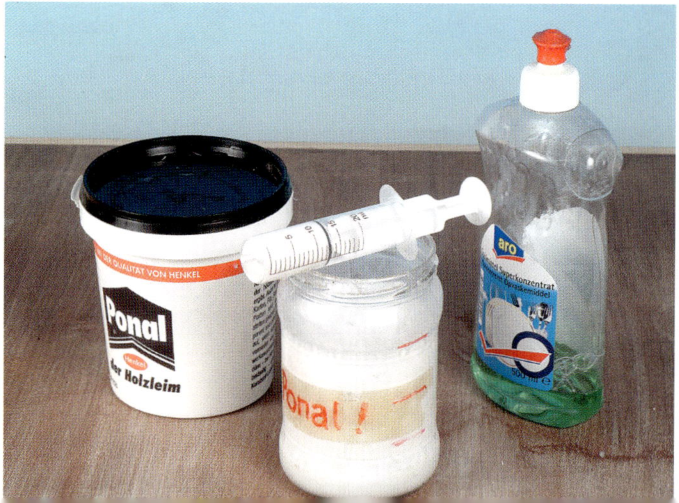

Notwendig für viele Arbeiten beim Anlagenbau – vom Einschottern der Gleise bis zum Begrünen der Landschaft – ist verdünnter Weißleim, dem ein paar Tropfen Spülmittel beigegeben wurde. Das Mischungsverhältnis beträgt 2-3 Teile Wasser auf ein Teil Leim. Nicht geeignet dazu ist der Express-Weißleim, der bei starker Verdünnung nicht mehr richtig klebt.

Gerade beim Landschaftsbau kann man in vielen Fällen auf kostengünstige Materialien zurückgreifen. Das Grundgerüst für die „Geländehaut" entsteht hier einfach aus Streifen, die aus einem alten Pappkarton geschnitten wurden.

Damit das Ganze mehr Stabilität bekommt, werden einige weitere Streifen kreuzweise eingeflochten. Dabei lassen sich bereits die ungefähren Formen des Hügels festlegen. Nimmt man zum Fixieren der Pappstreifen Heißkleber, geht diese Arbeit sehr schnell vonstatten.

Auf das Grundgerüst kommen mehrere Lagen Papierküchentücher, die mit verdünntem Weißleim getränkt wurden (Zeitungspapier geht auch). Nach dem Trocknen können noch einmal zwei bis drei Lagen aufgelegt werden – danach sollte die Geländehaut ausreichend stabil sein …

Die selbst angerührte Spachtelmasse entsteht aus Quarzsand und Weißleim. Bei der Zugabe muss man etwas vorsichtig sein, denn die Mischung wird schnell zu dunkel.

Mit der Spachtelmasse kann das Gelände weiter modelliert werden. Nach dem Trocknen hat es eine schöne sandige Struktur.

Die weitere Gestaltung erfolgte mit verschiedenen Flocken von Woodland, Heki und Busch. Ein kleiner Weg kann einfach mit ungefärbtem Quarzsand eingestreut werden, eine Wiese im Vordergrund aus einer Grasmatte entstehen – mit wenig Aufwand ließe sich so ein ansprechendes Stückchen Landschaft gestalten.

Weise entsteht der erste grobe Umriss der Landschaft; das geht sehr schnell von der Hand, auch Änderungen können jederzeit problemlos durchgeführt werden. Wenn der Weißleim erst einmal komplett durchgetrocknet ist, wird die Sache außerdem sehr stabil – auf meiner alten Anlage hat die so entstandene Landschaftshaut jedenfalls problemlos einen ausgewachsenen Kater von ungefähr 20 Pfund Lebendgewicht getragen …

Für die weitere Gestaltung eignet sich zwar jede beliebige Spachtelmasse, diese kann aber auch einfach selbst angerührt werden. Dazu genügt beispielsweise feiner Quarzsand aus dem Baumarkt. Ein Beutel mit 5 kg kostet etwa € 3,–; mit dieser Menge kommt man beim Anlagenbau schon sehr weit. Der Quarzsand wird mit Weißleim zusammengerührt, bis eine schöne streichfähige Mischung entstanden ist – gegebenenfalls muss noch etwas Wasser hinzugegeben werden. Diese Spachtelmasse kann mit brauner oder schwarzer Abtönfarbe eingefärbt werden; dazu reicht ein Klecks Farbe, wobei man etwas vorsichtig sein muss, denn das Sand-Leim-Gemisch wird schnell zu dunkel.

Die Spachtelmasse kann direkt auf die Geländehaut aufgetragen werden und ergibt einen schön strukturierten Untergrund, der auch nicht stört, wenn er einmal durch den späteren „Bewuchs“ hindurchscheint. Zum sauberen Modellieren ist es nur erforderlich, den Spachtel zwischendurch immer wieder einmal in Wasser zu tauchen. Nach dem Trocknen lassen sich noch Änderungen durchführen, wenn die vorgesehene Stelle satt mit Wasser getränkt wird – der Sand wird dann wieder „gängig“.

DIE LANDSCHAFT WIRD GRÜN

Das allereinfachste Material für die Landschaftsgestaltung dürften wohl immer noch die eingefärbten Sägespäne sein, wie sie u.a. bei Auhagen, Faller und Jordan für etwa € 1,20 je Beutel im Katalog zu finden sind. So ganz „up to date“ sind sie frei-

Bei Noch, Heki und Busch gibt es die „Flaschenputzer-Nadelbäume“ in günstigen Großpackungen. Sie lassen sich optisch etwas aufwerten, indem sie einfach mit Weißleim eingestrichen und mit feinen dunkelgrünen Flocken (hier von Heki) bestreut werden.

Die Bäume aus dem „artline“-Programm von Heki. Sie lassen sich ebenfalls optisch verbessern, wenn der Kunststoffstamm mit matter Farbe bemalt und die Baumkrone mit feinen Flocken belaubt wird.

Ein günstiges Zubehör-Startset bietet Auhagen mit dem Bahnhof „Wachstädt" an, in dem auch ein passender Güterschuppen sowie ein Bahnübergang mit Schrankenwärterhaus enthalten sind.

Als Beispiel für preiswerte Bäume in „Einfachausführung" hier diejenigen aus dem Laubbaum-Sortiment (Art.-Nr. 26400) von Noch, in dem 25 Stück für € 6,95 enthalten sind – damit lässt sich beispielsweise eine größere Fläche im Anlagenhintergrund gestalten.

lich schon lange nicht mehr; dafür spricht eigentlich nur der günstige Preis. Allerdings erfüllt dieses Streumaterial bei einer einfachen Spielanlage zu Weihnachten unterm Christbaum durchaus noch seinen Zweck – auf eine ausgeklügelte naturgetreue Landschaftsgestaltung kommt es hier ohnehin nicht an. Wesentlich besser wirken da schon die Schaumstoffflocken, die es bei Heki, Noch, Busch und Auhagen in vielen verschiedenen Grüntönen und Körnungen gibt. Bei Preisen von € 2-3,– je Beutel sind sie auch nicht wirklich nennenswert teurer …

Schwieriger wird es bei Büschen und Bäumen. Fertige Produkte gleich welchen Herstellers gehen schnell ins Geld, mit einem Bäumchen allein ist es selbst auf der kleinsten Anlage nur selten getan. Selbst die einfachsten Ausführungen sind relativ teuer – schließlich handelt es sich weitgehend um Handarbeit. Wenn sie etwas realistischer aussehen sollen, sind die Bäume aus dem „artline"-Programm von Heki zu empfehlen, die einzelnen Packungen kosten rund € 6,–.

Ansonsten bietet sich als preiswerte Alternative hier eigentlich nur das Selberbasteln an. Mit den Baumbausätzen, die es bei Heki, Noch und Busch für Preise zwischen € 9,– und € 15,– gibt, ist das aber auch keine Hexerei – mit etwas Übung lassen sich mit diesen Bausätzen recht überzeugende Resultate erzielen.

GEBÄUDEBAU FÜR WENIG GELD

Schaut man in die Kataloge der diversen Hersteller, so ist das Angebot an Gebäudemodellen zunächst regelrecht erschlagend – und die Preise sind es in manchen Fällen auch. Für den Einstieg in den Anlagenbau finden sich aber auch genügend preiswerte Modelle (dazu auch der Beitrag von Thomas Mauer ab Seite 199). Zu Beginn sollte man ohnehin nicht gleich die beschränkte Anlagenfläche mit „Häuschen" zustellen, sondern sich stattdessen auf einige wenige Modelle beschränken.

Preisgünstige Alternative zu Kunststoff-Bausätzen sind die Kartonmodelle von Stipp. Der preußische Wasserturm wurde hier zusätzlich mit feinen Holzleisten verkleidet.

Bei Auhagen finden sich beispielsweise für die Baugröße H0 vier Zubehör-Startsets, die für die anfangs erwähnte Anlagengröße eigentlich schon völlig ausreichen. Die Modelle sind zwar schon älteren Datums, weisen aber eine ansprechende Gestaltung auf und lassen sich auch einfach zusammenbauen. Die Startsets enthalten u.a. ein kleines Empfangsgebäude mit Güterschuppen und Bahnwärterhaus (Art.-Nr. 15102), einen Lokschuppen, Stellwerk und überdachten Bahnsteig (Art.-Nr. 15101), eine Kirche mit zwei Siedlungshäusern (Art.-Nr. 15200) sowie einen weiteren kleineren Bahnhof mit beschranktem Bahnübergang und einem Einfamilienhaus. Die Preise für die vier Sets liegen zwischen € 21,– und € 30,–.

Eine günstige Alternative für den Einstieg sind auch die Kartonbausätze wie die bekannten „Schreiber-Bögen" aus dem Aue-Verlag. Besonders auf eisenbahntypische Bauten hat sich Stipp spezialisiert. Diese Bausätze entstehen zudem nach Fotovorlagen und wirken daher besonders realistisch; bemerkenswert ist auch die exakte Maßstäblichkeit. Hier gibt es typisch preußische Bauten wie das Empfangsgebäude Briescht und den Wasserturm nach dem Vorbild in Sternebeck. Empfehlenswert ist auch der einständige Lokschuppen und das Set „Kleine Bahnbauten"; die Preise liegen zwischen € 4,50 und € 9,90.

Ebenfalls von Auhagen stammt das Startset „Bahnhofserweiterung" mit einem zweiständigen Lokschuppen, einem Stellwerk und einem überdachten Bahnsteig.

Mit Sägemehl und Farbe

Selbstgemachtes Streumaterial

Der Einstieg in den Anlagenbau muss nicht unbedingt teuer sein. Etwas einfachere Materialien reichen dazu auch.

Streumaterial selbst herstellen? Wo es doch von zahlreichen Herstellern Produkte in nicht minder zahlreichen Farben und Variationen gibt ... Dabei gibt es ein paar gute Gründe, über die Herstellung von Streumaterialien in der eigenen Bastelwerkstatt nachzudenken. Denn fast immer lohnt der Aufwand nicht nur aus Kostengründen.

Dass Selbermachen den Hobbyetat schont, ist kein Geheimnis. Tauscht man bei kleineren Flächen noch gerne ein paar Scheine gegen ein paar Beutelchen mit Streu und Flocken ein, so muss ein Modell-Landschaftsgärtner, der größere Flächen zu begrünen hat, seine Mittel für die Anlagengestaltung schon sehr sorgfältig einteilen.

Anderen geht es vielleicht wie mir. Als N-Bahner waren mir die handelsüblichen Streupulver oder -fasern zu grob oder zu lang. Auf Fotos von N-Anlagen und -Dioramen fiel mir dies besonders störend auf. Außerdem kann ich bei der Selbstherstellung von Streumaterial jeden gewünschten Farbton erzeugen.

Grundlage für mein Streu bildet feines Holzmehl (Schleifstaub). Je nach gewünschter Körnung kann auch schlichtes Sägemehl verwendet werden. Gefärbt wird beides mit wasserverdünnbaren Pigmentpasten, Abtönfarben oder Plakafarben. Dazu wird die Farbe stark verdünnt und in dieser Farblösung das von Verunreinigungen gesäuberte Holzmehl „eingesumpft", bis sich eine pastöse Masse gebildet hat. Zur besseren Benetzung der Holzpartikel sollten der Lösung einige Tropfen Spülmittel zugesetzt werden.

Die so entstandene Paste wird mehrmals durchgeknetet und zum Trocknen z.B. auf Alufolie dünn ausgebreitet. Falls einem der Farbton dieser Masse zu dunkel oder überhaupt nicht passend vorkommen sollte, heißt es, sich in Geduld zu fassen: Erst während der vollständigen Trocknung des Pulvers hellt sich die Farbe deutlich auf und erhält ihren endgültigen Ton. Und falls einem am Ende die entstandene Färbung doch nicht zusagen sollte, kann die ganze Prozedur einfach wiederholt werden.

Der Trocknungsvorgang kann an einem warmen, gut gelüfteten Ort erfolgen. Entsprechend schneller geht es natürlich, wenn man einen geeigneten Trockenschrank oder den Back-

ofen zur Verfügung hat. Während des Trocknungsprozesses sollte das Material immer wieder gewendet werden. Nach dem Trocknen wird das Streupulver durch ein Teesieb gestrichen, um Zusammenballungen zu zerkleinern. Je nach Korngröße des Ausgangsstoffes erhält man so feines Streumaterial in jedem gewünschten Farbton.
Hier nun eine „Startrezeptur" für eigene Versuche.

Folgende Zutaten brauchen Sie:
- 300 g Wasser
- einige Tropfen Spülmittel
- 20 bis 30 g Pigmentpaste oder Abtönfarbe
- 60 g Holzmehl

Die angegebenen Mengen dienen nur als Richtwert. Die benötigte Wassermenge ist etwa stark von der Korngröße des verwendeten Sägemehls abhängig.

Der gewünschte Farbton wird durch Mischung verschiedener Farben hergestellt. In den seltensten Fällen wird ein ungemischter Farbton sofort passen. Bevorzugen sollten Sie gedeckte grün- und gelbbraune Töne. Poppige Farben müssen auf jeden Fall vermieden werden.
Einige Beispiele für Farbmischungen:
- Dunkelgrün = Oxydgelb + Grün
- Gelbbraun = Oxydgelb + Oxydrot + Grün
- Braun = Oxydgelb + Oxydrot + Schwarz

Bei der Landschaftsgestaltung werden die Grundflächen durch Ineinanderstreuen mehrerer Streupulver mit unterschiedlichen Farbtönen bedeckt. Eine Fläche, die in nur einem Farbton gehalten ist, wirkt rasch eintönig. Auch zum Verfeinern von Bäumen oder Büschen (z.B. aus „Meerschaum" oder Islandmoos) kann das feine Pulver verwendet werden.

Fazit: Mit der hier beschriebenen Methode lassen sich einfach und preiswert auch sehr feine Streupulver in individuellen Farben herstellen. Für die kleinen Baugrößen N und Z sind diese Streumaterialien besonders gut geeignet.

Zuerst wird mit Abtönfarben oder Pigmentpasten eine stark verdünnte wässrige Lösung im gewünschten Farbton angesetzt. Zur besseren Benetzung des Holzmehles kommen einige Tropfen Spülmittel hinzu. Anschließend wird so lange Holzmehl „eingesumpft", bis eine zähe Masse entstanden ist.

Diese Masse wird zum Trocknen auf Alufolie dünn ausgebreitet. Nach dem Trocknen klebt das Holzmehl z.T. in größeren Klümpchen zusammen. Diese Zusammenballungen werden mittels Durchstreichen durch ein Sieb beseitigt. Unten das Endprodukt. Je nach Korngröße und Färbung des Holzmehles erhält man Streumaterial für verschiedenartigste Zwecke.

KAPITEL 7

BÜSCHE UND BÄUME

Seemoos ist keine Wasserpflanze

Büsche und Gestrüpp

Neben dem Seemoos werden diese Hilfsmittel benötigt: wasserfester Holzleim, verdünnter Leim mit Spülmittelzusatz, verdünnte Dispersionsfarbe, Beflockungsmaterial nach Wahl, Fixierer, Schere, Pinzette, ggf. Krokodilklemmen, Styroporbrett, Eimer und ein Teller.

Auch das war früher ganz einfach: Ein paar Büschelchen Islandmoos gleichmäßig über die Anlage verteilen – und fertig war man. Heutzutage gibt es für die Nachbildung von Büschen und niedrigem Gestrüpp ein Material, das zu wesentlich ansehnlicheren Ergebnissen führt: Seemoos, ein natürliches Geäst.

Seemoos kam zunächst von MZZ auf den Markt, ist in ähnlicher Form aber mittlerweile auch bei Noch, Heki und anderen Herstellern im Sortiment. Es handelt sich um ein äußerst fein verästeltes, natürliches „Gestrüpp", das gefärbt und in Kartons verpackt erhältlich ist. Das Material ist extrem transparent und „luftig", und es wirkt daher äußerst filigran. Es lässt sich für Modellgewächse bis zur Größe kleiner Bäume verwenden.

Wegen des natürlichen Ursprungs sind die Ästchen manchmal etwas krumm gewachsen, aber das kann man ohne großen Aufwand „geradebiegen". Nach Angaben der Hersteller kann

Zum Einfärben werden die Bäume in die verdünnte Dispersionsfarbe getaucht. In Styroporplatten gesteckt, können sie allseitig trocknen, ohne auf der Unterlage festzukleben.

Ganz wichtig ist, dass nach dem Färben überschüssige Farbe vorsichtig von den Ästen abgeschüttelt wird und eventuelle „Schwimmhäute" ausgeblasen werden, damit das filigrane Geäst nicht verklebt.

Zum Belauben den Rohling zunächst in verdünnten Leim tauchen, und zwar nur so weit, dass alle Astspitzen, die Laub erhalten sollen, nass werden. Um das Benetzungsverhalten des Leimes zu verbessern, kann man einige Tropfen Spülmittel zusetzen.

Anschließend den Baum vorsichtig (!) in aufgeschüttetes Beflockungsmittel drücken und zum Trocknen wieder in die Styroporplatte stecken.

das Material sofort ohne weitere Bearbeitung verwendet werden. Insbesondere aber in Kombination mit anderen Bäumen erscheint wegen der teilweise unnatürlich schreienden Farben eine Nachbehandlung angebracht. Somit ergeben sich drei nötige Arbeitsgänge: Zunächst gegebenenfalls eine Korrektur gewisser „Wachstumsfehler" aus modellbahnerischer Sicht, dann eine farbliche Nachbehandlung und anschließend eine Beflockung, die zu den anderen verwendeten Bäumen passt.

FORMKORREKTUREN

Das Zurechtbiegen der Äste ist im Grunde nur dann sinnvoll, wenn man schon richtige kleinere Bäume nachbilden will. Korrekturen der Form können hier aus zwei Gründen erforderlich sein: Entweder fehlen einfach einige Äste, wo man gerne welche hätte, oder die gesamte Form eines Baumes passt nicht. Im ersten Fall lassen sich ohne weiteres kleine lose Äste dort einkleben, wo Lücken sind. Als Kleber bietet sich im Hinblick auf die wasserlösliche Färbung wasserresistenter Holzleim an.

Ist der rohe Ast zu krumm gewachsen, als dass er einen Modellbaum abgeben könnte, kann die Form durch gezieltes Brechen des Stammes verändert werden. Die Bruchstelle muss anschließend verklebt werden. Die Klebestelle ist dabei gegebenenfalls durch einige parallel angesetzte Aststücke zu versteifen und während des Trocknens am besten mit Krokodilklemmen oder Ähnlichem zu fixieren.

FARBGEBUNG

Beim Einfärben ist darauf zu achten, das feine Geäst nicht mehr als nötig zu verkleben. Wegen der anschließend folgenden Beflockung kann ein gewisses Zusetzen zwar in Kauf genommen werden, aber Häute zwischen den Ästen oder Farbklumpen sollten auf jeden Fall vermieden werden. Daher bietet sich als beste Methode zunächst das Spritzen der Rohlinge an. Von der Verwendung von Spraydosen sei im Hinblick auf die Treibgasproblematik allerdings abgeraten. Sie sind in diesem Fall sogar entbehrlich – was die Qualität des Ergebnisses angeht –, da die Äste bzw. Bäume auch im Tauchverfahren mit Abtönfarbe gefärbt werden können. Grundsätzlich ähnelt dieses Verfahren jenem, das später beim Färben der Heki-Rohlinge beschrieben wird (s. S. 162); lediglich das Mischungsverhältnis ist auf ca. zwei Teile Wasser auf einen Teil Farbe zu ändern.

BELAUBUNG

Als Beflockungsmaterial kommen feine Schaumstoffflocken in Frage, beispielsweise das Coarse turf von Woodland-Scenics oder Heki-Laub. Auf jeden Fall sollte das Material nicht allzu grob sein, da ein feineres Material immer einen besseren Eindruck macht. Und da hier schon ein recht filigranes Grundgerüst vorliegt, treten auch keine Befestigungsprobleme auf. Als Kleber eignet sich Sprühkleber, der aber wegen seines extrem hohen Lösemittelgehaltes nicht sonderlich umweltfreundlich ist. Verdünnter Dispersionsleim mit etwas Spülmittelzusatz tut es genauso. Nach dem Trocknen das Gewächs vorsichtig abschütteln; wenn sich dabei zu viel Material lösen sollte, muss die Belaubungsaktion gegebenenfalls wiederholt werden. Der fertige Baum sollte am Ende noch mit etwas Fixierer kurz übersprüht werden, damit er haltbarer wird.

Fotos von belaubten Seemoos-Büscheln finden sich überall in diesem Buch. Die Bilder auf dieser Seite zeigen hingegen, dass man das MZZ-Material auch ohne Belaubung verwenden kann. Hier kommt die Feinheit des Materials ausgezeichnet zur Geltung.

Ob das Aufbringen einer Belaubung nötig ist oder nicht, ist letztlich eine Ermessensfrage; für Herbst- oder Winterthemen verbietet es sich selbstverständlich. Dieses Bild zeigt ein Behelfsstellwerk nach einer MIBA-Bauzeichnung an einem Herbsttag, zu dessen Kälte die unbelaubten MZZ-Bäumchen bestens passen.

Das Stellwerk entstand übrigens aus einer 1.-Klasse-Donnerbüchse von Roco, die auf zwei Schwellenstapel aus Holzleisten gesetzt wurde. Eine aus Messingprofilen zusammengelötete Treppe und Details von Weinert, Spieth und Gerard rundeten die kleine Bastelei ab.

Großes Angebot in allen Preiskategorien
Bäume von der Stange

Die Zeiten, in denen der Modelleisenbahner zu Mitteln wie Islandmoos und Sägemehl greifen musste, um die Begrünung seiner Anlage vorzunehmen, sind lange vorbei. Heute steht dem Modellbahner ein beachtliches Angebot nicht nur an fertigen Modellbäumen zur Verfügung, sondern auch eine Reihe von Hilfsmitteln für den Selbstbau „natürlich" aussehender Modellbäume. Ein Überblick über das Angebot und die Einsatzmöglichkeiten.

Das Angebot an fertigen Modellbäumen zeigt eine enorme Bandbreite, die sich nicht zuletzt auf ganz unterschiedliche Preiskategorien verteilt. Bekommt man kleine Standardbäume schon für wenige Euro, so muss man für eine ausgewachsene Silhouette-Eiche schon einmal 70 Euro auf der Händlertheke hinterlassen. Das hat natürlich seine Ursachen: im Aufbau des Stammes, in der Art des verwendeten Beflockungsmaterials und in der kleinkunstähnlichen Herstellungsweise.

GROSSSERIENBÄUME
Charakteristisch für Großserienbäume ist eine einfache Konstruktion, welche die industrielle Herstellung erlaubt und so natürlich zu günstigen Preisen führt. Das macht die Bäume nicht nur für Anfänger interessant, sondern auch auf Anlagen mit „fortgeschrittenem" Gestaltungsniveau für die Aufforstung größerer Flächen geeignet.

Den meisten Baummodellen gemein ist ein Stamm-Ast-Gebilde aus Kunststoff, das in Form gebogen wird und dann mit Schaumstoffflocken oder Ähnlichem bestreut wird. Meist glänzt der Kunststoffstamm mehr oder weniger stark, was sich

Großserienbäume in Serie: Ganz links eine Heki-Artline-Esche, daneben eine Buche aus dem Heki-Meisterprogramm. Auf den Detailbildern ist der Unterschied in den Beflockungsmaterialien gut zu sehen. Daneben eine Edelkastanie von Faller, die den Heki-Meistermodellen sehr ähnlich ist (die Faller-Modelle der so genannten „top-Serie" entsprechen analog den Artline-Modellen). Ganz rechts eine Buche von Busch, die wie die Artline-Modelle ein sehr überzeugendes Belaubungsmaterial hat. Alle Detailaufnahmen auf diesen Seiten zeigen die Flocken übrigens in Originalgröße.

Hier ganz links eine Eiche mit Baumhaus aus den „Modellbäumen" von Noch, deren Astwerk aus einer Art foliageähnlichem Netz besteht, das mit Papier-Blättern versehen ist. Daneben eine Eiche von ER-Decor, die sehr dicht wirkt, wie die meisten Bäume von ER. Schließlich zwei Beispiele von älteren, heute weniger zeitgemäßen Modellen von Busch: Ein Einfach-Baum mit sehr feinen Flocken und ein Laubbaum auf Bürstenbasis, der durch seine unnatürliche Form allenfalls in Parkanlagen verwendet werden kann.

durch einen nachträglichen Anstrich mit matter gräulichgrüner Farbe beheben lässt. Bei den Stammformen weisen die Modelle von Heki, Faller und Busch große Ähnlichkeiten auf, sodass die wesentlichen Unterschiede in der Beflockung liegen.

Diese besteht bei den preiswerten Modellen in der Regel aus mehr oder weniger feinen Schaumstoffflocken, die auf das Astgerüst geklebt werden. Unterschiedlich ist dabei die Größe der verwendeten Flocken: Während beispielsweise Busch bei den preiswerten Modellen sehr feine Flocken verwendet, kommen bei Heki und Faller gröbere zur Verwendung.

Grobe Flocken haben den Vorteil, dass der Baum a priori etwas fülliger wird. Denn im Normalfall bestehen die Astspritzlinge aus einem zunächst platten Teil, das erst durch mehrfaches Umbiegen in verschiedene Richtungen eine dreidimensionale Form erhält. Wenn hierbei gespart wird, wirken Äste mit gröberen Flocken voluminöser. In den letzten Jahren sind Baum-

Kommen wir nun zu den Kleinserienmodellen: Hier ganz links eine Eiche von H&P, deren Astwerk aus Naturdolden besteht. Daneben ein Spitzahorn von Viessmann, der sich durch ein exzellentes Preis-Leistungs-Verhältnis auszeichnet. Rechts daneben ein Baum von Silflor und eine kleinere Buche von Silhouette, bei denen das Belaubungsmaterial im Gegensatz zu allen anderen Anbietern auf die Vorbild-Baumart abgestimmt ist.

sortimente wie Heki-Artline oder die neue Busch-Bäume auf den Markt gekommen, bei denen das Beflockungsmaterial außerdem grobporiger ist als das sonst verwendete. Diese Großserienmodelle wirken schon sehr „natürlich".

Sicher muss eine Bewertung von Modellbäumen immer irgendwie subjektiv ausfallen. Allerdings soll an dieser Stelle vor einer Sorte von Laubbäumen ausdrücklich „gewarnt" werden, die schon auf Modellbahnanlagen mit minimalen Ambitionen eigentlich nichts mehr verloren haben. Gemeint sind Konstruktionen, die aus verdrillten Borsten (ähnlich den Flaschenputzern) bestehen. Für Nadelbäume führt das zu halbwegs akzeptablen Ergebnissen, aber nicht für Laubbäume.

In jedem Fall sollte man beim Erwerb konfektionierter Baummodelle auf den verwendeten Kleber achten. Sind Klebstoffreste zu sehen? Glänzen diese Stellen? Es ist völlig unverständlich, dass einige Hersteller immer noch glänzende Klebstoffe einsetzen.

Ein Punkt für sich ist die Befestigung von Bäumen auf der Anlage. Die meisten Bäume besitzen einen flachen Fuß, mit dessen Hilfe der Baum auf seinen Untergrund geklebt wird. Das ist einfach, aber unpraktisch, denn die derart gepflanzten Bäume lassen sich nur noch gewaltsam wieder „entwurzeln". Eine beachtenswerte Lösung bietet Heki mit dem (leider nicht allen Bäumen) vorhandenen Steckfuß. Er ermöglicht es, die Baumfüße komplett einzugipsen, die Stämme samt Krone aus dem Fuß zu ziehen, ungehindert das Umfeld zu begrasen oder mit Büschen und Ähnlichem zu versehen. Anschließend wird der Baum einfach wieder eingesteckt – eine pfiffige Idee, die gerade beim Einbau mehrerer nahe zusammenstehender Bäume nicht zu unterschätzen ist.

Eine besondere Gruppe von Großserienbäumen soll an dieser Stelle noch erwähnt werden, weil sie uns bereits in die Kleinserienbäume überleitet: Die Rede ist von den Modellbäumen der 21 000er-Serie der Firma Noch. Hier sitzen die einzelnen Blätter nicht direkt auf den Ästen, sondern auf einem separaten Trägernetz – ähnlich, wie man es von foliageähnlichen Materialien her kennt. Machmal wird bemängelt, dass die Blätter zu unregelmäßig angeordnet sind, weil sich echte Blätter alle nach dem Sonnenstand ausrichten. Ein paar (gedachte) Windstöße und das Argument ist weggeblasen! Da der Stamm dieser Modelle ebenfalls aus Kunststoff besteht, muss er gegebenenfalls noch mal angestrichen werden.

Praktisch ist es, wenn man einmal „gepflanzte" Bäume auch wieder entfernen kann, ohne sie zu beschädigen. Heki bietet einige Bäume dazu mit einem praktischen Steckfuß an, bei Silhouette und Silflor wird der Baum von unten mit einer Art Mutter festgeschraubt.

Auf den ersten Blick ein schönes Bild – aber eigentlich soll so das Ergebnis nicht ausfallen: Ins Gelbliche tendierende Woodland-Materialien mit sattgrünem Silflor kombiniert wirken wenig harmonisch.

Den Übergang zu den Nadelbäumen soll diese Vorbildaufnahme von der Museumsbahn am Rennsteig bilden, wo sich im Juli 2003 die 94 1292 die knapp 6 Prozent geneigte Steilstrecke von Stürzerbach zum Rennsteig hocharbeitet.

HANDARBEITSMODELLE

Modellbäume, die nicht in industrieller Serienfertigung hergestellt werden, sondern individuell in Handarbeit, haben einen großen Vorteil, aber auch einen gravierenden Nachteil. Ihr Pluspunkt: Wie in der freien Natur weichen einzelne Bäume des gleichen Typs deutlich voneinander ab. Abschreckend ist natürlich der Preis solcher in handwerklicher Tätigkeit gefertigten Modelle. Nicht nur bei Ebbe im Hobbyetat sollte man solche Modelle daher nur für exponierte Standorte – man denke an die typischen Bahnhofskastanien – in Betracht ziehen.

Ein gutes Beispiel für Handarbeitsmodelle aus Serienfertigung sind die Bäume aus Naturmaterial von Viessmann: Hierbei handelt es sich um natürliche Äste, die in einem Stamm zusammengebunden sind, aus dem sich nach oben die Baumkrone entwickelt. Viessmann bietet Modelle nach verschiedenen Vorbildbaumarten an, und es sind einige sehr gelungene Typen darunter, wie beispielsweise die Rosskastanie und der Spitzahorn. Das Preis-Leistungs-Verhältnis ist sehr attraktiv, dank Handarbeit ist jeder Baum ein Unikat, und der Stamm muss nicht nachbehandelt werden. Aus ganz ähnlichen Materialien wie die Viessmann-Gewächse bestehen die Bäume von Haberl & Partner, die fertig oder in Bausatzform erhältlich sind.

Die „Crème de la crème" der Modellbäume bilden die Produkte von Silhouette. Ähnlich wie bei den bereits erwähnten Bäumen von Noch gibt es bei den Modellen von Silhouette keine schlichte Schaumstoffbeflockung, sondern ein dünnes und nahezu unsichtbares Trägernetz, welches das Blattwerk trägt. Dieses Netzwerk überbrückt auch durchaus vorbildgerechte Lücken und Löcher im Astwerk, was die Belaubung stark vereinfacht. Silhouette bietet für jede Baumart ein anderes Blattwerk mit einer anderen Blattform an. Zudem erhält man die Silhouette-Bäume auch unbelaubt.

Am Fuß der Silhouette-Bäume befindet sich ein Kunststoffgewinde, auf das von unten eine Art Mutter zu schrauben ist. Das ermöglicht eine problemlose Demontage, denn Baummodelle dieser Preisklasse wirft man wohl kaum beim Abbau einer Anlage oder eines Dioramas in den Mülleimer. Die Achillesferse dieser Befestigungsart ist die Verbindung des Gewindes mit dem eigentlichen Baum: Bei zu festem Andrehen der Mutter wird der Baum vom Außengewinde abgedreht, da er in diesem nur mithilfe eines eingeklebten Drahtes befestigt ist. Daher also der Ratschlag, die Mutter nicht zu fest anzuziehen und das Gewinde immer gut sauber zu halten, da es bei Verschmutzung ebenfalls zum Klemmen neigt.

ZU DEN FARBEN ...

Grün ist nicht gleich Grün – das ist eine banale Feststellung mit gravierenden Folgen. Grundsätzlich gilt, dass bei der Gestaltung einer Landschaftsszene es überhaupt nicht notwendig ist, sich auf ein einziges Baumsortiment oder -material festzulegen. Auf der anderen Seite passt aber leider nicht alles ohne weiteres zusammen. So gibt es sehr grelle Materialien, andere sind wiederum äußerst dezent, weitere weisen einen unübersehbaren Farbstich auf. Diese Effekte lassen sich nicht einzelnen Herstellern zuordnen, manchmal sind sie sogar nur bestimmten Beleuchtungsquellen zuzuordnen. Oft sind nur einzelne Farbtöne betroffen. Beispielsweise sind die meisten Heki-flor-Grüntöne einigermaßen gedeckt, dagegen sticht das „Maigrün" förmlich

Kleine Marktübersicht Laubbäume

Hersteller	Programm/Bestellnummern	Farbe	Größen in mm	Bemerkungen
Auhagen	Verschiedene Bäume mit groben Flocken	hellgrün gelbgrün (Birke) mittelgrün dunkelgrün	70 – 130	einfache, preiswerte Ausführung
Busch	• Bäume mit grobporigen Flocken (66xx und 67xx) • Laubbäume aus beflockten Borsten	mittel- und hellgrün	35 – 210	lichte, gelungene Ausführung
ER-decor	Bäume mit Naturstamm und spanartiger Belaubung	verschiedene Grüntöne	90 – 150	recht dichte Ausführung
Faller	• Bäume mit grobporigen Flocken („Top-Serie") • Bäume mit groben Flocken	mittelgrün hell-, mittel- und dunkelgrün	90 – 170 60 – 200	lichte, gelungene Ausführung, analog Heki-artline aus der Nähe etwas klumpiges Aussehen, z.T. in zu kugeliger Ausführung
Heki	• Bäume mit grobporigen Flocken („Artline-Serie") • Bäume mit groben Flocken („Meisterprogramm")	hell, mittelgrün sowie (recht grelle) Herbstfarben hell-, mittel- und dunkelgrün	60 – 350 60 – 190	lichte, gelungene Ausführung, z.T. mit praktischem Steckfuß; gutes Preis-Leistungs-Verhältnis aus der Nähe etwas klumpiges Aussehen, z.T. in zu kugeliger Ausführung
H&P	Laubbäume mit aus z.T. sehr echt wirkendem Naturmaterial mit deutlichen Unterschieden zwischen den verschiedenen Vorbildbaumarten	verschiedene Grüntöne	60 – 250	komplette Handarbeitsunikate; manche überzeugend, andere weniger
Jordan	Laubbäume aus beflockten Borsten	verschiedene Grüntöne	60 – 210	sehr einfache Ausführung in Kugelform, nicht mehr zeitgemäß
Noch	• Bäume mit feinen Flocken (25xxx, 28xxx) • Laubbäume aus beflockten Borsten (26xxx) • Laubbäume mit foliageartigem Material mit Blattnachbildung aus Papier	verschiedene Grüntöne verschiedene Grüntöne verschiedene Blattfarben und -formen	45 – 130 24 – 150 75 – 195	einfache, preiswerte Ausführung sehr einfache Ausführung in Kugelform, nicht mehr zeitgemäß sehr filigrane Formen, recht deutliche Unterschiede zwischen den verschiedenen Vorbildbaumarten
Silhouette	Laubbäume mit unübertroffen echt wirkendem Material mit Blattnachbildung aus Papier	verschiedene Blattfarben und -formen für Frühling, Sommer, Früh- und Spätherbst	80 – 290	komplette Handarbeitsunikate mit sehr filigranen Formen, deutliche Unterschiede zwischen den verschiedenen Vorbildbaumarten
Viessmann	Laubbäume aus sehr echt wirkendem Naturmaterial; keine separate Beflockung	verschiedene Grüntöne	60 – 250	Handarbeit zum günstigen Preis, sehr filigrane Ausführungen, zum Teil zu filigran
Woodland	Laubbäume mit groben Flocken	mittelgrün	19 – 128	relativ einfache, preiswerte Ausführung

ins Auge. Kombiniert man dieses etwa mit den generell etwas zum Gelblichen neigenden Woodland-Tönen, so ergibt sich ein ähnlich unausgewogener Effekt wie bei der Kombination von Woodland-Materialien mit Silhouette-Frühlingstönen. Wenn man mal an einem Sommertag einen Blick in die Natur wirft, wird man feststellen, dass die verschiedenen Grüntöne gar nicht so weit auseinanderliegen. Dies gilt insbesondere für sonnige Tage; bei bedeckten kann man schon eher leichte Unterschiede zwischen den Grüntönen feststellen. Sicher ist das Grün im Frühling recht kräftig und saftig und im Herbst eher gelblich oder gar ockerfarben. Aber auf einer Modellbahnanlage oder einem Diorama stellt man ja nur einen Zeitraum dar.

Ein modellspezifischer Aspekt der Farbgebung ist die Helligkeit des Materials. Gerade bei weniger gut ausgeleuchteten Anlagen wirkt ein Baum mit dunklem Material recht düster, sodass man hier helleren Modellen den Vorzug geben sollte. Auf unseren Anlagen orientieren wir uns jedenfalls immer an einen „normalen" Sommertag, also nicht nach einer längeren Regen- oder Trockenperiode. Und so dominieren bei uns die mehrere „Mittelgrüns" der verschiedenen Hersteller, die ausreichend voneinander differieren, sodass hier genügend Abwechslung vorhanden ist.

NADELBÄUME

Ein Kapitel für sich sind Nadelbäume. Eines muss klar festgehalten werden: Wer schöne Nadelbäume auf seiner Anlage „pflanzen" will, kommt um Handarbeitsmodelle oder den Selbstbau nicht herum. Die meisten konfektionierten Nadelbaummodelle basieren immer noch auf dem schon geschilderten Flaschendreher-Prinzip auf Borstenbasis. Die dabei herauskommenden Ergebnisse mögen halbwegs akzeptabel sein, wenn man beide Augen ein wenig zudrückt. Die Wirkung hängt allerdings stark von dem Material ab, das zur Imitation der Nadeln auf die Flaschenputzerborsten aufgebracht wird. Meist handelt es sich um Fasern oder Sägespäne, denen man eine Ähnlichkeit zu Nadeln unterstellt. Die Wirkung ist in der Regel wenig überzeugend, weil sich ein sehr schwammiger und konturloser Gesamteindruck ergibt.

Von den „Flaschenputzern" gefallen am ehesten die „Nordischen Fichten" von Heki, bei denen das dunkle Heki-Laub als Nadelersatz zum Einsatz kommt. Es wirkt „scharfkantiger" als die weichen Fasern und trifft daher einigermaßen den Eindruck eines mehr oder weniger „stacheligen" Baumes. Noch geht bei seinen Modellfichten einen anderen Weg und verwendet faserbeflockte Kunststoffspritzlinge – die Idee ist löblich, das Resultat Geschmackssache.

Letztendlich führt kein Weg um Handarbeitsmodelle von

Viessmann, Silflor oder Silhouette herum, wenn man wirklich naturgetreue Nadelbäume einsetzen will. Bei unseren Harz-Modulen, wo wir wegen des „nadeligen" Charakters der Vorbildlandschaft kaum um Nadelbäume herumkamen, verwendeten wir fast ausschließlich Fichten von Silhouette. Die Modelle aus dem miniNatur- oder Silflor-Material sind in ihrer Wirkung unübertroffen. Einzig die Preise schrecken ein wenig ab, zumal ja Nadelbäume in der Regel keine Solitärbäume sind. Aber dafür zeigen wir ab S. 164, wie Nadelbäume gar nicht so teuer im Selbstbau entstehen können.

Auswahl von Nadelbaummodellen: Links drei Fichtenmodelle auf Bürstenbasis von Busch, Heki und Noch. Während die Modelle von Busch und Noch mit sägespanähnlichem Material „benadelt" sind, ist die „Nordische Fichte" von Heki (2. von links) mit dunklem Schaumstoff „belaubt", was zu einem recht ansehnlichen Ergebnis führt. Daneben ein Noch-Modell mit Kunststoffästen und „Faser-Nadeln". Seit Jahren unübertroffene Spitzenklasse sind nach wie vor die Fichten von Silflor und Silhouette (ganz rechts), deren aufwendige Handarbeit zu den besten Resultaten führt. Detailaufnahmen der Fasern wiederum in 1:1-Größe!

Kleine Marktübersicht Nadelbäume

Hersteller	Programm/Bestellnummern	Farbe	Größen in mm	Bemerkungen
Auhagen	• Tannen aus Kunststoffspritzlingen • Tannen mit Flockenmehl	dunkelgrün dunkelgrün	50 – 190 50 – 190	sehr künstliche Ausführung
Busch	• Nadelbäume nach Bürstenprinzip ohne Streu • Nadelbäume nach Bürstenprinzip mit Fasern oder Spänen	verschiedene Grüntöne	30 – 170	extrem einfache Ausführung einfache Standardausführung für größere Ansiedlungen
Faller	• Tannen aus Kunststoffspritzlingen • Nadelbäume nach Bürstenprinzip mit Fasern oder Spänen	dunkelgrün verschiedene Grüntöne	30 – 140 50 – 150	sehr künstliche Ausführung einfache Standardausführung
Heki	• Nadelbäume nach Bürstenprinzip mit Fasern oder Spänen • Nadelbäume nach Bürstenprinzip mit Flocken	verschiedene Grüntöne dunkelgrün (nordische Fichten)	50 – 220 80 - 150	einfache Standardausführung für Bürstenbäume recht guter Eindruck
H&P	• Kiefern mit florartigem Material • Fichten und Lärchen mit Fasern auf Trägermaterial	verschiedene Grüntöne	120 - 220 40 – 280	Handarbeitsmodelle in gelungener, filigraner Ausführung
Jordan	Nadelbäume nach Bürstenprinzip			sehr einfache Standardausführung
Noch	• Nadelbäume aus mit Fasern versehenen Kunststoffspritzlingen (219xx) • Nadelbäume nach Bürstenprinzip mit verschiedenen Streumaterialien	mittel- (Fichte) und dunkelgrün (Nordmanntanne) verschiedene Grüntöne	150 - 255 35 – 200	gewöhnungsbedürftiger Eindruck; in Gruppen akzeptabel einfache Standardausführung
Silflor	Fichten mit unübertroffen echt wirkendem Material mit Fasern auf Trägermaterial	dunkelgrün	80 – 250	komplette Handarbeitsunikate in sehr filigraner und natürlicher Ausführung
Silhouette	Kiefern, Fichten, Tannen und Lärchen mit unübertroffen echt wirkendem Material mit Fasern auf Trägermaterial	verschiedene Grüntöne; für Lärchen in verschiedenen Jahreszeiten	80 – 290	komplette Handarbeitsunikate in sehr filigraner und natürlicher Ausführung; auch als Bausätze
Viessmann	Kiefern, Fichten und Eiben aus Naturmaterial	verschiedene Grüntöne	130 – 250	Handarbeit zum günstigen Preis, sehr filigrane Ausführungen

Attraktive Einzelstücke

Laubbäume selbst gebaut

Für die Nachbildung von Wald oder größeren Baumgruppen reicht das mittlerweile recht ansprechende Angebot an Bäumen „von der Stange" sicher vollkommen aus. Beim Bau eines Dioramas oder Moduls mit einer beschränkten Anzahl einzeln stehender Bäume ist der Selbstbau aber auch heute noch sinnvoll. Dasselbe gilt für besonders exponierte Bäume an markanten Stellen.

Im Mittelpunkt aller Überlegungen beim Baumselbstbau stehen die unter verschiedenen Namen erhältlichen Beflockungsvliese, angefangen vom klassischen Woodland-Foliage bis zu den edlen Materialien von Silhouette und Silflor. Ein Vorteil dieser Vliese liegt darin, dass es dem „Landschaftsgärtner" selbst überlassen bleibt, die Dichte des Materials zu bestimmen: Zieht man das Vlies weit auseinander, erhält man sehr lichte, durchsichtige Bäume, zieht man es weniger auseinander, werden sie dichter. Ein weiterer Vorteil liegt in der rationellen Baumerstellung. Im Vergleich zu Schaumstoffflocken benötigt man nur wenige tragende Äste am Baumrohling, da das Material ja bereits in Form seines Trägernetzes über ein filigranes Astwerk verfügt.

EINFACH GUT: HEKI KREATIV

Kernpunkt des Heki-Systems ist das Beflockungsmaterial Heki-flor, zu dem es unbelaubte Baumrohlinge aus Kunststoff in verschiedenen Formen und Größen gibt. Die Belaubung betont im Vergleich zum Woodland-Foliage die Laubstruktur ausgeprägter. Heki-flor wird in neun Farben angeboten, davon sind fünf Grüntöne und vier Herbsttöne. Die Matten haben eine Größe von ca. 12 mal 25 cm. Dazu gibt es das eigentliche Laub auch einzeln in 200-ml-Beuteln, natürlich in denselben Farben. Besonders der Ton „Mittelgrün" eignet sich für Kombinationen mit anderen Bäumen. Passend zum Beflockungsmaterial bietet Heki eine Fülle von Baumrohlingen zwischen rund 7 und 16 cm Höhe an. Einige sind mit einem überaus praktischen Steckfuß ausgestattet, der es problemlos ermöglicht, einen Baum auch mal wieder aus- und woanders einzubauen.

HEAVY METAL: BAUSÄTZE VON WOODLAND

Die US-Firma Woodland Scenics gehört zu den Pionieren des Baumbaus mit Beflockungsvliesen und führte auch den mittlerweile als Anglizismus etablierten Begriff „Foliage" in den Modellbahner-Sprachgebrauch ein. In Deutschland wird ein Teil des Sortimentes von Noch vertrieben, aber auch Bachmann importiert und vertreibt Woodland-Produkte.

Überblick über das Heki Kreativ-Programm (unten): Die einzelnen Rohlinge kann man zum einen als komplett zusammengesteckte und schon teilweise vorgebogene Bäume erhalten (vorne links). Daneben wird von Heki unter der Nummer 1505 auch ein „Baumbastelset" angeboten, das aus fünf Stämmen und ausreichend Astspritzlingen zur individuellen Gestaltung von fünf Bäumen um 16 cm Höhe besteht (rechts). Dieses Set bietet ein Maximum an Gestaltungsmöglichkeiten. Und schließlich gibt es dann noch verschiedene Komplettbausätze (hinten links), die auch das Beflockungsmaterial beinhalten.

Woodland hat Weißmetallbaumbausätze im Programm. Hierbei handelt es sich um biegbare Metallstämme, die als Gussteile mit Rindenstruktur geliefert werden. Das Material ist allerdings recht spröde und neigt etwas zum Abbrechen, kann aber wieder zusammengelötet werden.

Äußerst filigrane Ergebnisse lassen sich mit den Komplettbaumbausätzen von H&P erzielen, wobei der Arbeitsaufwand im Vergleich zu den bisher vorgestellten Systemen auch deutlich höher ist.

Busch kombiniert Kunststoffrohlinge mit Seemoos-Ästen (oben) – aufwendig, aber mit ansehnlichen Ergebnissen.

Muster der drei behandelten Flor-Materialien: Oben links Woodland-Foliage „green medium", oben rechts Heki-flor im Farbton „Mittelgrün" und unten Silflor in „Weide Sommer".

Erster Schritt ist bei Verwendung des Heki-Baumbau-Sets das Einkleben von Ästen in den Rohling, ein Schritt, der bei vormontierten Rohlingen natürlich entfällt.

Die Rohlinge werden zur Lackierung entweder in verdünnte Abtönfarbe getaucht oder (wie hier) damit übergossen. Anschließend wird überschüssige Farbe abgeschüttelt und „Schwimmhäute" ausgeblasen. Gegebenenfalls ist dieser Vorgang zu wiederholen, falls die Farbe nicht gleich deckt.

Nach dem Zusammenkleben werden die einzelnen Äste „in Form gebracht". Die fertigen Rohlinge sind bereits recht weit vorgebogen und brauchen nur noch im Bereich der Astspitzen nachgebogen zu werden.

Nun muss das Beflockungsvlies vorbereitet werden: Dazu schneidet man es zunächst in kleine Stücke von ein bis drei Quadratzentimetern.

Abgebrochene Äste können wieder angeklebt werden, wobei man die geflickte Stelle durch Einkleben von Polystyrol-U-Profilen etwas verstärken sollte – nach dem Belauben ist davon nichts mehr wahrzunehmen. Gute Hilfe leisten dabei Krokodilklemmen.

Diese Stücke werden dann mit den Fingern gedehnt und zu dreidimensionalen „Wölkchen" auseinandergezogen, die dann um die Äste des Rohlings geklebt werden können.

Als Kleber dient normaler Holzleim, der nicht gleich auf alle Äste aufgetragen wird, sondern nur auf so viele Zweige, dass er während des Auflegens des Beflockungsmaterials nicht antrocknet.

Nach dem Trocknen des Leimes kann der Baum mit mattem Klarlack fixiert werden. Dabei kann die Belaubung durch Einstreuen von losem Streumaterial in die feuchte Fixierung noch mal verstärkt werden. Abschließend werden mit einer spitzen Schere überstehende Fäden entfernt.

Das Foliage gibt es sowohl einzeln als auch in Kombination mit Baumrohlingen aus Weißmetall. Diese Rohlinge sind aber allesamt recht klein und weisen überdies relativ wenige Äste auf. Gerade bei halbwegs ausgewachsenen Bäumen (22 cm) führt das zu einem nicht immer ganz überzeugenden Eindruck, weshalb wir die Rohlinge im Gegensatz zum Foliage nur selten einsetzen.

NATÜRLICH: BAUMBAUSÄTZE VON H & P

Gänzlich anders sind die Bausätze von Haberl & Partner ausgeführt: Hier findet kein Beflockungsvlies Verwendung, sondern normales Beflockungsmaterial in Form von Einzellaub. Die Rohlinge sind „nach alter Väter Sitte“ aus verdrilltem Draht ausgeführt und mit einer Leim-Sand-Mixtur überzogen. In den Rohling werden doldenartige Naturäste eingesetzt, welche dann wiederum mit dem „Laub“ berieselt werden. Ein aufwendiges Verfahren, das aber zu sehr gelungenen Ergebnissen führt.

VOM FEINSTEN: MININATUR UND SILFLOR

Früher war alles einfacher, denn Silflor kam von Silhouette. Heute sind das zwei Firmen: Silhouette vertreibt sein Begrünungsmaterial unter der Marke „miniNatur“; Silflor vertreibt seine Produkte unter dem Namen „Silfor“. Beide Materialien sind sich recht ähnlich und zählen zu den hochwertigsten am Markt. Bei beiden entsteht die Belaubung nämlich nicht aus mehr oder weniger klein gerissenen Schaumstoffflocken, sondern tatsächlich aus einzelnen Blättern, was es auch erlaubt, Belaubungen für bestimmte Baumarten herzustellen. Grundlage der miniNatur- und Silflor-Matten ist ebenfalls ein Trägernetz, das im Vergleich zu den Foliagenetzwerken aber etwas gröber ausgefallen ist. Auf diesem Netz befinden sich dann noch Fasern, die den eigentlichen Untergrund für das „Blattwerk“ bilden.

Die Verarbeitung dieser Materialien führt zu exzellenten Ergebnissen, setzt aber etwas Erfahrung voraus, weil sie sich nicht so leicht dehnen und strecken lassen. Daher sollte der Anfänger schon mit den anderen Beflockungsmaterialien geübt haben – zumal diese Materialen auch preislich „Spitze“ sind.

DIE VERARBEITUNG

Beispielhaft stellen wir im Folgenden die Verarbeitung von Vlies-Matten und Baumbaurohlingen aus dem Heki-flor-System vor. Natürlich sind die hier geschilderten Methoden auf andere Fabrikate übertragbar.

Die wichtigsten Materialien neben den Rohlingen sind: Matt auftrocknender Dispersionsleim (Ponal o. Ä.) aus der Flasche, Dispersions- bzw. Abtönfarbe, beliebiges Beflockungsmaterial, Fixierer. An Werkzeugen und Hilfsmitteln werden benötigt: Polystyrol-Klebstoff, ggf. Krokodilklemmen, ein Eimer zum Tauchlackieren und eine Schere.

Den ersten Schritt bildet das Zusammenkleben der Rohlinge, sofern man keine fertigen Exemplare verwendet. Die Einzelteile werden mit Polystyrol-Kleber verklebt. Übrig gebliebene Äste kommen nicht achtlos in den Restmüllbehälter, sondern werden zur Gestaltung von Büschen oder Unterholz verwendet. Anschließend erhalten die Äste durch vorsichtiges Biegen eine etwas natürlichere Form. Wenn man die Rohlinge vorher kurz in heißes Wasser taucht, wird der Kunststoff etwas weicher.

Dann folgt als zweiter Schritt das Lackieren. Eine sehr rationelle und preisgünstige Methode ist die Tauchlackierung in handelsüblicher, lösemittelfreier Dispersions-Abtönfarbe. Sie wird so weit verdünnt, dass ein eingetauchter Ast gleichmäßig gefärbt ist, ohne dass sich die Astspitzen mit Farbe zusetzen. Ich verwende fünf Volumenteile Wasser auf vier Volumenteile Farbe. Um die Benetzung der Äste zu verbessern, kann man der Farbe noch einige Spritzer Spülmittel zusetzen – aber bitte nicht zu viel, da sonst „Schwimmhäute“ zwischen den Ästen entstehen können, und auch vorsichtig (!) unterrühren. Vor der Tauchlackierung sollte man die Rohlinge in Spülmittelwasser abwaschen, damit Fettreste verschwinden und die Farbe besser haftet.

Geeignete Farbtöne sind Mischungen aus Umbra und Grau bzw. Braun. Große Bäume kann man alternativ in eine Schale legen und mehrmals mit Farbe übergießen. Sehr sinnvoll ist es übrigens, vor dem Belauben die Astspitzen, die möglicherweise durch die Beflockung hindurchschauen, in einem zum „Laub“ passenden Grünton zu streichen.

Im dritten Schritt erfolgt das Begrünen. Dabei muss ein natürlicher Eindruck erreicht werden. Hierin liegt nun das Hauptproblem für das Gelingen des Ganzen. Ein wenig Übung und der Vergleich mit realen Bäumen helfen. Man lasse sich auch durch erste Misserfolge nicht entmutigen und tröste sich damit, dass es keine gut oder schlecht aussehenden Bäume gibt, sondern nur solche für den Vorder- oder den Hintergrund. Inwieweit man übrigens versucht konkrete Baumarten nachzubilden, bleibt jedem selbst überlassen – wir wollen es mit dem Perfektionismus nicht übertreiben.

Die Qualität der Foliage- und flor-Matten scheint übrigens nicht immer gleichbleibend zu sein. Manche Matten sind sehr flach zusammengequetscht und lassen sich gar nicht mehr vernünftig auseinanderziehen. Andere weisen teils recht großflächige Verdickungen des Trägermaterials an den Rändern auf, was nach dem Auseinanderziehen zu Stellen führt, an denen fast keine Laubflocken sitzen.

UND KOMPLETTER SELBSTBAU?

Wer durch die Baumbaukits auf den Geschmack gekommen ist, kann sich früher oder später auch an den kompletten Selbstbau wagen. Der kann zwar extrem arbeitsaufwendig werden, bietet aber dafür die Gewähr, absolute Unikate zu erhalten. Exemplarisch sei hier nur eine Möglichkeit gezeigt, wie prachtvolle Bäume entstehen können. Der Aufwand lohnt sich wohl kaum für ganze Wälder, für exponierte Einzelbäume aber ganz sicher. Bei dem hier skizzierten Verfahren wird das Gerüst des Baumes aus verdrillten Drahtsträngen hergestellt, mit einer Rindenimitation versehen und anschließend begrünt.

Beginnen wir mit dem Astgerüst. Wir sind in Anlehnung an die Baummodelle von Silhouette dazu übergegangen, unsere Selbstbaubäume grundsätzlich mit Schraubfüßen auszustatten. Kern dieses Schraubfußes ist eine M6-Gewindestange, die unten aus dem Baum herausragt. So kann der Baum später unter der Anlage mit einer Flügelmutter festgezogen werden.

Zunächst einmal wird die Gewindestange mit zwei horizontalen Bohrungen versehen, durch die einige Drähte gezogen werden, die die Basis für das Astgerüst bilden. Gegen diese untersten Drähte wird dann eine Mutter gedreht. Zwischen dieser und der am Ende von unten gegengeschraubten Flügelmutter wird die Geländeschicht eingeklemmt. Über das Ende der Gewindestange wird ein Bündel bereits vorverdrillter Drähte gelegt, um die dann die aus der Gewindestange hochgebogenen Drähte herumgelötet werden. So entsteht eine stabile Anbindung der Drähte an die Gewindestange. Weitere um die Mutter und die Gewindestange angelötete Drähte geben dem entstehenden Baumstamm die richtige Stärke.

Die Drähte werden unter Ausformung der Baumkrone weiter miteinander verdrillt und schließlich unter Bildung des Astwerks auseinandergebogen. Falls zu wenig Drahtenden vorhanden sind, lassen sich in diesem Stadium durchaus weitere Drähte in die Krone einlöten. Die Drähte sehen natürlich einer Rindenoberfläche nicht besonders ähnlich. Deshalb wird der Baumstamm anschließend mit Leim eingestrichen und mit Sand bestreut. Die Belaubung erfolgt mit Heki-flor oder Woodland-Foliage, was bereits weiter vorne beschrieben wurde.

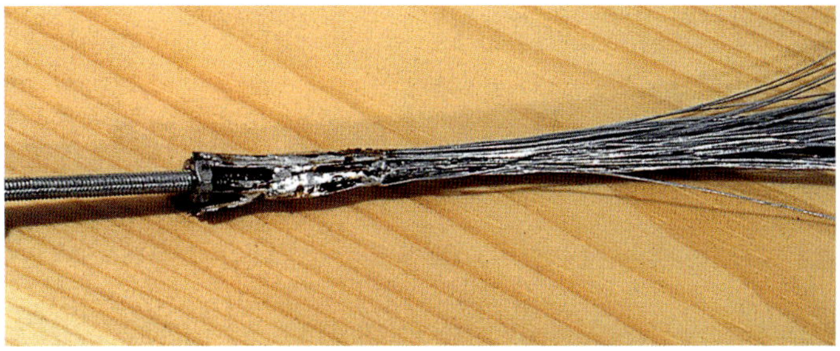

Den Fuß unserer Selbstbaubäume bildet eine Gewindestange, aus der feine Drähte nach oben herausgeführt wurden. Die den Stamm bildenden Drähte wurden verlötet. Dann können die Drähte unter langsamer Ausbildung einer Baumkrone verdrillt werden. Um diese Drehstruktur zu kaschieren und eine Rindenstruktur herauszubilden, wird der Stamm anschließend mit Leim bestrichen und mit Sand eingestreut, wie es im Kapitel über die Nadelbäume beschrieben wird. Das Ergebnis zeigt das unterste Bild, entweder als Winterbaum fertig einsetzbar oder bereit für die Begrünung.

Feine Fichten als Blickfang
Nadelbäume im Eigenbau

Die meisten Nadelbäume sehen über das Jahr (fast) immer gleich aus, und so kann man sie unabhängig von der im Modell gewählten Jahreszeit einsetzen. Allerdings – entweder sind sie preiswert, aber optisch nicht befriedigend, oder sie sehen gut aus und sind dafür kaum noch bezahlbar. Als praktikable Lösung dieses Problems bietet sich an, das Material der Edel-Baumschulen zu nehmen und den Rest selbst zu machen …

Die meisten Modell-Nadelbäume entstehen auch heute noch nach dem Flaschenreinigerprinzip: Zwischen zwei Drähte werden Borsten gelegt und die Drähte anschließend verdrillt. Die so entstandenen Gebilde werden konisch zugeschnitten, grün gefärbt – und schon ist die „Modell-Fichte" fertig. Eine rationelle Vorgehensweise, die sich übrigens auch für die Eigenanfertigung anbietet, nur – besonders vorbildgerecht sehen die entstandenen Bäume nicht aus. Wesentlich bessere Ergebnisse erzielt man bei der Verwendung von feinen moosähnlichen Materialien für die Äste. Dies ist beispielsweise bei den Fichten und Kiefern von Silhouette, Silflor, Dr. Schroll und bei Haberl & Partner der Fall. Allerdings ist diese Herstellung sehr arbeitsintensiv und hat daher ihren Preis. So kostet eine circa 20 Zentimeter hohe Silhouette-Fichte um die € 37,–, auch für einen Bausatz legt man immerhin noch ungefähr € 24,– hin. Da Silhouette und Silflor ihr hervorragendes „Benadelungsmaterial" aber auch einzeln anbieten, kann man sich als halbwegs versierter Bastler an einem kompletten Selbstbau versuchen. Das Material für einen solchen Baum kostet nämlich gerade einen knappen Zehner!

WAS BRAUCHT MAN?

Außer dem Nadelmaterial benötigt man dazu keine weiteren exklusiven Materialien: Der Stamm wird aus 1 mm starkem Messing- oder Kupferdraht hergestellt, der sich gut verlöten lässt. Für die Äste benötigt man dünneren Draht, etwa

Außer dem Belaubungsmaterial (oder besser Benadelungsmaterial …) werden keine ausgefallenen Materialien benötigt: Kupfer- oder Messingdraht, 4-mm-Bananenstecker, Lötzinn mit Flussmittel, beliebiges Streumaterial und Abtönfarbe sind allesamt keine Zaubermittel aus der modellbahnerischen Alchimistenküche …

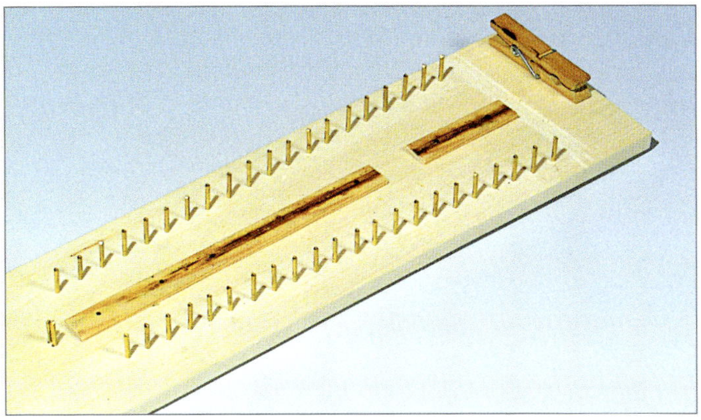

Bewährt beim Fichtenselbstbau hat sich ein „Fakirbrett" als Hilfsvorrichtung, auf dem die Baumrohlinge zusammengelötet werden. Dabei handelt es sich um ein Brett mit einer Wäscheklammer zur Fixierung des Fußes und einer Reihe von Nägeln, um die die Astdrähte herumgefädelt werden.

0,6 mm stark. Ferner braucht man Lötzinn mit Flussmittel, ein Streumaterial und Abtönfarbe. Für den Fuß verwende ich einen Elektronik-Stecker mit 4 mm Durchmesser. Durch diesen Stecker ist der mit viel Aufwand erstellte Baum jederzeit von seinem Platz entfernbar und kann an anderer Stelle platziert werden. Dazu sind nur eingegipste 4-mm-Röhrchen notwendig.

Alternativ kann man das Prinzip der Silhouette-Bäume kopieren und eine Gewindestange am Ende des Stammes anlöten. Der so „eingepflanzte" Baum sitzt zwar fester als ein lediglich eingesteckter, dazu muss aber der Standort von unten zugänglich sein, was etwa bei Verwendung von dicken Hartschaumplatten für die Landschaft nicht immer möglich ist.

An Werkzeugen benötigt man für die Stammherstellung außer der Hilfsvorrichtung noch einen 40-Watt-Lötkolben, einen Seitenschneider sowie Holzleim, Sand und geeignete Farbe zum Bemalen des Stammes. Für das Begrünen braucht man nur noch eine scharfe Haushalts- oder Papierschere sowie eine Nagelschere, schnell abbindenden Holzleim oder flüssigen Alleskleber, einige Haarklipse, gegebenenfalls eine Pinzette.

DIE HERSTELLUNG DES ROHLINGS

Der Stamm wird zunächst zusammengelötet. Zwei 1 mm starke Drähte bilden den Kern des Stammes; dazwischen werden die dünneren Drähte gelegt, die später die Äste darstellen sollen. Gute Dienste beim Zusammenlöten leistet dabei ein „Fakirbrett", das die verschiedenen Drähte zueinander in Position hält, während sie verlötet werden. Das Löten findet in zwei Schritten statt: Erst werden die Drähte im Abstand von etwa fünf bis sechs Zentimetern punktuell fixiert, dann wird im zweiten Schritt der Stamm durchgehend verlötet.

Beim Löten ist der Schlüssel zum Erfolg das ausreichende Erwärmen der Drähte. Die flache Seite der Lötkolbenspitze muss flächig an den Draht gehalten werden, sodass möglichst viel Wärme vom Kolben in den Draht gebracht wird. Das Lötzinn wird an den Draht gehalten (nicht an den Kolben) und

Als Erstes wird einer der 1 mm starken beiden Stammdrähte in die Hilfsvorrichtung für den Bau des Stammes eingelegt. Fußseitig wird er in einen 4-mm-Stecker gesteckt. Dann werden aus 0,6 mm starkem Draht die „Äste" um die Nägel gewickelt. Die Gummibänder verhindern dabei, dass die Astschlingen wieder aus der Vorrichtung herausspringen.

Nachdem ein zweiter „Stammdraht" so auf den ersten gelegt worden ist, dass die beiden Stammdrähte die Astdrähte umfassen, kann der Stamm zusammengelötet werden. Dieses geschieht zunächst mit punktuellen „Heftlötungen" alle fünf bis sechs Zentimeter.
Dann erfolgt das Verlöten des Gesamtstammes. Dazu wird der Stamm ausreichend erwärmt, sodass das zugeführte Lötzinn sauber schmilzt – so wandern Lötkolben und Zinn langsam weiter, bis der gesamte Stamm gleichmäßig verlötet ist. Wichtig ist, dass alle Äste ausreichend vom Lot umschlossen werden, denn sonst können sie sich um ihre eigene Achse drehen. Nach dem Verlöten kann der entstandene Rohling aus der Vorrichtung entnommen werden. Dazu werden die Drahtschlaufen mit dem Seitenschneider aufgetrennt.

Mithilfe eines Seitenschneiders werden die Äste nun nach oben spitz zulaufend abgetrennt.

Um dem Stamm das Aussehen von „Rinde" zu geben, wird er mit Weißleim eingestrichen und mit Streumaterial überstreut.

beginnt zu fließen, wenn der Draht ausreichend warm ist. Beim durchgehenden Verlöten wird immer zum Lötzinn hin gearbeitet, auf diese Weise wird das Lot immer gut durchgewärmt und zerfließt sauber. Auch der Stecker wird verlötet; hier ist es wichtig, dass der Stecker erst gut erwärmt wird, bevor das Lötzinn zugesetzt wird.

Nachdem der Rohling verlötet worden ist, kann er aus der Vorrichtung entnommen und die „Äste" auf die notwendige Länge gekürzt werden. Dann geht es daran, dem Stamm ein natürlicheres Aussehen zu geben. Ich mache dieses durch ein Aufkleben von Streumaterial als Rindenimitation. Dazu kann man jedes Material nehmen, was halbwegs nach Rinde aussieht, billiger Vogelsand geht ebenso wie Woodland Turf. Viel bleibt ohnehin nicht hängen und damit spielt der Preis nur eine untergeordnete Rolle. Ist der Leim durchgetrocknet, wird der Rohling mit unverdünnter Abtönfarbe angestrichen, was gegebenenfalls ein- bis zweimal wiederholt werden muss. Dann kann die bislang noch recht platte Konstruktion durch Wegbiegen der Äste dreidimensionale Gestalt annehmen und ist fertig zum Begrünen.

DIE BENADELUNG

Dazu schneidet man sich aus den Nadelmaterialmatten ausreichend große Stücke heraus – das heißt Stücke, die ungefähr so lang sind wie der Ast, auf den sie später geklebt werden sollen, und die doppelt so breit sind wie die Querzweige. Dabei ist

Nach dem Anmalen des Stammes mit grau-brauner Abtönfarbe wird er durch das Umbiegen der Äste zu einem dreidimensionalen Gebilde.

Vor dem Einkleben des Flors in den Baum wird an der Innenseite noch eine dreieckige Fläche herausgeschnitten. So wird die Fichte innen nicht allzu dicht.

Vor dem eigentlichen Begrünen muss das Nadelmaterial ausgeschnitten und vorgefaltet werden. Dieses Vorfalten dient dazu, dass das Flormaterial nach dem Aufkleben auf die Äste nicht einfach platt auf diesen klebt, sondern rechts und links vom Ast herunterhängt. Dazu werden die Äste mittels Haarklipsen oder den hier gezeigten Mini-Zwingen vorgefaltet und einige Minuten in dieser Form gehalten.

Nun können die Nadelmaterialstücke von unten beginnend in den Rohling eingeklebt werden. Hierbei werden sie mit den Haarklipsen fixiert. Wichtig ist, die Klipse nur sehr knapp aufzustecken, damit von dem Nadelmaterial nicht zu viel plattgedrückt wird. Zweitens sollte man nicht zu viel Kleber auf den Ast auftragen, da überschüssiger Kleber unter der Oberfläche der Haarklipse glatte, unschön glänzende Flächen bildet.

darauf zu achten, dass die Fasern des Nadelmaterials auch quer zu den Ästen des Stammes vorgesehen werden. Diese Nadelmaterialstückchen werden dann in der Mitte geknickt, und zwar so, dass in der sich bildenden Fuge der aufnehmende Ast eingebettet werden kann.

Um sich das Einkleben der zum „Wieder-Aufklappen“ neigenden Stücke zu erleichtern, kann man die Knickung vor dem Einkleben einige Zeit mit einem Haarklips fixieren. Es ist ratsam, eine ganze Reihe von Nadelmaterialstücken auf diese Art und Weise vorzubereiten. An der zum Stamm zeigenden Seite schneide ich auf der Unterseite der Stücke kleine Dreiecke ab, damit der Baum innen nicht zu dicht wird.

Die Äste werden beim eigentlichen Kleben mit Haarklipsen fixiert. Wenn die „Nadeln“ nach unten hängen sollen, müssen die festgeklemmten Klipse deshalb nach oben zeigen. Hat man nun eine „Bestückungsrunde“ um den Stamm herum hinter sich, behindern einen die Klipse zwangsläufig. Deshalb ist es notwendig, den Baum bis zum Trocknen des Klebers ruhen zu lassen. Wer jetzt meint, dieses Problem hätte er nicht, wenn er die Klipse nach unten ragen lässt, muss sich sagen lassen, dass er in diesem Fall riskiert von der Nadelmaterial-Begrünung eine deutlich größere Menge plattzuquetschen.

Also müssen wir den Baum erst einmal beiseitelegen. Eine gute Hilfe ist dabei der abgebildete Ständer, in den zwei im Bau befindliche Bäume eingehängt werden können. Die Bäume hängen hier über Kopf, was den Vorteil gegenüber einer stehenden Aufbewahrung hat, dass die Klipse senkrecht nach unten hängen. Sie neigen somit nicht mehr zum Verdrehen, was sonst zu besagten Quetschungen des Nadelmaterials führen würde. Auf diese Art und Weise arbeitet man sich langsam, aber sicher den Baum bis zur Spitze hoch. Bei der Spitze sollte man sich besondere Mühe für ein sauberes Arbeiten geben, denn eine gut aussehende Baumspitze ist für einen perfekten Eindruck sehr wichtig. Fichten laufen dabei oben sehr spitz zu, Tannen sind eher rund.

Nach dem Einkleben der Äste müssen sie nur noch mit einer Nagelschere etwas getrimmt werden – nach diesem Schritt ist man ohne große Zauberei und ohne allzu viel Geldaufwand Besitzer einiger Modell-Fichten geworden, die sich im wahrsten Sinne des Wortes sehen lassen können!

Die noch mehr oder weniger rechteckigen Nadelmaterialstücke werden mit einer Nagelschere in die für Fichten typische Form geschnitten. Dabei können die bislang noch geraden Äste durch leichtes Biegen in die leicht nach unten durchhängende Form gebracht werden. Dazu sind die Fasern des Trägermaterials zum Teil mit einer Nagelschere zu durchtrennen, da sich die Äste sonst nicht richtig biegen lassen.

Bewährt hat sich ein selbst angefertigter Ständer, in den die Bäume über Kopf (oder besser über Spitze) hineingehängt werden können. Die eingeklebten Flor-Stückchen werden mit Klipsen während des Trocknens festgehalten, die aufgrund ihres höheren Eigengewichtes nach unten hängen sollen.

KAPITEL 8

GEWÄSSER UND FELSEN

Gießharze im Vergleichstest

Wasser ist nicht immer nass

Gießharze haben sich für die Darstellung von Modellgewässern bestens bewährt. Früher ein schwer zu beschaffender Geheimtipp, gibt es mittlerweile eine ganze Reihe von handelsüblich erhältlichen Produkten.

Viele Modellbahner, die schon mal einen Bach oder einen Fluss mit Gießharz gestaltet haben, kennen dies: Ein neugieriger Besucher kommt vorbei und mit einem staunend-bewundernden „Ist das wirklich kein echtes Wasser?" wird ein neuerlicher Fingerabdruck auf die so unschuldig glänzende Gießharz-Oberfläche gesetzt. Der Vorteil des gelungenen Effektes erweist sich so mitunter als Nachteil …

GIESSHARZE

Sei's drum. Gießharze und ähnliche Materialien sind unübertroffen für die Darstellung von Flüssen und Bächen; lediglich für größere stehende Gewässer wie Seen, Teiche oder auch Hafenbecken sind Glas- oder Plexiplatten eine sinnvolle Alternative. Die Industrie hat das erkannt und entsprechende Produkte in ihr Sortiment aufgenommen. Daher muss der Modellbahner nicht mehr von Pontius zu Pilatus laufen, sondern kann die hier vorgestellten Materialien bei seinem Fachhändler kaufen.

Die meisten dieser Produkte sind zweikomponentige Epoxidharze. Bei diesen Materialien werden ein so genannter Binder und ein so genannter Härter zusammengebracht und in diesem Moment beginnt eine chemische Reaktion, die die beiden flüssigen Ausgangsstoffe zu einem festen Stoff verändert. Auf diesem Prinzip basieren die vorgestellten Produkte von Heki, Faller und Greven.

Eine Alternative zu Epoxidharz ist Polyesterharz, bei dem im Prinzip eine ähnliche Reaktion abläuft (wobei das Endprodukt aber chemisch beständiger ist). Nachteilig an Polyester sind einige unangenehme Begleiterscheinungen wie strengere Gerüche sowie eine höhere Aggressivität gegen bestimmte Materialien, weshalb es im Eisenbahn-Modellbau lediglich eine untergeordnete Rolle zu spielen scheint. Trotzdem wurde ein Harz von Hobbytime in diesen Test aufgenommen, um das Verhalten von Polyesterharzen zu illustrieren. Auf einem komplett anderen Prinzip basiert das ebenfalls betrachtete „Modellwasser" von Woodland Scenics. Hier handelt es sich um ein einkomponentiges Material auf Acrylbasis, das im Prinzip ähnlich wie Lackfarbe trocknet.

Und so wurde getestet: Zum einen wurde mit jedem Harz ein kleines „Muster-Bachbett“ ausgegossen. Anhand dieser Ergebnisse wurden Fließ- und Kriechverhalten bewertet – unter Letzterem soll die Neigung des Materials verstanden werden, wegen der von kleinen Ritzen und Spalten ausgehenden Kapillarwirkung in diese „hineinzukriechen“. Aufgrund dieses Effektes können bestimmte Harze selbst nahezu senkrechte Bachränder hochklettern, was zu unschönen Ergebnissen führen kann.

Das ist besonders deshalb unangenehm, weil man nie weiß, wie weit dieser Effekt geht. Abhilfe schafft nur ein zweiter Gießvorgang, der aber keinesfalls über das schon bestehende Kapillarniveau hinausgehen darf. Außerdem wurde ein Verträglichkeitstest mit Styropor und Styrodur vorgenommen, um zu schauen, ob die Gießmaterialien diese oft bei der Untergrundgestaltung verwendeten Materialien angreifen.

Schließlich wurden die in den Mischbechern verbliebenen Harzreste bezüglich ihrer Eigenfarbe bewertet. Ideal wäre ja, wenn die Gießharze zu vollkommen klaren Kunststoffen aushärten würden, aber das ist leider nicht in allen Fällen so. Auffällig ist, dass das Material von Faller etwas und das von Greven stark ins Gelbliche tendiert. Das sieht zugegebenermaßen in den Mischbechern schlimmer aus, als es in Wirklichkeit ist. Insbesondere bei der Verwendung von farblich warmen Flusskieseln, wie bei der von uns verwendeten bräunlichen Sorte, sind die Unterschiede im Modell kaum wahrnehmbar. Dieses kann aber dann auffallen, wenn man farblich kältere, zum Beispiel graue Kiesel verwendet.

Bei der Bewertung der Mischverhältnisse führen einfach zu messende Verhältnisse zu besseren Noten als schwierig zu ermittelnde. Für die 1:1- oder 1:3-Verhältnisse der Epoxi-Harze reicht in der Regel eine relativ einfache Küchen- oder Briefwaage aus. Um die Prozentbereiche des Polyesters abzumessen, muss man schon relativ viel Material ansetzen. Das ist bei dem ursprünglichen Anwendungsfall des Hobbytime-Materials – dem Einbetten von Objekten in durchsichtigen Harzblöcken – kein Problem. Das Treffen des Mischverhältnisses ist nämlich Voraussetzung für eine richtig ablaufende chemische Reaktion: Hat man entweder Härter oder Binder zu viel, kann dieser nicht mehr reagieren, und es bleibt eine „Restklebrigkeit“. Für Modellgewässer ist dieses besonders problematisch, weil dann hier der unweigerlich auftretende Staub festklebt und die Oberfläche nach kurzer Zeit matt aussieht.

Sowohl dick- wie auch dünnflüssige Materialien haben ihre Vorteile. Die dickflüssigen können nur mit viel Nacharbeit dazu bewegt werden, Fugen und Ritzen auszufüllen. Allerdings hat man hier jederzeit die volle Kontrolle über den Ablauf. Dünnflüssige Materialien fließen von sich aus in jede noch so kleine Ritze, man hat aber keinen Einfluss darauf, wie weit das Zeug wirklich kriecht. Was im Einzelfall nun besser oder schlechter ist, hängt von der Gestaltung des Bach- oder Flussbettes ab. Erwähnenswert ist die Wasserverdünnbarkeit des Woodland-Modellwassers, mit dem sich die Konsistenz herabsetzen lässt. In allen Gießharzen hat Wasser sonst nichts zu suchen!

Ein weiterer interessanter Punkt ist das Schwundverhalten, also die Verringerung des Volumens während des Aushärtens. Es ist unbefriedigend, wenn man mit viel Mühe das flüssige Material verteilt, und nach dem Aushärten sieht alles ganz anders aus.

Linke Seite: Dieser Bach auf der Anlage des Verfassers wurde vor einigen Jahren, als die heutign Epoxidharze noch nicht erhältlich waren, mit Polyesterharz gegossen.

Überblick über die getesteten Gussmaterialien. Bis auf das „Modellwasser“ auf Acrylbasis von Woodland Scenics müssen bei den anderen Binder und Härter gemischt werden.

Die Materialien weisen zum Teil einen mehr oder weniger starken Gelbstich auf: (v.l.n.r.) Heki, Faller, Greven, Hobbytechnik, Woodland/Noch.

Härtetest – bis auf das Polyesterharz von Hobbytime sind alle getesteten Vergussmaterialien mit Styropor (weiß) und Styrodur (blau) verträglich. Nichts wäre ärgerlicher, als wenn sich der Untergrund der sorgfältig gestalteten Landschaft in nichts auflösen würde …

Modellwasser im Vergleich

Hersteller	Heki	Faller	Greven	Glorex Hobbytime	Woodland Scenics
Produkt Art.-Nr.	Heki-aqua 3550	Gießmasse 180 508	Poxan-622 5400	Poly-Gießharz 6 2101 1	Modellwasser 96145
Material Mischverhältnis	2K-Epoxidharz 2:1	2K-Epoxidharz 1:1	2K-Epoxidharz 2:1	2K-Polyesterharz Härter 4 % der Bindermenge	Acryl –
Geruch (subjektiv …) Farbe Fließverhalten Schwundverhalten Verträglichkeit mit Styropor	kaum klar dünnflüssig, kriecht nur durch Kriechen ja	kaum leicht gelblich dünnflüssig, kriecht nur durch Kriechen ja	Härter riecht gelblich dickflüssig gering ja	stark klar dickflüssig gering nein	kaum klar dickflüssig hoch ja
Gebindegröße	600 g	500 g	300 g	250 g	470 ml
Preis ca.	€ 35,–	€ 40,–	€ 11,–	€ 10,–	€ 20,–

Hier sticht das Modellwasser von Woodland hervor: Das „Muster-Bachbett“ wurde mit einer 3 mm hohen Schicht aufgefüllt – nach dem Aushärten war gerade noch eine Schicht von einem halben Millimeter übrig. Einen ähnlichen Effekt hätte man wohl erreichen können, wenn man das Bachbett dick mit Klarlack eingestrichen hätte. Um mit diesem Material befriedigende Ergebnisse zu erzielen, muss man es in einer Vielzahl von Arbeitsgängen Schicht für Schicht auftragen.

Beim Faller- und Heki-Material ist ebenfalls ein leichtes Absinken des ursprünglichen „Wasserstandes“ zu beobachten, bei diesen beiden Harzen dürfte der Effekt aber auf die „kriechbedingten“ Verluste an Material in den Steinspalten zurückzuführen sein; bei den auf das Styropor aufgetragenen Proben war jedenfalls keine nennenswerte Volumensabnahme zu erkennen. Die Ergebnisse der Verträglichkeit der Gießmaterialien mit Styropor und Styrodur bestätigten schließlich, was wir ohnehin erwartet hatten: Die Epoxide von Heki, Faller und Greven greifen diese Untergrundmaterialien ebenso wenig an wie das Woodland-Modellwasser; lediglich gegen das Polyesterharz haben Styropor und ähnliche Schaumstoffe keine Chance.

Tipps

- Die Nachbildung von Wellen: Alle getesteten Gussmassen haben die Eigenschaft, dass sie eine brettebene Oberfläche bilden. Wellen lassen sich zwar prinzipiell während der Abbindephase einmodellieren, aber dazu muss man exakt den richtigen Zeitpunkt abpassen. Einfacher geht es, wenn man die Wellen nach dem Aushärten des Gießharzes mit klarer Fenstermalfarbe (etwa von Marabu) modelliert. Die anfangs milchige Fenstermalfarbe trocknet glasklar auf, ähnlich funktionieren auch die „Wasser-Effekte“ von Woodland Scenics.

- Langfristige Haltbarkeit: Leider reagiert die Oberfläche mancher Harze im Lauf der Zeit mit der Luft – zusammen mit dem allgegenwärtigen Staub ist das Resultat dann eine unschöne Mattierung. Dem kann man vorbeugen, wenn die Oberfläche nach dem vollständigen Aushärten mit hochglänzendem Klarlack überstrichen wird – sie wird so deutlich haltbarer. In Anbetracht der vielen erhältlichen Lacke sollte man aber vorab einen Testanstrich machen!

FAZIT

Welche Gießmasse ist nun die beste? Auf diese Frage gibt es keine eindeutige Antwort. Das Greven-Harz ist für Modellgewässer wegen seiner sehr gelblichen Farbe relativ ungeeignet und gegen das Woodland-Modellwasser spricht der hohe Volumensschwund. Die drei anderen Materialien von Heki, Faller und Hobbytechnik haben aber alle ihre Vor- und Nachteile, die für den Anwendungsfall abgewogen werden müssen. Für die Harze von Heki und Faller sprechen die leicht zu ermittelnden Mischverhältnisse sowie die Verträglichkeit mit Styropor. Bei Polyesterharz gefällt mir die fehlende Kriechneigung, aber ob dies relevant ist, hängt von der Ufergestaltung ab. Ideal wäre jedoch ein glasklares Epoxidharz, das von der Konsistenz zwischen denen von Heki und Faller und dem von Greven angesiedelt ist.

Besonders hervorzuheben ist bei dem kleinen Bachlauf auch die vorbildgerechte Gestaltung des „ausgewaschenen“ Bachrandes mit der überhängenden Grasnarbe.

Das Muster-Bachbett mit dem Heki-Gießharz. Wenn man genau hinschaut, erkennt man an den glitzernden Stellen, dass das Gießharz bis in alle Winkel des Feldes gekrochen ist. Die kleine Holzleiste markiert die ursprüngliche Füllhöhe – man sieht, dass der „Wasserspiegel" während des Abbindens gesunken ist. Positiv anzumerken ist, dass das Gießharz gut in alle Fugen hineingelaufen ist.

Ein ähnliches Bild beim Polyester-Gießharz von Hobbytime. Allerdings löst sich hier das Harz in der Bildmitte wieder vom Bachboden; dieser Effekt dürfte jedoch nur auf die relativ glatte Holzoberfläche zurückzuführen sein.

Ein ganz ähnliches Bild stellt sich bei Verwendung des Faller-Gießharzes ein – auch hier ein Funkeln in den Ritzen.

Kein Kriechen, eher leichte Aufwulstungen an den Gussgrenzen beim Greven-Gießharz. Hier steht der Wasserstand noch auf der ursprünglichen Einfüllhöhe.

Das Woodland-Resultat, das mehr an einen Lackauftrag erinnert – sogar die Maserung des Holzes vom Bachboden scheint durch. So assoziiert es zwar Wellen, aber das war nun mal nicht die Absicht. Hier muss Schicht für Schicht aufgetragen werden, bis die gewünschte Füllhöhe erreicht ist.

Wasser und Gießharz aus der Tüte
Am gurgelnden Bach

Das Klappern der Mühle am rauschenden Bach nachbilden zu wollen, wäre wohl übertrieben. Aber irgendein Modellgewässer gibt es auf fast jeder Anlage. Bevor man überhaupt an das „Wasser“ denken kann, muss natürlich erst einmal ein passender Untergrund geschaffen werden – ein Bach- oder Flussbett, welches später gefüllt wird.

Auf dem Untergrund sollte man zunächst den groben Verlauf des Flusses oder Baches mit Gips modellieren. Je nach zu erzielendem Landschaftseindruck kann der Bach mehr oder weniger gewunden durch die Modelllandschaft fließen. Wenn man nun den Verlauf grob festgelegt hat, kann man sich der Ufergestaltung widmen. Die Ufergestaltung ist ein sehr wichtiger Punkt, denn ein Bach wirkt nicht nur durch das Wasser, sondern auch und im besonderen Maße durch eine abwechslungsreiche Ufergestaltung. Sehr realistisch wirkt ein Bach mit einer Mischung aus steilen Ufern und durch Auswaschungen flacher auslaufenden Partien. Die Uferpartien werden mit Gips oder einer ähnlichen Modelliermasse gestaltet.

DAS BACHBETT

Zunächst wird aber das gesamte Bachbett mit einem dünnen, aber möglichst flächenhaft dichten Überzug aus Spachtelmasse überzogen, damit das Bett dicht ist und das Gießharz nicht den Geländeunterbau (z.B. aus Polystyrol-Schaumplatten) auflösen kann. Danach kann man mit etwas steiferer Spachtelmasse die Ufer modellieren.

„Rainershagener Naturals“ bot für die Gestaltung von Bächen sehr interessante Produkte an. Als Modelliermasse habe ich sein „Spachtelpuder“ verwendet, das mit dem Kleberkonzentrat (1:3 verdünnt) angemacht wird. Mit den in den verschiedensten Farbtönen angebotenen Felsenpudern kann man die Spachtelmasse der Farbe der Steine anpassen.

Als Nächstes geht es um den Flusskies. Diesen gewinnt man am besten aus entsprechenden Bächen, wie sie in den Mittelgebirgen überall zu finden sind. Man braucht etwa drei verschiedene Korngrößen von Steinen: das Grundmaterial mit etwa 3 mm Durchmesser, etwas feineres Füllmaterial mit höchstens 1-2 mm Durchmesser sowie einige „Findlinge“ mit etwa

4-6 mm Durchmesser. Als Erstes „schütten" wir nun das Grundmaterial in das Flussbett und positionieren die Steine so, dass sich eine geschlossene Schicht ergibt. Am Rand kann die Schicht streckenweise etwas dicker sein als in der Mitte, sodass sich nach dem Ausgießen mit Gießharz kleine „Kiesbänke" bilden. Danach werden die Findlinge in das Kiesbett eingearbeitet, wobei darauf zu achten ist, dass die Findlinge nicht auf den kleineren Steinen liegen, sondern in sie eingebettet sind. Es bietet sich an, diese Findlinge teilweise schon beim Modellieren des Ufers einzuarbeiten. Wenn alle Steine an ihrem richtigen Platz liegen, kann man sie fixieren beziehungsweise festkleben.

FIXIERUNG DER STEINE

Dazu braucht man zwei Hilfsmittel: Eine Blumenspritze mit „entspanntem" Wasser sowie eine geeignete Leim-Mixtur. Bei dem entspannten Wasser handelt es sich um mit einem kleinen Schuss Spülmittel versehenes Wasser, dessen Oberflächenspannung so weit herabgesetzt ist, dass sich auf den Steinen keine Perlen bilden. Mit diesem Wasser sprüht man nun den Bach satt ein. Dann lässt man auf den so angefeuchteten Bach vorsichtig das Leim-Gemisch tropfen.

Den Bach lässt man nun in Ruhe trocknen und prüft dann, ob alles ausreichend fest ist. Wenn nicht, tröpfelt man noch mal das Leim-Wasser-Gemisch auf das Bachbett. Erst wenn der Leim vollständig ausgehärtet ist, sollte man sich daranmachen, den Bach mit Gießharz auszufüllen.

DER BACH AUS GIESSHARZ

Grundsätzlich gibt es zwei Arten von Gießharz: Polyesterharz und Epoxidharz. Polyesterharz, auch „Bio-Gießharz" genannt, ist in Hobby- und Bastelbedarfsgeschäften erhältlich. Epoxidharz hat den Vorteil, dass sich kaum gefährliche Dämpfe bilden, während bei der Verarbeitung von Polyesterharz in stärkerem Maße Dämpfe entstehen, die die Augen und Atemwege reizen können, sodass für eine optimale Belüftung gesorgt werden muss. Die Gefahrenhinweise auf der Verpackung sollte man gründlich durchlesen.

Auch bei der Oberflächenstruktur ergeben sich Unterschiede. Das Polyestergießharz eignet sich mit seiner nach dem Aushärten leicht welligen Oberfläche gut für die Nachbildung fließender Gewässer. Im Gegensatz dazu eignet sich das Epoxidharz mit seiner ebenen Oberfläche eher für stehende Gewässer.

Beide Materialien sind glasklar und lassen sich nach Belieben abtönen. Ein weiterer Vorteil von Epoxidharz ist die niedrigere Reaktionstemperatur beim Erhärten, sodass sich Teile aus Kunststoff leichter mit eingießen lassen. Aufgeschäumte Kunststoffe, wie zum Beispiel Styropor oder auch die Mauerplatten von Merkur, lassen sich auf keinen Fall eingießen. Sie werden von dem Gießharz angelöst. Eine mitunter unangenehme Eigenschaft von Epoxidharz und je nach Hersteller auch von Polyesterharz ist die fehlende Oberflächenspannung. Dieses hat zur Folge, dass das flüssige Gießharz am Rand „hochkriecht". Es bleibt also kein Stein im Flussbett „trocken", was bei dem Bach jedoch sehr unnatürlich wirken würde. Man sollte also vor dem Gießen einen Vorversuch machen, um die Oberflächenspannung zu prüfen.

Bevor man nun darangeht, den Bach mit Gießharz auszugießen, muss er in eine waagerechte Position gebracht und die

Zuerst wird der gesamte Bachbettbereich mit einem dünnen Überzug aus Spachtelmasse abgedichtet, damit das Gießharz nicht den Geländeunterbau (z.B. aus Polystyrol-Schaumplatten) auflösen kann.

Mit etwas festerer Spachtelmasse wird das Bachbett in seine endgültige Form modelliert. Größere Steine werden schon in die noch weiche Masse eingedrückt. Mit kleineren, die man leicht aus Mittelgebirgsbächen gewinnen kann, werden Bachbett und Uferrandbereiche bestreut.

Wenn alle Steine an der richtigen Stelle liegen, werden sie mit verdünntem Kleber (z.B. Holzleim) fixiert. Vorher muss das Bachbett mit entspanntem Wasser besprüht werden.

Zum Anmischen von Gießharz braucht man eine Waage, einen Mischbehälter, einen Taschenrechner zur Berechnung der Härtermenge sowie einen Rührstab.

Das Messer benötigt man, wenn man Wasser darstellen will, das über eine kleine Staustufe im Bach plätschert. Hierzu lässt man einen Teil des Gießharzes so weit abbinden, dass es etwas geliert hat. Wann dieser Zeitpunkt im Erhärtungsprozess eintritt, lässt sich kaum vorhersagen. Man muss also dabei stehen und laufend prüfen, ob das Gießharz schon geliert. Dann häckselt man die geleeartige Masse in ein bis zwei Millimeter große Würfel und setzt diese an die entsprechende Stelle im Bach.

Anlagenkante, sofern der Bach gegen diese läuft, gegen Abfließen des Gießharzes gesichert werden. Hierzu schneidet man eine Pappe im Profil des Baches aus und nagelt sie zusammen mit einer Hartschaumplatte oder Ähnlichem gegen das Flussgrundbrett. Das hat den Vorteil, dass der Gießharzkörper nach dem Erhärten etwas über die Anlagenkante übersteht. Durch die Oberflächenspannung kriecht das Gießharz an der Hartschaumplatte etwas hoch, was sich jedoch nach dem Aushärten wieder abschleifen lässt. Wenn man diese Vorarbeiten hinter sich hat, kann man nun gießen. Den hier beschriebenen Bach kann man in einer Schicht gießen.

Gewässer mit größeren Tiefen sollte man je nach Tiefe in zwei oder mehr Schichten gießen, da das Gießharz beim Aushärten Wärme entwickelt. Diese Wärmeentwicklung nimmt mit der Dicke der gegossenen Schichten zu und kann zu Rissbildung führen. Es empfiehlt sich, die benötigte Gießharzmenge vorher grob zu überschlagen und eher etwas mehr zu nehmen, um nicht während des Gießens noch Harz anmischen zu müssen.

Anschließend werden die beiden Komponenten in einem Extragefäß gemischt. Bei Epoxidharz werden Härter und Binder zu gleichen Teilen gemischt. Bei Polyestergießharz wird dem Gießharz nur eine geringe Menge Härter zugegeben (2-3 %). Die jeweilige Härtermenge ist von Hersteller zu Hersteller verschieden und der Gebrauchsanweisung zu entnehmen.

Wenn man das Gießharz gut verrührt hat, sollte man nicht allzu viel Zeit verlieren, es vorsichtig in den Bach gießen und mit einem kleinen Holzspachtel fein verteilen. Wenn man den Gießvorgang abgeschlossen hat, lässt man den Bach in Ruhe und wirbelt insbesondere keinen Staub o. Ä. auf, bis das Gießharz richtig ausgehärtet ist. Dieses dauert etwa einen Tag, aber es ist sicher nicht falsch, mit dem Weiterbauen (Begrünen) noch einen weiteren Tag zu warten, denn nichts sieht schlechter aus als ein Bach, über dem ein Hauch von Grasfasern liegt …

Beim Gießen fängt man mit den Staustufen an (soweit welche vorgesehen sind) und positioniert hier die Gießharz-Gelee-Würfel. Wenn sie hart geworden sind, mischt man die zweite Menge Gießharz an und gießt sie ins Bachbett. Die bereits erhärteten Gelee-Würfel an der Staustufe verhindern, dass das frische Gießharz nach unten den Bach runter fließt.

Nun gehört zu einem Bach natürlich auch die Begrünung das Umfeldes, sprich: die gezielte Platzierung von Bäumen und Büschen. Hier findet langes Silflor-Gras Verwendung, aber auch Grasborsten von Woodland sind sinnvoll „anzupflanzen".

INSTANT-WASSER AUS DER TÜTE

Einen etwas anderen Weg als das vorgehend beschriebene Gießharz geht Woodland Scenics mit seinem so genannten „E-Z Water" (eine Verballlhornung von „easy water", also „leicht zu verarbeitender Wassernachbildung"), das im Vertrieb bei Noch und Bachmann erhältlich ist.

Vorsicht, Verwechslungsgefahr: Schaut man nicht genauer hin, erinnert das Instant-Wasser zunächst einmal eher an Kandiszucker denn an ein wie auch immer geartetes Landschaftsbaumaterial. Aber des Rätsels Lösung ist ganz einfach – es handelt sich schlicht um ein Granulat, das durch Erhitzen flüssig gemacht und dann vergossen werden kann.

Bevor es jetzt an das Gießen des Wasserlaufs gehen kann, sollte der fertige Untergrund unbedingt noch eine Versiegelung mit zweimal satt aufgetragenem lösungsmittelfreien Acrylklarlack (der in einem normalerweise eher kärglich belüfteten Eisenbahnkeller nicht gar so penetrante Ausdünstungen absondert) erhalten. Diese Versiegelung verhindert, dass sich nachher beim Eingießen des etwas zähflüssigen Instant-Wassers unschön wirkende Luftbläschen an den kleinen Steinchen des Bachbettes festsetzen.

Um das Granulat zu erhitzen, sollte man nicht unbedingt den besten Kochtopf aus der Küche entführen (das dürfte in der Regel nur unnötigen Ärger geben). Eine sauber ausgespülte Konservendose, die nach Gebrauch entsorgt werden kann, tut es nämlich auch. Das Granulat wird bei hoher Hitze möglichst schnell geschmolzen; während des Erhitzens ist die Masse immer gut umzurühren, bis auch alles schön flüssig ist. Laut Gebrauchsanweisung ist die Hitze zu groß, wenn die Gießmasse zu rauchen anfängt; dieser Fall trat bei unserem Versuch hier jedoch nicht ein. Sie erstarrt sehr schnell wieder, bei der Verarbeitung sollte man also etwas zügig vorgehen und die Masse möglichst schnell in dem vorbereiteten Teich oder Bachlauf vergießen.

Das Gießen an sich geht problemlos vonstatten. Allerdings ist die erhitzte Gießmasse vergleichsweise zähflüssig, sodass mit ein wenig Überlegung vorgegangen werden muss. So empfiehlt es sich, zunächst nur kleinere Mengen des Granulats zu schmelzen. Ein größerer Teich sollte in mehreren Schichten, ein Bachlauf in mehreren Abschnitten gegossen werden. Die Gießmasse ist vergleichsweise zähflüssig, sodass man sie an den Uferkanten mit einem alten Pinselstiel in die unregelmäßigen Steine der Uferbefestigung einarbeiten sollte. Auch hier heißt es wieder zügig arbeiten, denn die eingegossene Gießmasse erstarrt vor allem an ihren Rändern sehr rasch.

Wenn das Ganze beim ersten Anlauf nicht sofort klappen sollte (bei mir übrigens auch nicht …), so ist dies nicht unbedingt tragisch. Solange das „Instant-Wasser" zwar abgekühlt, aber noch nicht völlig erstarrt ist, lässt es sich relativ problemlos wieder aus dem Bachbett heraushebeln; Voraussetzung ist dazu allerdings ein sorgfältig verleimter und mit Lack versiegelter Untergrund.

Sollte beim Gießen ein Rest in der Dose oder im Topf zurückbleiben, lässt sich dieser ohne weiteres durch erneutes Erhitzen wieder flüssig machen und weiterverwenden. Auf ähnliche Weise lässt sich denn auch die Oberfläche der gegossenen „Wasser"-Fläche weiter bearbeiten. Mit einem Heißluftföhn ist es möglich, sie in Grenzen wieder zu verflüssigen, um so mit einem kleinen Schraubendreher nachträglich noch Wellenstrukturen einarbeiten zu können …

Vorbildfoto aus dem Harz, als Anregungen für die Ufergestaltung eines etwas größeren Baches.

Das soll Wasser werden? Eigentlich erinnert es eher an Kandiszucker ... Das Granulat ist zusammen mit anderen ausgewählten Produkten von Woodland Scenics mit deutscher Anleitung bei Noch erhältlich.

Jetzt kann gegossen werden. Da die Gießmasse vor allem an den Rändern sehr schnell erstarrt, heißt es zügig arbeiten.

Die weitere Ausgestaltung erfolgte mit Sand und feinen Steinchen, die an einem echten Bach gesammelt wurden. Die Uferbefestigung entstand aus Basaltschotter für die Baugröße 1 von Völkner.

Während des Gießens sollte man das „Instant-Wasser" mit einem alten Pinselstiel gleichmäßig verteilen, da sich vor allem am Boden gerne Luftbläschen festsetzen.

Das zukünftige Bachbett erhielt eine Versiegelung mit klarem Acryllack. Dies verhindert – zumindest weitgehend – die Bildung von Luftbläschen beim Eingießen des „Instant-Wassers". Ein Polystyrolstreifen sorgt dafür, dass sich die flüssige Gießmasse nicht ungehindert vom Diorama davonmachen kann.

Mit einem Föhn lässt sich die erstarrte Gießmasse auch noch nachträglich bearbeiten. Auf diese Weise lassen sich beispielsweise Wellenstrukturen herausarbeiten.

Rechts: Jetzt kann es an das Gießen gehen. Als Erstes wird dazu das Granulat in einer Blechdose erhitzt, bis es flüssig ist (besser geht es allerdings mit einer alten Blechtasse o. Ä.). Eine transportable Kochplatte leistet hierbei gute Dienste, denn so kann das Erhitzen an Ort und Stelle erfolgen. Während des Erhitzens sollte die Gießmasse gut umgerührt werden.

Geruchsneutrale Alternativen

Modellgewässer ohne Gießharz

Dieses trübe Hafenwasser wurde mit hochviskosem, wasserverdünnbarem Unterbodenschutz nachgebildet. Er wird mit einem Spatel wellenförmig auf einen ebenen Untergrund aufgetragen. Das Material kann problemlos im gewünschten Farbton lackiert werden. Nach dem Trocknen erhält das „Wasser" einen Überzug aus hochglänzendem Klarlack.

Kleine Wasserfälle (rechts beim Industrieabfluss) lassen sich leicht nachbilden. Vor dem Klarlackauftrag wird die Gischt mit grauer oder weißer Farbe auf den Wellenspitzen angedeutet. Das „freifallende" Wasser am Abflussrohr (links) wurde durch Pinselhaare nachgebildet. Diese Borsten wurden wiederum mit Unterbodenschutz überzogen.

Für die Nachbildung von Gewässern auf seiner Anlage greift der Modellbahner oft zu Gieß- oder Epoxydharzen. Abgesehen von Problemen bei der praktischen Anwendung entfalten diese Mittel einen zumindest unangenehmen, meist sogar gesundheitsschädlichen Geruch. Doch es geht auch ohne …

Ein von Modellbahnern häufig verwendetes Produkt zur Darstellung von Gewässern ist ungesättigtes Polyesterharz (so genanntes Gießharz) oder auch Epoxydharz. Dabei handelt es sich um Zweikomponentenprodukte, die vor der Verarbeitung in einem bestimmten Mischungsverhältnis vermischt werden müssen.

Nachteilig ist die teilweise recht kurze Topfzeit (Verarbeitungszeit). Wird mehr Material angemischt als tatsächlich benötigt wird, kann das überflüssige Material nur innerhalb eines bestimmten Zeitraumes noch verwendet werden. Zudem ist der oft extreme Geruch (Styrol beim Gießharz) gerade in schlecht belüfteten Räumen nicht nur unangenehm, sondern sogar gesundheitsschädlich! Bei Epoxydharzen können besonders die Härter wegen ihrer ätzenden Wirkung problematisch sein.

Abgesehen davon ist die Nachbildung von Wellen bei diesen Materialien nur mit einigen Tricks zu bewerkstelligen. Mit diesem Beitrag soll ein Weg aufgezeigt werden, wie man auch ohne Einsatz von Gieß- oder Epoxydharzen Gewässer effektvoll im Modell nachbilden kann.

In der Natur gibt es verschiedene Arten von Gewässern – das ist keine sensationelle Erkenntnis. Zwar handelt es sich (von Verschmutzungen abgesehen) immer um H_2O, der optische Eindruck ist jedoch sehr unterschiedlich. Das Spektrum reicht vom absolut klaren Gebirgsbach bis zum beinahe undurchsichtigen Fluss- oder Hafenwasser. In tieferen Gewässern ist, zumindest in unseren Breiten, vom Untergrund ebenfalls nichts zu erkennen. Zudem ist zwischen stehenden bzw. ruhigen und bewegten Gewässern zu unterscheiden. Daher können je nach Gewässerart unterschiedliche Methoden zur Anwendung kommen.

HAFEN- ODER FLUSSWASSER

Hafen- oder Flusswasser, welches von Schiffen befahren wird, ist im Allgemeinen schmutzig. Bis auf den Grund kann man normalerweise nicht sehen. Auf eine Ausgestaltung des Gewässeruntergrundes kann daher verzichtet werden. Deshalb genügt zur Nachbildung eine ebene Platte (z.B. Sperrholz) in der Art eines Trassenbrettes, welche im Wasserfarbton (etwa olivgrün) gestrichen wird. Die Tiefe des Gewässers wird dabei allein durch die Farbgebung – je tiefer, desto dunkler – dargestellt. Am Gewässerrand kann der Untergrund mit feinem Sand plastischer nachgebildet werden. Nach dem Trocknungsvorgang wird diese Fläche einfach mit glänzendem Klarlack überlackiert. Nachteil: Mit dieser Methode lässt sich jedoch keine oder nur eine geringe Wellenbildung nachbilden.

Sollen größere Wellen (z.B. am Bug oder Heck von Schiffen) dargestellt werden, wird hochviskoser, wasserverdünnbarer Unterbodenschutz mit einem Chemikalienspatel in der gewünschten Form wellenförmig aufgetragen. Nach dem Trocknungsvorgang erfolgt ein Farbauftrag im gewünschten Farbton. Gischt oder Schaumkronen auf den Wellen können durch weiße oder graue Farbe auf den Wellenspitzen angedeutet werden. Auf eine farbliche Vorbehandlung des Untergrundes kann auch in diesem Fall verzichtet werden.

An Stelle des Unterbodenschutzes kann theoretisch auch normaler Kunstharzspachtel oder jedes andere hochviskose, trocknende Material verwendet werden. Ich habe allerdings nur Erfahrungen mit Unterbodenschutz gemacht – dass es funktioniert, beweisen die Bilder.

BÄCHE UND KLEINERE FLÜSSE

Bäche oder auch kleinere Flüsse sind relativ flach und sauber. Hier muss vor der Wassernachbildung der Untergrund ausgestaltet werden. Das Bach- oder Flussbett wird beim Geländebau herausmodelliert. Bei der Verwendung von Styropor oder Styrodur muss das Material völlig abgedeckt und isoliert werden, damit durch den späteren Klarlackauftrag der Schaumstoff nicht aufgelöst wird. Das Bachbett wird mit feinem Sand und kleinen Steinchen ausgestaltet. Hinzu kommen Äste oder vereinzelter „Hausrat" (rostiges Fahrrad, Autoreifen, Farbeimer etc.). Die Fixierung erfolgt mit einer stark verdünnten Weißleimlösung (Uhu-coll) plus Spülmittelzusatz (die gleiche Mixtur dient ja bekanntermaßen als Schotterkleber). An einigen Stellen bilden Streumaterialien oder Schaumstoffflocken Algen oder Pflanzen nach.

Nach dem Trocknen wird in Bereichen mit stärkerer Strömung klare Silikon-Abdichtmasse wellenförmig aufgetragen. Wer die Möglichkeit hat, an hochviskose Acrylatdispersion (Bindemittel bei der Lackherstellung) heranzukommen, kann auch mit diesem Material sehr gut Wellen nachbilden. Dieses Bindemittel trocknet völlig klar auf und ist problemlos überlackierbar. Ein weiterer Vorteil ist die Wasserlöslichkeit, sodass alle Arbeitsgeräte leicht gereinigt werden können.

Schaumkronen lassen sich mit aufgetupfter weißer Farbe darstellen. Selbst die Nachbildung eines Wasserfalls ist mit diesen Materialien kein Kunststück. Nach dem Trocknen wird die gesamte Flussoberfläche mit Klarlack beschichtet.

PFÜTZEN UND WASSERGRÄBEN

Sehr kleine stehende Gewässer (z.B. Pfützen) weisen keine Wellenbewegung auf. Daher reicht hier zur Nachbildung der alleinige Klarlackauftrag. Auch bei der Nachbildung von Entwässerungsgräben an Bahndämmen oder Straßen ist dies ausreichend.

Als Klarlack kann jeder handelsübliche hochglänzende Lack eingesetzt werden. Es gibt heutzutage auch schon Produkte auf Basis wasserverdünnbarer Rohstoffe, was gerade auch bei der Verwendung in schlecht gelüfteten Hobbyräumen von Vorteil ist. Wenn Wellen durch Silikonmasse dargestellt wurden, kann es allerdings beim Aufbringen von wasserverdünnbaren Klarlacken zu Benetzungsstörungen kommen!

Diese wenigen Beispiele zeigen, wie mit einfachen Mitteln Gewässer nachgebildet werden können. Wer die Augen offen hält, findet manchmal mehr oder weniger durch Zufall Materialien, mit denen sich im Modellbau bestimmte Effekte (nicht nur zur Gewässernachbildung) erzielen lassen.

Vorbereitung des Flussbetts: Der gesamte Landschaftsunterbau erhält einen erdbraunen Anstrich, danach werden kleine Steinchen und Sand trocken aufgestreut und mit einem Pinsel in Form gebracht.

Auch die Bugwellen und die Gischt an der Schiffsschraube des Schleppers wurden mit Unterbodenschutz nachgebildet. Vor dem Klarlacküberzug wurden die Wellenberge farblich nachbehandelt.

Die Vorbereitung des Bachbetts erfolgt auf die gängige Weise: Steine und Sand werden mit verdünntem Weißleim, wie beim Einschottern, befestigt.

Das fertige Bachbett nach der Aushärtung des Klarlackes. Anschließend geht es an die Gestaltung der Landschaft links und rechts des Bachlaufes.

Das fertig vorbereitete Fluss- oder Bachbett. Algen oder Wasserpflanzen können durch Streumaterial dargestellt werden.

Bei diesem Gebirgsbach wurden die Wellen mit Silikonmasse nachgebildet und mit Klarlack überstrichen.

Danach wird hochviskose Acrylatdispersion oder klare Silikonmasse aufgetragen und mit einem Chemikalienspachtel in Form gebracht. Mit Wasser können die Materialien verdünnt und dadurch bei Bedarf (z.B. bei geringer Strömung) die Wellen flacher ausgestrichen werden.

Nach dem Trocknen sind die entstandenen Wellen erkennbar. Als deckende Schicht wird nun hochglänzender Klarlack mit einem Pinsel aufgetragen.

Hier als Beispiel ein Motiv von einem komplett ausgestalteten Diorama der Nenngröße 0. Der Bach auf diesem Schaustück entstand ebenfalls nach der Silikon-Klarlack-Methode. Auf der Gegenlichtaufnahme ist die Wellenbildung deutlich erkennbar.

Steiniges am Straßenrand
Felsen aus Gips

Modellbahngerechte Szene bei Rabenau an der Schmalspurbahn Freital-Hainsberg-Kurort Kipsdorf. Die Bahntrasse verläuft zwischen der Weißeritz und steilen Felswänden.

Gerade landschaftlich sehr interessante Eisenbahnstrecken führen oft an Felsformationen vorbei – sind sie nicht auch deshalb so reizvoll? Vorbilder gibt es viele für solche felsigen Streckenabschnitte: von der schmalspurigen Selketalbahn im Harz bis zur zweigleisigen Schwarzwaldbahn sind alle Streckengrößen vertreten. Warum nicht auch im Modell?

Sorgen wir also auch im Modell für Felsen. Es gibt viele Methoden auf einer Modellbahn, Felsen nachzuahmen: angefangen von Kunststoff-Fertigteilen über Kork bis hin zu echten Steinen. Man kann sie aber auch aus Gips herstellen oder genauer gesagt: aus Gips gießen.

GIESSEN DER ROHFELSEN

Wir haben zum Gießen der Rohfelsen die Gummiformen von Woodland verwendet. Man kann aber auch selbst Gießformen herstellen, indem man sich passende Steine sucht und von ihnen eine Gussform herstellt.

Der Gips wird so angemischt, dass er ziemlich flüssig ist und sich gut gießen lässt. Das hat auch den Vorteil, dass er nach dem Aushärten nicht so schwer ist. Der flüssige Gips wird in die Form gegossen und mit einem Borstenpinsel gut verteilt. Zum Verteilen keine harten Gegenstände benutzen, um die Form nicht zu beschädigen. Ein Formtrennmittel, mit dem man die Form vor dem Gießen einstreicht, ist überflüssig, denn die Gipsstücke lassen sich auch ohne dies gut ausformen.

Die Silikonformen sind recht flexibel und lassen sich durch Unterlegen von Leisten in eine etwas andere Form bringen. So kann man Felsenstückchen bequem gießen, die der entsprechenden Einbausituation angepasst sind. Ausformen sollte man die Felsstücke nicht zu früh, da sie sonst schnell brechen können. Solange sich der Gips noch etwas feucht anfühlt, kann man ihn beim Einbauen noch bequem bearbeiten.

EINBAU UND FARBGEBUNG

Daher sollte man mit dem Einbauen der Felsen nicht allzu lange warten. Die Form der noch leicht feuchten Gipsfelsen lässt sich mit einem Messer verändern und so anpassen, dass sich die einzelnen Teile gut zusammenfügen und ein einheitliches Bild

Gips anmischen ist keine hohe Kunst, aber: immer den Gips in das Wasser geben und nicht umgekehrt – sonst gibt es leicht Klümpchen. Der Gips muss recht flüssig und gut durchgerührt sein, damit er sich gut in die Form gießen lässt.

Dann wird dort, wo die Felsenstücke hinkommen, etwas Gips aufgetragen, in den die Felsen gedrückt werden.

Die Form sollte stabil aufliegen, damit sie sich während des Aushärtens nicht verändern kann. In der Gießform den Gips mit einem weichen Gegenstand (z.B. einem Pinsel) gut verteilen, sodass er auch in die letzten Ritzen und Ecken gelangt. Das ist bei zerklüfteten Felsformen sehr wichtig, denn sonst bleiben dort Luftblasen.

Die Felsen werden bemalt, wenn die Felsformation vollständig ausgetrocknet ist. Gut geeignet hierfür: eine aus Felsenpuder von Rainershagener Naturals und Kleberkonzentrat selbst hergestellte Farbe. Mit ihr lassen sich sehr natürliche Farbtöne anmischen, da der Puder zum Teil aus Gesteinsmehl besteht. Außerdem trocknet sie absolut matt auf.

ergeben. Als „Klebstoff“, der die Felsenteile sowohl miteinander als auch mit dem Untergrund verbindet, eignet sich Gips. Gut brauchbar ist so genannter Ansetzbinder, der auch über gewisse Klebefähigkeiten verfügt. Zur Färbung von Gipsfelsen gibt es verschiedene Möglichkeiten: Handelsübliche Farben wie z.B. Plaka- oder Acrylfarben, gibt es im Bastelbedarf oder in den entsprechenden Abteilungen von Baumärkten zu kaufen.

In verschiedenen Farben wurden die „Felsenpuder“ aus dem Sortiment von „Rainershagener Naturals“ angeboten. Sie werden zusammen mit verdünntem Kleberkonzentrat aus gleichem Hause zu einer Art Farbe gemischt. Das Kleberkonzentrat wird im Verhältnis 1:5 mit Wasser verdünnt (ein Volumenteil Kleberkonzentrat auf fünf Teile Wasser).

Das Mischungsverhältnis von Puder zu verdünntem Kleberkonzentrat beträgt etwa 1:2, aber vorherige Versuche sind durchaus anzuraten. Die verschiedenen Farbtöne sind mischbar, um feine Farbabstufungen auf den Felsen beispielsweise von der sonnenbeschienenen zur sonnenabgewandten Seite zu erzielen. Vor dem Bemalen der Felsen mit der Puderfarbe sollte man die Felsen mit verdünntem Kleberkonzentrat grundieren. Das verhindert, dass der Gips zu schnell die Feuchtigkeit aus der Farbe heraussaugt. Die Farbe wird dann mit einem Haarpinsel relativ dünn aufgetragen.

Nach dem Trocknen der Felsen können Puder zum Setzen von Akzenten auch trocken verwendet und mit einem Pinsel gewisse Schattierungen aufgebracht werden. Ein leicht grüner Schimmer in verwinkelten Ecken imitiert beispielsweise Moos- und Algenbewuchs.

BEGRÜNUNG

Eine Felswand besteht natürlich nicht nur aus Felsen. Überall in ihr und um sie herum wachsen Gräser, Pflanzen und Bäume. Durch geschickte Platzierung von Bäumen und Büschen kann man einen sehr naturgetreuen Eindruck erreichen. Bäume wachsen manchmal auch aus Felsspalten oder auf kleinen Felsvorsprüngen. Fast überall auf einigermaßen ebenen Flächen und Vorsprüngen wachsen Gras und mitunter auch kleine Büsche.

Zum Einbauen muss man den Geländeunterbau stellenweise etwas bearbeiten, damit die Felsenstücke auch gut passen.

Felsen bemalen, zweiter Anstrich: Die Farbe recht dünn anmischen, damit sie die feine Struktur der Felsen nicht überdeckt; gegebenenfalls die Felsen ein zweites Mal streichen.

Nachdem die beiden Anstriche gut getrocknet sind, kann man mit trockenem Felsenpuder noch Akzente setzen und beispielsweise die Spitzen etwas aufhellen. Das bringt sozusagen Licht- und Schattenspiel in den Felsen.

Die Begrünung setzt der Felsformation das i-Tüpfelchen auf. Das Gras stammt ebenso von Silhouette wie die Fichte, die hier fast schon im Bachbett wächst. Die kleinen Büsche bestehen aus Heki-flor, die größeren aus Seemoos, das mit Heki-Laub beflockt wurde.

Der Berg ruft …
Felsen aus Hartschaum

Eisenbahn in natürlicher Umgebung. Schaumstoffbeflockung, Bäume und Buschwerk machen die realistische Landschaft aus. Ohne ein paar nackte Felsen sähe die Landschaft jedoch langweilig aus.

… zum Nachbauen auf. Eines der klassischen Elemente einer Modellbahn sind nun mal Berge. Dem Ruf des Berges sind schon viele gefolgt, manche bei ihrer Modell-Bergtour aber gescheitert. Auch hier gibt es die verschiedensten Methoden, eine davon – Felsen aus Hartschaum – wollen wir hier näher vorstellen.

Der Berg ruft zum Nachbauen auf. So stark strukturiert und vielfarbig können Gesteinsformationen im Großen sein.

Auf dem Diorama von Reinhard Herbst modellierte der Autor die Felsen von Hand rund um die käufliche Themenplatte „Saurierausgrabung" von Modellbau Luft.

Das Modellieren der Felsen mit Gips und Spatel liegt nicht jedem, und die künstlerischen Fähigkeiten, ganze Gebirge aus angemischtem und aufgetragenem Gips herauszuarbeiten, sind sicher auch nicht jedem gegeben. Also muss man sich anders behelfen.

Vielfach wird auf den ach so beliebten Kork zurückgegriffen. Doch der erscheint nur auf den ersten Blick geeignet. Schon bei der runden Form der aneinandergereihten Korkstücke hört der angestrebte Vorbildeindruck auf. Eine entsprechend freizügige Anordnung gelingt auch wegen der in eine Richtung ausgerichteten Struktur nicht unbedingt wohlgefällig.

Gipsabgüsse aus selbst erstellten oder erworbenen Formen sind da schon universeller einzusetzen, bringen aber eine Menge Gewicht auf die Anlage. Zugleich verursachen sie bei den Anpassungsarbeiten erheblichen Schmutz, was auch nicht jedermanns Sache ist.

Ideal erscheinen deshalb Felsen aus so genanntem Hartschaum, die eine vorbildgerechte Struktur mit dem Vorteil des

In den verschiedensten Angebotsformen und Gesteinsarten gibt es Hartschaumfelsen von mehreren Zubehörherstellern (hier z.B. Noch).

leichten Gewichts vereinen. Eine entsprechende Eignung untersuchen wir anhand der folgenden Verarbeitungstipps.

AUSGANGSMATERIAL

Die Fertigfelsen bestehen wie die schon in der Mauer-Serie untersuchten Struktur-Mauerplatten aus Struktur-Hartschaum. Als solchen bezeichnet man handelsüblich den Werkstoff Polyurethan, der durch die Verbindung von Binder und Härter eine schaumartige Masse entstehen lässt, die – in Abgussformen gespritzt – plastische Elemente, z.B. auch Felsstücke, ergibt. Vielfach kennt man solchen Hartschaum auch als so genannten Bauschaum, auch wenn die chemische Zusammensetzung etwas abweichen mag.

Hartschaumteile haben unschätzbare Vorteile. Der erste ist die enorme Gewichtsersparnis gegenüber anderen Werkstoffen. PU-Schaum ist sehr leicht und wiegt nur einen Bruchteil von ähnlichen Baumaterialienn wie z.B. Holz, Gips, Kunststoff, Pappmaché etc. Gleichzeitig sind die Teile in gewissem Umfang fest und stabil, ihre Oberfläche lässt sich daher fast ohne weitere Vorbehandlung z.B. farblich weiterbearbeiten.

Den größten Vorteil spielt der Werkstoff aber in seiner Bearbeitungsmöglichkeit aus. So lässt er sich mit allen nur denkbaren Schneid-, Säge- oder Schleifwerkzeugen auf einfachste Weise bearbeiten. Der Schneidevorgang entspricht in etwa dem beim Brotschneiden. Da kann man sich leicht vorstellen, wie schnell passende Stücke zurechtgeschnitten sind. Viele vorbildgerecht strukturierte Teile könnte man so ohne großes Gewichtsproblem sogar zu einem Felsmassiv aneinanderfügen.

Hartschaumfelsen gibt es in den verschiedensten Ausführungen. Die größte Auswahl bietet dabei der Wangener Zubehörhersteller Noch an. So gibt es dort z.B. ganze Felselemente als komplett einzubauende Landschaftsteile neben Struktur-Felsstücken und kleineren und größeren Felsplatten zu kaufen. Busch bietet ein Felsensortiment mit unterschiedlichen Stücken, Faller wiederum ganze Platten mit Felsstruktur an.

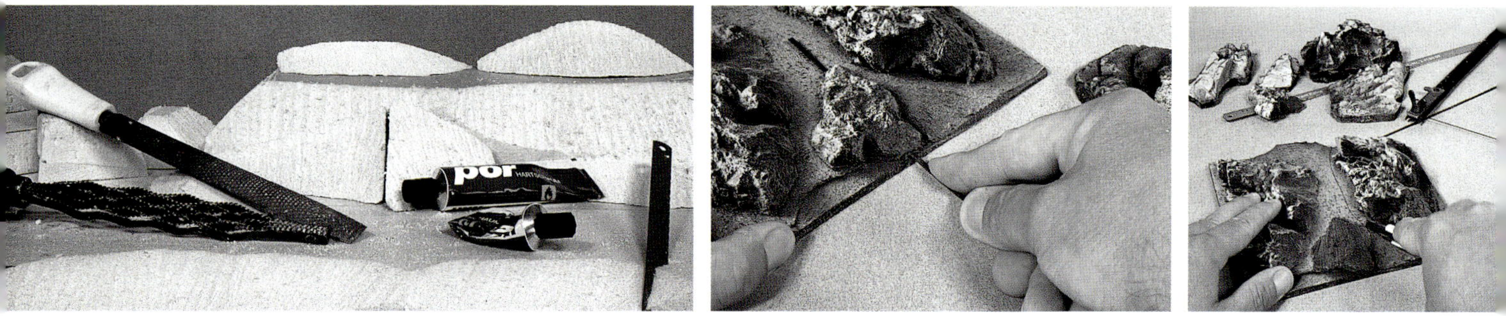

Die Untergrundvorbereitung erfolgt mit Styrodurstücken, die Verklebung mit einem lösungsmittelfreien Kontaktkleber. Landschaftsanpassungen gelingen anschließend am besten mit einer Holzraspel. Erst so entstehen weiche Formen. Felsstücke lassen sich horizontal von ihrer Grundplatte trennen, der andere Weg ist das umrisshafte Heraustrennen aus der Basisplatte oder das Abbrechen der überstehenden Teile. Die Bruchkante verläuft automatisch am Rand des Felsstückes.

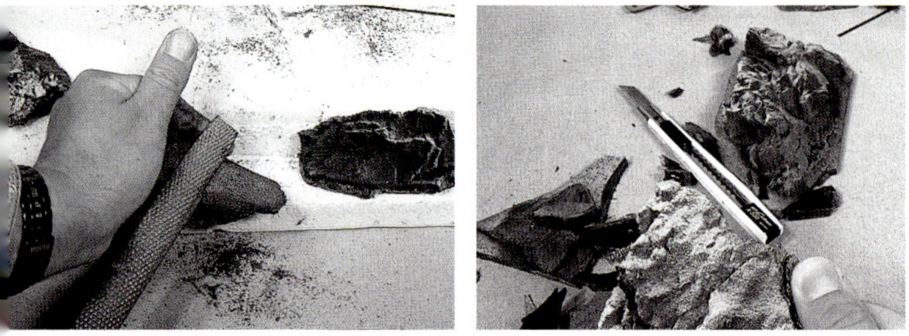

Aus den größeren Stücken lassen sich auch mühelos flachere Elemente herausschneiden oder -sägen. Der Trennschnitt ist dann in etwa entlang der gewünschten Oberfläche zu führen.

VORARBEITEN

Die Untergrundvorbereitung richtet sich im Wesentlichen auch nach der Art der geschäumten Felsen, entspricht dabei zunächst aber den gewohnten Methoden, will sagen: Jede im Landschaftsbau übliche Arbeitstechnik kann nach eigenem Gutdünken angewandt werden, also Fliegendraht-Gips-Methode, Spantenbauweise mit Gipsbinden, Bauschaum, geknüllte Zeitungen, geschichtetes Styropor bzw. Styrodur usw.

Als Beispiel wurde hier letztgenannte Technik angewandt. Dabei wurde als Landschaftsform eine leicht gebirgige Hügellandschaft mit eingestreuten Felsen gewählt, weil dies eine auf Modellbahnanlagen natürlich wirkende Landschaftsform ist.

Auch Styrodur ist eine Form des Hartschaumes. Es ist in

großen Platten (für recht viel Geld) im Baubedarfshandel erhältlich. Die Vorteile gegenüber anderen Werkstoffen liegen auch hier in der Gewichtsersparnis und, gegenüber dem oft als Vergleichsprodukt angesehenen Styropor, in einer viel größeren Festigkeit.

Die Hartschaumstücke muss man zunächst grob zurechtschneiden, wobei die Landschaftskonturen mit Sägeblatt, Bastelmesser oder Styroporschneider grob herauszuarbeiten und anschließend mit Raspel oder Schleifpapier etwas zu egalisieren sind. Besonders im Bereich späterer Vegetationsflächen, Bahntrassen, Straßen, Wege und Bauflächen oder anderer, flacherer Bereiche muss man schon etwas feiner glätten.

Bezüglich der Hartschaumfelsen gilt es zunächst sein Augenmerk auf die Vorbildgegebenheiten der Anlage, also die gedachte geographische „Spielzeit" der Anlage, zu richten. Die Zubehörindustrie, allen voran Busch, Faller und Noch, bieten neben der unterschiedlichen Ausführung der Präsentationsform auch eine Fülle von Gesteinsarten an, sodass man sich seine passende bequem aussuchen kann.

Allerdings sollte man sich beim Einkauf dann sein ausgewähltes Produkt aufmerksam ansehen. Manchmal weisen die Hartschaumfelsen nämlich z.T. deutlich sichtbare Luftblasen oder eine krümelige Oberfläche auf. Ersteres rührt von einem ungenügenden Abgussvorgang, Letzteres wohl von Staubeinschlüssen beim Sprühen her.

Abhilfe kann man bei den Staubkörnern durch Abreiben mit der Fingerkuppe schaffen, soweit die Einschlüsse auf dem Felsen und nicht in den Ritzen liegen. An diesen Stellen fehlt nach der Korrektur aber die werkseitig aufgetragene Farbe. Die „Luftlöcher" kann man zwar mit Spachtelmasse schließen, was sich eigentlich aber nur bei nachfolgender Farbanpassung lohnt.

Tipp: Schon beim Kauf auf fehlerlos geschäumte Teile achten!

DIE BAUSCHRITTE

Vor dem eigentlichen Einbau in die Modelllandschaft sind die Felsstücke aus ihrer Grundplatte zu lösen bzw. – wenn ganze Felswände entstehen – passend zueinander zurechtzuschneiden. Hierzu muss man sie zunächst einmal grob im späteren Gebirgsbereich gruppieren und aufstellen, um die spätere optimale Anordnung herauszufinden.

Die geschäumten und noch mit der Grundplatte verbundenen Felsteile kann man auf verschiedene Arten herauslösen. So lassen sie sich mit Bastelmesser, Laubsäge oder einem dünnen Sägeblatt z.B. von einer Bügelsäge heraustrennen. Dabei zeichnet man am besten zunächst die Konturen bzw. Umrisse vor und sägt oder schneidet das Teil erst einmal grob heraus. Im nächsten Arbeitsschritt kann man dann entlang der Kanten die Felsbrocken konturgenau ausschneiden. Auf diese Weise erhält man auch relativ saubere Schnittkanten.

Eine andere Möglichkeit ist, einfach die überstehenden Teile der Grundplatte abzubrechen, was einen gezackten unregelmäßigen Verlauf ergibt und die Felsstruktur sich so quasi automatisch fortsetzt. Dies kann unter Umständen dann wichtig sein, wenn die Stücke später nicht in irgendwelchen Modelliermas-

Für das Befestigen auf dem Untergrund ist Heißkleben die wirksamste und vor allem schnellste Methode. Lücken werden durch passend zurechtgeschnittene „Puzzlestücke" gefüllt. Für das Einpassen in die Umgebung eignen sich alle Modelliermassen. Hier wurde bereits eingefärbter Geländebau-Mörtel von Busch verwendet. Im Bereich zwischen den Kunstfelsen modellierte ich Felspartien aus grauem Geländebaumörtel.

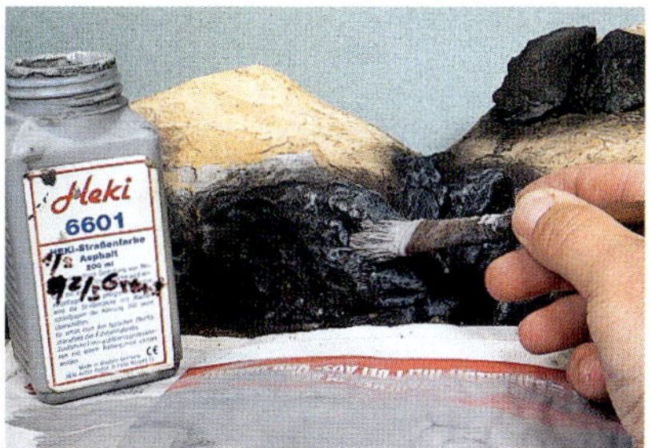

Nach der Einfärbung in einem dunkleren Grundton lassen sich Schattierungen mit flach gehaltener Airbrush und hellen Farben anbringen.
Alternative: Graniertechnik mit fast trockenem Pinsel und heller Felsfarbe – z.B. HEKI- oder Künstleracrylfarben.

sen oder in Gips eingebettet werden (können). Beim Abbrechen der dünnwandigen Grundplatte hat sich die Außenkante des Felsstückes sozusagen als Sollbruchstelle erwiesen, sodass keine Beschädigung der Schaumteile selbst befürchtet werden muss.

Bei der Anordnung der Teilstücke neben- bzw. übereinander sollte man eigentlich neben möglichst natürlichen Strukturen des Felsgesteins (Laufrichtung der Gesteinsschichten) auch ein wenig auf die Richtung des werkseitigen Farbauftrages achten. Die Elemente sind nämlich zur Hervorhebung der Struktur meist von schräg oben mit hellerer Farbe eingesprüht. Nimmt man später nicht noch eine eigene Farbverbesserung vor, muss von Anfang an auf die richtige Ausrichtung geachtet werden. In der Praxis gelingt dies aber nur selten, weil man eher geneigt ist, auf die Passfähigkeit in vorhandene Lücken als auf den richtigen Farbverlauf zu achten. Bei sichtbaren Felsschichten, z.B. bei Schichtgestein oder Schiefer, ist die gleichmäßige, oft schräge Ausrichtung jedoch vorrangig vor jedem „Puzzle-Vorteil".

Passt ein Felsstück noch nicht hundertprozentig in eine Lücke, ein paar kurze Schleifstriche über die störende Ecke, und schon ist die Passungenauigkeit beseitigt. Der beim Schneiden oder Schleifen anfallende Schmutz und Staub sieht zunächst schlimm aus, lässt sich aber bequem absaugen, wenn man die größeren Stücke vorher eingesammelt hat. Beim Aneinanderfügen größerer Felsplatten sollte man unbedingt darauf achten, gerade Kanten zu vermeiden. Lücken wird man hier ebenfalls mit zurechtgeschnittenen und -geschliffenen kleineren Formstücken oder Vegetationsflächen schließen müssen.

Zur Nachgestaltung flacherer Felsflächen, die weniger stark in Form von Einzelfelsen hervorragen, kann man auch die voluminöseren Einzelfelsstücke verwenden, indem man fast parallel zu den vorhandenen Oberflächen den Felsblock in mehrere Stücke zerteilt. Die solchermaßen flachen Teile ordnet man dann auf dem Untergrund nebeneinander an und klebt sie entsprechend fest.

HEISSE SACHE

Das Befestigen auf dem Untergrund kann auf die klassische Weise, also mit einer Modelliermasse oder Gips erfolgen, indem die Teile von hinten mit einigen Batzen bestrichen und auf dem Untergrund festgepresst werden. Die Stücke werde so regelrecht in Gips eingebettet.

Die Besonderheit des Materials macht jedoch eine wesentlich bessere und vor allem auch schnellere Befestigungsmethode möglich: das Heißkleben. Mit der Heißklebepistole und einigen wenigen Klebepunkten lassen sich die Felsteile sehr schnell und gleichzeitig stabil aufkleben, weil mit dem raschen Abkühlen des Klebers auch die Klebeverbindung gleich fest wird. Lediglich bei Styroporuntergründen kann ich diese Technik wegen der Temperaturempfindlichkeit des Materials nicht empfehlen.

Danach folgt das Beispachteln mit einer Landschaftsbaumasse wie Gips oder einer entsprechenden Modelliermasse. Letztere bleibt im Vergleich zu Gips viel länger verarbeitungsfähig. Anpassungsarbeiten einzelner Felsstücke untereinander können auch mit dem so genannten „Felsspachtel" von Noch vorgenommen werden, der aufgrund seiner besonderen Zusammensetzung schon beim Modellieren eine Felsgestaltung begünstigt und dies beim Trockenprozess auch noch verstärkt.

FARBVERBESSERUNGEN

Beim Einbau findet man schnell heraus, dass durch das industrielle Voreinfärben (Schattierung in einer Richtung) ohne weitere Farbbehandlung das individuelle Aneinandereihen stark eingeschränkt ist. Das gilt übrigens nicht nur für die letztgenannte Methode der „flachen Anordnung". Durch das Einsprühen ab Werk bekommen oft ganze Partien zu viel helle Farbe, andere wiederum fast gar keine. Auch die eigene Übergangsgestaltung zwischen einzelnen Partien bedarf weiterer und vor allem farblicher Anpassung.

Eine nachträgliche Einfärbung wird also ohnehin erforderlich. Meine Empfehlung: Einbauen der Teile wie sie in Struktur und Form am besten passen, Übergänge frei modellieren und dann Farbe drauf. Ich habe die im Einbaubeispiel vom Grunde her schwarzen Noch-Felsen und die selbst gestalteten Felspartien auch wieder in diesem Ton eingefärbt. Dabei kann man eine Spritzpistole benutzen oder mit verdünnter, schwarzer Farbe die Grundeinfärbung auch per Pinsel vornehmen. Nur zu dick darf die Pinselfarbe nicht sein, sonst setzen sich die Feinheiten zu.

Erst danach hebt man die Felsstrukturen mit helleren Farbtönen, z.B. Grau oder Beige, wieder hervor. Man kann sich dabei der Methode bedienen, die uns die Industrie vormacht, indem man mit der Spritzpistole aus einer oder besser zwei Richtungen schräg von oben an den Felsstücken entlangsprüht und somit die Struktur gut zur Geltung bringt.

Aber auch mit dem Pinsel lassen sich in der so genannten Graniertechnik Oberflächenstrukturen anbringen: Farbe wird mit dem Pinsel aufgenommen und auf einer Nebenfläche so lange ausgestrichen, bis der Pinsel nur noch ganz wenig Farbe hat, also fast trocken ist. Dieser Hauch genügt, um die erhabenen Teile stärker hervortreten zu lassen.

FAZIT

Die Methode der Gips-Spachtelei eignet sich nicht immer. Als Leichtgewichte haben sich Hartschaumteile hervorragend zur realistischen Felsgestaltung bewährt, besonders auch, weil sie sich sehr gut bearbeiten lassen und die Struktur einer echten Felswand sehr nahekommt. Die Wirkung wird jedoch von einem guten Farbeindruck unterstützt, den man allerdings unbedingt selbst vornehmen sollte.

Die Felsen entstanden aus Gipsabgüssen und wurden passend aneinandergefügt. Sie bringen ein enormes Gewicht auf die Anlage.

Landschaftsbau nach Saison

Felsen im Wechsel der Jahreszeiten

Die Felswand im Frühling. Der kleine Baum neben dem Bahngleis blüht, und die übrige Vegetation weist ein kräftiges frisches Grün auf. Auch auf den Felsen selbst zeigen sich die ersten, noch etwas zaghaften Spuren von Pflanzenwuchs.

Eine Landschaft kann zu jeder Jahreszeit ihr Bild völlig wechseln – so bietet selbst ein Felsen etwa im Herbst einen ganz anderen Anblick als im Frühling. Wie man diese Unterschiede auch mit ganz normalen Landschaftsbau-Materialien gestalten kann, zeigen wir am Beispiel von vier kleinen Dioramen.

Dass die Vegetation im Lauf der Jahreszeiten ihr Erscheinungsbild ändert, ist jedem bekannt. Doch auch ein scheinbar toter Felsen aus Jahrmillionen altem Gestein unterliegt einem gewissen Wandel. In Ritzen und Spalten siedeln sich Pflanzen an, die im Winter nicht zu sehen sind – und im Sommer dafür umso stärker hervortreten. Auch Feuchtigkeit und Lichteinfall beeinflussen das Aussehen einer Felswand. Dies lässt sich beispielsweise bei Fahrten auf der Rheinstrecke an den markanten Schieferfelsen gut beobachten. Im Herbst und Winter erscheinen sie aufgrund der Feuchtigkeit oft dunkel und schwärzlichbraun, bei Trockenheit im Sommer reichen die Farben dann von einem hellen Ockergrau zu Hellbraun. Solche Farbstimmungen lassen sich auch auf der Modellbahn nachempfinden, die erforderlichen Materialien sind alle in den Sortimenten der einschlägigen Hersteller zu finden.

EINE FELSWAND IM FRÜHLING

Für den Hintergrund meiner Dioramen wählte ich eine Felswand von Noch. Sie besteht aus Hartschaum und wiegt nur wenig; zudem wirkt ihre Formgebung sehr natürlich und lässt sich leicht den individuellen Erfordernissen anpassen. Damit ihr Erscheinungsbild besser zu einem schönen warmen Frühlingstag passt, behandelte ich sie mit verschiedenen Farbpudern aus dem Sortiment von Rainershagener Naturals. Der Grundanstrich erfolgte mit „Ackergrund“ (Art.-Nr. 2000B), der mit einem breiten Pinsel großzügig aufgetragen wurde; die weitere Farbgebung erfolgte mit den Pudern Nr. 6 („Holz“) und Nr. 2 („Schmutz“).

Die Vegetation erscheint im Frühling oft in geradezu „schreienden“ Farbtönen, vor allem im hellen Sonnenlicht – beinahe traut man sich nicht dies auch nachzubilden ... Gemäß dem Grundsatz „weniger ist mehr“ wählte ich daher vor allem kräftige dunklere Farbtöne; für das Gras ist das mittelgrüne Decovlies „Wiesengras“ von Heki eine gute Wahl, das auch gut zu dem

Grundlage für den Hintergrund der vier kleinen Dioramen bildete eine Felswand von Noch aus Hartschaum. Sie weist bereits eine sehr natürlich wirkende Struktur und Farbgebung auf; außerdem wiegt sie nicht viel. Falls die Farbe nicht gefällt oder nicht zum Anlagenthema passt, kann der Hartschaum auch leicht mit Acryl- oder Abtönfarben bemalt werden.

Die Originalfarben der Noch-Felsen wirken ziemlich kühl. Mit verschiedenen Puderfarben aus dem Sortiment von Rainershagener Naturals erhielten sie für das Frühlings- und das Sommer-Diorama eine wärmere Farbgebung.

ebenfalls mittelgrünen Heki-Laub für Bodendecker und andere Pflanzen passt. Die Belaubung der kleinen Baumgruppe erfolgte mit dem Heki-Laub in den Farben Hellgrün und Maigrün, ein kleiner blühender Baum aus dem Noch-Sortiment rundete das Bild ab.

EINE FELSWAND IM SOMMER

Um der Felswand ein möglichst „trockenes" Aussehen wie an einem heißen Sommertag zu geben, kamen wieder die Farbpuder zum Einsatz, diesmal jedoch in etwas helleren Farbtönen. Sie wurden dazu mit Puder Nr. 1 „Bleiche" aufgehellt; dabei darf man jedoch nicht übertreiben, damit das Ganze nicht zu kalkig wirkt.

Das Gras ist mittlerweile kräftig gewachsen, daher „pflanzte" ich vor allem das langflorige „Wildgras" von Heki entlang des Bahndammes und auf den Felsabsätzen. Die Farben sind deut-

ES WIRD FRÜHLING ...

Im Heki-Sortiment finden sich unter der Bezeichnung „decovlies" Grasmatten mit 3 mm („Wiesengras") und 6 mm hohem Flor („Wildgras") in verschiedenen Farben. Für das Frühlings-Diorama kam vor allem das mittelgrüne Wiesengras zur Verwendung, dazu Heki-flor im gleichen Farbton.

Die Vegetation auf den Felsen wurde mit Schaumstoffflocken verschiedener Hersteller in möglichst frischen Grüntönen nachgebildet. Nicht ganz beabsichtigt, aber wirkungsvoll: Beim Tränken der Flocken mit stark verdünntem Weißleim lief ein Teil des Klebers die Felsen hinunter und wusch dabei die Puderfarbe ab. Durch diesen Effekt machen die Felsen jetzt einen „feuchten" Eindruck.

ENDLICH SOMMER!

In dieser Jahreszeit ist das Gras am Bahndamm deutlich gewachsen, seine Farbe ist zwar immer noch frisch, aber wesentlich heller als im Frühjahr. Um diesen Eindruck nachzubilden, bietet sich das langflorige Decovlies in den Farbtönen „Waldboden" und „Savanne" an.

Auch auf den Felsbänken zeigt sich jetzt ein üppiger Pflanzenwuchs. Kleine, passend zurechtgeschnittene Stücke Wiesengras bilden die Grasbüschel, mit etwas auseinandergezupften Stücken Heki-flor lassen sich kleine Büsche andeuten.

Löwenzahn und ähnliche Blüten kann man folgendermaßen andeuten: Die Spitzen des Heki-Wildgrases werden ganz leicht mit verdünntem Weißleim eingestrichen und dann mit feinen gelben Flocken bestreut.

IM HERBST FÄRBT SICH DAS LAUB

Die andere Baumgruppe zeigt sich in rotbraunen Farbtönen. Bei Woodland Scenics gibt es passendes Belaubungsmaterial unter der Bezeichnung „Late Fall" („Spätherbst"), bei Heki-flor sogar drei Farbvarianten (Herbstgelb, -braun und -rot); es wurde auf den Felsen großzügig verteilt.

Auch wenn es im Herbst normalerweise viel regnet – die Pflanzenwelt macht in dieser Zeit oft einen ziemlich vertrockneten Eindruck. Um dies nachzubilden, dient als Grundlage für die weitere Vegetation eine Schicht aus feinen Woodland-Flocken in den Farben „Burnt Grass" und „Yellow Grass".

Der kleine Obstbaum trägt jetzt leuchtend gelbes Laub – dazu wurde der „blühende Kirschbaum" von Noch kurzerhand mit der Spritzpistole umgefärbt.

WINTER MIT EIS UND SCHNEE …

Die „Schneeschicht" wurde mit der Spachtelmasse von Heki modelliert. Nach dem Trocknen erhielt sie einen Anstrich mit weißer Abtönfarbe.

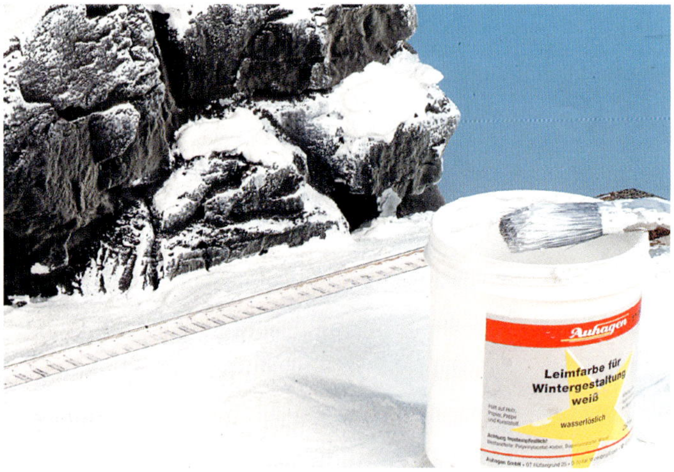

Damit der Schnee schön glitzert und „frostig" aussieht, wurde Glasdiamantin von Auhagen über die noch feuchte Farbe gestreut.

Die Äste der kahlen Bäume erhielten ebenfalls einen Anstrich mit weißer Abtönfarbe. Um eine dicke Schicht frisch gefallenen Schnees zu imitieren, muss dieser Schritt gegebenenfalls zwei- bis dreimal wiederholt werden.

lich heller als im Frühjahr, für ein stimmiges Bild bieten sich die Farben „Savanne", „Waldboden" und „Bergwiese" an, die in kleinen Büscheln nebeneinander gesetzt werden. Leuchtende gelbe Blüten wie etwa von Löwenzahn sorgen für weitere Abwechslung; dazu strich ich die Grasspitzen vorsichtig mit ganz wenig verdünntem Weißleim ein (schließlich soll das Gras ja nicht zugekleistert werden …) und streute feine gelbe Flocken aus dem Woodland-Sortiment darüber. Auch die Felswand selbst zeigt jetzt einen deutlich üppigeren Bewuchs, der vor allem mit hellgrünem Heki-flor nachgebildet wurde.

EINE FELSWAND IM HERBST

Hier habe den Noch-Felsen farblich nicht weiter behandelt. Da es im Herbst normalerweise eher nass und feucht ist, passt der dunkle Farbton ganz gut. Die Pflanzenwelt am Bahndamm macht nun einen eher vertrockneten Eindruck. Um dies wiederzugeben, verwendete ich als Grundlage feine Woodland-Flocken „Burnt Grass" und „Yellow Grass", darauf kam dann wieder das Decovlies in den Farben „Wiesengrün" und „Herbst". Das Laub der Bäume zeigt nun Braun- und leuchtende Rottöne, passendes Material findet sich bei Woodland Scenics und bei Heki.

ZUM SCHLUSS DER WINTER …

Ein plötzlicher Wintereinbruch verändert das Bild der Landschaft völlig – alles verschwindet unter einer dicken Schneedecke. Sie wurde mit Spachtelmasse modelliert; nach dem Trocknen erhielt sie noch einen dicken Anstrich mit weißer Dispersionsfarbe. Damit der Schnee auch frostig glitzert, streute ich reichlich Glasdiamantin von Auhagen in die noch feuchte Farbe. Um den frisch gefallenen Schnee nachzubilden, fuhr ich mit fast trockener weißer Farbe und einem breiten Pinsel vorsichtig von oben nach unten über die Felsen. Jetzt sah es auf dem Diorama richtig schön kalt aus – dabei war man doch gerade froh, dass der Winter endlich vorbei war …

Wintereinbruch mit Eis und Schnee. Bei der offensichtlichen Kälte möchte wohl nicht nur ein Reisender im Schienenbus lieber in eine wärmere Weltgegend fliehen – so soll es in Mexiko oder Südafrika ja auch recht schön sein …

KAPITEL 9

GEBÄUDE UND DETAILS

Zwischen Konfektion und Maßarbeit

Das Empfangsgebäude von Krüden/Altmark stellt in TT schon eine Herausforderung dar, beweist aber, dass der Selbstbau auch in kleineren Nenngrößen möglich ist.

Ob Empfangsgebäude, Lokschuppen, Wohnhäuser oder Industriebauten – Gebäudemodelle gehören praktisch auf jede Modelleisenbahn, um die Wirklichkeit „en miniature" nachzubilden. Abgesehen von der zur Verfügung stehenden fast unüberschaubaren Vielzahl von handelsüblichen Gebäudemodellen kommt immer auch der Selbstbau als Bastelspaß zur Verwirklichung der eigenen Wunschmodelle in Betracht.

Neben einigen Papiermodellen und Kleinseriengebäuden aus Resin oder Metall sind wohl die althergebrachten Kunststoffbausätze der Fundus, aus dem der Bastler die richtigen Gebäude für seine Modellbahnanlage auswählen muss. Detaillierung und Montagefreundlichkeit lassen heute im Allgemeinen keine Wünsche mehr offen, sodass zum Zusammenbau der weitaus meisten Kunststoffbausätze nur wenige Tipps nötig sind.

MIT GEDULD UND KLEBSTOFF

Zum Gebäudebau benützt man am besten Kunststoffkleber, und zwar so sparsam dosiert, dass er nicht ausquillt und somit unschöne Flecken auf der Außenseite der Modelle vermieden werden. Die einzelnen Wände sind auf den mitgelieferten Grundplatten zu montieren. Um sie sicher im rechten Winkel aufzustellen, leistet ein Anschlagwinkel gute Dienste. Bei schiefer Montage kann es vorkommen, dass die Teile nicht mehr passen oder die Ziegelfugen an den Ecken nicht mehr Stoß auf Stoß aneinanderlaufen. Während des Aushärtens des Klebers halten Gummiringe oder Klebeband die einzelnen Bauteile zusammen. Eigentlich erübrigt es sich, die Modelle anzustreichen. Der Auftrag von matten Farben, die den Kunststoffglanz beseitigen, und geringfügigen Alterungsspuren verhilft jedoch zu optisch besser wirkenden Bauten. So ist es möglich, eine ganz andere Ziegelfarbe darzustellen oder einzelne Ziegelreihen farbig hervorzuheben. Im Hinblick auf Verschmutzungen und andere Witterungs- oder Vegetationseinflüsse sind dem Einfallsreichtum des Modellbauers kaum Grenzen gesetzt.

GEBÄUDE-SELBSTBAU

Ein allgemein gültiges Rezept für den Selbstbau von Gebäudemodellen zu geben ist unmöglich, da für die verschiedenen Vorbilder teilweise die unterschiedlichsten Techniken notwendig sind. Außer Frage steht, dass Zeichnungen und Fotos von Gebäuden deren Nachbau begünstigen. Wenn keine Skizzen vom Vorbild vorhanden sind, sollten die Maße direkt vom Objekt oder von Fotografien abgenommen werden. Bezugsgrößen auf dem Foto erleichtern dies. Die Übertragung in die erforderlichen Modellmaße ist angeraten.

Ein Winkel vereinfacht die Montage von Bausatzmodellen. Nicht passende oder schiefe Wände sehen nicht nur hässlich aus, sondern verursachen auch jede Menge Probleme beim weiteren Zusammenbau.

Spachtelmasse verschließt die Fugen zwischen den Bauteilen. Sie wird anschließend mit Schleifpapier geglättet.

Gummiringe halten die Bauteile zusammen, während der Klebstoff aushärtet. Es ist unbedingt darauf zu achten, dass ausquellender Kleber nicht auf die Gummis gelangt.

Farbliches Überarbeiten verändert die Gebäude im Farbton und hebt Details hervor.

Für die Nachbildung von authentischen Inneneinrichtungen sollten auch Zwischendecken in die Gebäude eingeklebt werden.

Zum Bau von Häusern bietet der Fachhandel ausreichend Materialien, wie Mauerwerks- und Dachplatten, Fenster oder Dachrinnen, als Zubehör an. Verputzte Wände, die später nur gestrichen zu werden brauchen, kann sich natürlich jeder selbst aus Pappe oder Kunststoffplatten herstellen. Öffnungen für Fenster und Türen entstehen mit Minifräse und Feile. Wenn die Außenwände gemäß den Erfordernissen des Vorbilds fertig gestellt sind, werden sie zum Gebäude zusammengeklebt. Auch hier erleichtert eine Grundplatte den Zusammenbau wesentlich. Zwischendecken oder Hilfswände im Bauwerkinneren können den Bau eines komplizierten Gebäudes gleichfalls leichter machen; manchmal erfordern dies ausgefallene Dachkonstruktionen sogar.

Fenster und Türen werden nach den jeweils vorliegenden Erfordernissen entweder selbst gefertigt oder aber als konfektionierte Bauteile alten Bausätzen entnommen. Es gibt sie, aus Kunststoff oder Messing, aber auch von unterschiedlichen Zubehörherstellern oder Kleinteilelieferanten. Das Aufmalen oder

KAPITEL 9:
GEBÄUDE UND DETAILS

Individuelle Bahnbauten bereichern jede Modellbahnanlage. Doch Gebäude, die konkrete Vorbildsituationen nachstellen (wie dieses ländliche Empfangsgebäude), sind eigentlich nur im Selbstbau realisierbar.

Die Wände entstehen aus zugeschnittenen Polystyrolplatten. Für die Erstellung der Fenster- und Türöffnungen leistet eine Minifräse gute Dienste.

Aus den einzelnen Wänden wird das Gebäude nunmehr zusammengesetzt. Versteifungen in den Ecken gewährleisten mehr Stabilität.

Fugen und Spalten zwischen den verklebten Teilen verschließt der Modellbauer mit Spachtelmasse. Mit feinem Schleifpapier lässt sich eine glatte Oberfläche erzielen.

In den Innenbereich eingeklebte Zwischenwände als Montagehilfen erleichtern den Zusammenbau eines Gebäudes meist erheblich.

Individuelle Fensterrahmen und -kreuze lassen sich z.B. mit einem wasserfesten Stift auf Fensterfolie malen.

Dachteile – aus Kunststoffplatten zugeschnitten. Die zuvor eingeklebten Zwischenwände sind bei der Montage vorteilhaft.

Aufkleben (Papierstreifen, weiße Klebefolie) von Fensterkreuzen und -rahmen auf Klarsichtfolie oder transparentem Polystyrol ist aber auch möglich.

Dächer mit den unterschiedlichsten Oberflächen gibt es als Zubehör zu kaufen; sie müssen nur zugeschnitten und aufgeklebt werden. Abschließend sind nur noch die Kleinteile, wie Schornsteine und Dachrinnen samt Fallrohren, zu ergänzen.

HÄUSER FÜR DEN HINTERGRUND

Für den Hintergrund genügen oft einfache Bauten mit vereinfachter Detaillierung, da sie ja vom Betrachter weiter entfernt stehen. Auch platzsparende Halbreliefkulissen sind eine Möglichkeit, den Anlagenhintergrund zu gestalten.

Ob Papiermodelle, handelsübliche Modellbauwerke oder Eigenbauten – ein auch nur angedeuteter Hintergrund bzw. Anlagenabschluss ist allemal besser als eine sichtbare glatte Anlagenkante. Viele Hersteller führen mittlerweile Halbreliefkulissen in ihrem Sortiment, die lediglich einige Zentimeter tief sind und daher platzsparend am Anlagenrand positioniert werden können. Von Stipp gibt es beispielsweise (ebenfalls nur wenige Zentimeter tiefe) Stadt- und Industriebauten als Papiermodelle, die aufgrund ihrer fotorealistischen Herstellung ideal für den Hintergrund geeignet sind. Wie manche anderen Hintergrundgebäude sind auch die Stipp-Modelle im Hinblick auf den perspektivischen Eindruck etwas verkleinert.

Man kann freilich auch normale Bausatzmodelle aus Kunststoff in der Mitte zersägen und so zu Hintergrundkulissen um-

Links oben: An dieser Modellstraße steht im Hintergrund ein Halbreliefgebäude von Stipp. Es fällt kaum auf, dass es sich um Papierdruck handelt.

Links Mitte: Die Hintergrundgebäude von Stipp sind nur wenige Zentimeter tief und verkleinert, gerade dadurch fast perfekt für den Anlagenabschluss.

Links unten: Der geschickte Bastler wird eventuell auch normale Gebäudebausätze teilen und als Halbreliefgebäude verwenden. Oft erhält er auf diese Weise aus einem Bausatz zwei Kulissen.

Dieses kleine Wohnhaus entstand nach den Gegebenheiten des Dioramas. Zurechtgeschnitten, da für ein ganzes Gebäude kein Platz vorhanden war.

Das Vorbild für diesen kleinen Schuppen war der Güterboden von Strassberg im Harz. Das Modell entstand anhand vor Ort aufgenommener Fotos.

funktionieren. So ergibt sich bei schmalen Modulanlagen die Möglichkeit, den kostbaren Platz nicht durch ein komplettes Bahnhofsgebäude verschwenden zu müssen. Selbstverständlich kann sich jeder geschickte Bastler auch im Eigenbau kleine und einfache Häuser für den Hintergrund herstellen.

GEBÄUDE AUS FOTOS

Insbesondere bei der Nachbildung von kleinen Gebäuden, wie Schuppen, Garagen oder anderen Nebengebäuden, können Fotos verwendet werden. Hierzu fotografiert man die einzelnen Wände der Bauten möglichst im rechten Winkel, sodass die Außenwände auf dem Foto parallel verlaufen. Zoomobjektive besser nicht benützen, weil sie zu Verzerrungen führen können!

Entweder lässt man sich im Labor Bilder in der richtigen Größe anfertigen oder bringt die einzelnen Wände am PC selber in die adäquate Form. Die Wände können dann als Digiprint oder am heimischen Drucker ausgedruckt werden. Sie müssen alle dieselbe Größe aufweisen, sodass sie sich an den Ecken nicht in Ziegelreihen und -höhen unterscheiden. Nachdem die einzelnen Fotos oder Ausdrucke auf Verstärkungskarton kaschiert worden sind, schneidet man sie aus und montiert sie zu Gebäuden. Auch hier sind wie bei allen Papiermodellen zusätzliche Verfeinerungen möglich. Es können Fenster nach innen versetzt eingeklebt oder Dachrinnen und Schornsteine angefügt werden.

Mit Sprühkleber werden die Fotos problemlos auf der Pappe fixiert.

Außenwände aus Kunststoffplatten verfügen über noch mehr Stabilität.

Die auf Karton geklebten Fotos werden einfach ausgeschnitten und zum Gebäude zusammengesetzt.

Dächer und Dachrinnen stammen aus dem Zubehörhandel und werden farblich nachbehandelt.

Der Einstieg in den Gebäudebau
Preiswerte Bausätze für Kinderhand

Günstige Gebäude bietet Faller in seinem „Hobby"-Sortiment für die Baugrößen H0 und N an. Hier werden Modelle offeriert, die meist schon vor vielen Jahren im regulären Sortiment zu finden waren und nun zu attraktiven Preisen angeboten werden.

Die Vollmer-Häuser (Art.-Nr. 3670/71/72/73) beispielsweise eignen sich nicht nur des Preises wegen für den Einstieg in den Gebäudemodellbau

Auch beim Gebäudemodellbau ist noch kein Meister vom Himmel gefallen – aus diesem Grund zeigen wir, welche Bausätze für Kinder geeignet sind, was bei der Auswahl zu beachten ist und welche Werkzeuge benötigt werden.

Game-Boy, X-Box, Game-Cube, Play-Station – so heißen die Reizworte, die heute jedes Kinderherz höher schlagen lassen. Fußball, Tennis, Schwimmen und sonstige Aktivitäten gehören ebenso zum wöchentlichen Terminplan – damit nur ja keine Langeweile aufkommt! Wo bleibt da noch Zeit für die gute alte Eisenbahn? Für das Fahren mit dem ICE, das Zusamenkleben von Gebäudebausätzen oder den Bau eines Tunnels aus einem alten Schuhkarton? Dabei ist dieses Hobby wirklich vielseitig: Es schult die Motorik, fördert die Kreativität und sicher auch das soziale Verhalten beim Spielen mit anderen Kindern.

Bei einem Blick in die Preislisten der meisten Hersteller schreckt manch einer sicher zunächst auch vor den hohen Kosten zurück – doch die sind ehrlich gesagt gering, vergleicht man sie mit dem Anschaffungspreis für Computerspiele samt Zubehör oder die Investitionen in Ausrüstung und Trainingsstunden bei mancher Sportart. Nachfolgend möchte ich zeigen, mit welch geringem Aufwand der Einstieg in den Gebäudebau betrieben werden kann.

„Versuchsobjekt" war hier mein Sohn Christoph, der natürlich einen Game-Boy sein Eigen nennt, leidenschaftlicher Fußballer ist und dadurch viel Zeit auf dem Sportplatz verbringt. Aber Zeit für andere Tätigkeiten gibt es auch; hier kann durchaus der Bau eines Modellhäuschens eingeplant werden.

Wenn der Nachwuchs dann zum ersten Mal selbst ein Gebäudemodell basteln soll, ist die wichtigste Voraussetzung freilich, dass zumindest ein Elternteil selbst genügend Zeit mitbringt und mit Rat und Tat zur Seite stehen kann. Dabei darf man keinesfalls ungeduldig werden – vergessen Sie nicht, dass jeder erfahrene „Baukünstler" einmal klein angefangen hat …

EIN PAAR GRUNDLAGEN

Etwas Werkzeug sollte schon vorhanden sein; aus Sicherheitsgründen habe ich hier aber auf ein scharfes Bastelmesser verzichtet, dessen Klingen doch zu gefährlich für die Finger sind. Stattdessen empfiehlt sich die Anschaffung eines Kunststoffseitenschneiders, wie ihn z.B. Faller (Art.-Nr. 170688) oder Revell (Art.-Nr. 39008) in ihren Sortimenten führen.

Zum Greifen von Kleinteilen eignet sich eine gebogene Pinzette besonders gut, da sie von einer Kinderhand einfacher zu führen ist. Schließlich fehlt noch eine ausgediente Nagelfeile zum Versäubern der Schnittstellen; eine Schere zum Papierschneiden gehört oft schon seit der Kindergartenzeit zur Bastelausstattung eines Kindes. Dazu kämen noch Gummiringe und Tesafilm als einfache Montagehilfen.

Dünnflüssige Klebstoffe gibt es nahezu von jedem Modellgebäudehersteller; sie eignen sich insbesonders für das in nahezu allen Fällen verwendete Polystyrol. Da sie nicht ganz ungefährliche Lösungsmittel enthalten, sollten m.E. nur solche benutzt werden, die eine Kanüle mit einer kleinen Öffnung haben, welche außerdem das genaue Aufbringen erleichtert. Klebstoffe mit einem Pinsel zum Auftragen haben leider den Nachteil, dass sie in der Regel zu schnell „verduften"; für ein Kind, das noch ohne die entsprechende Erfahrung arbeitet, sind sie somit weniger geeignet. Schließlich benötigen wir noch einen Klebestift für die Papiermasken zur Fensterhinterklebung bzw. Lichtabdeckung.

DIE RICHTIGE AUSWAHL

Blättert man durch die Kataloge der einschlägig bekannten Hersteller, ist die Auswahl an Modellgebäuden riesig. Wie aber finde ich den „kindgerechten" Bausatz? Hierbei ist man oft auf den guten Rat des Fachhändlers angewiesen, denn man erkennt nicht immer sofort, ob ein Bausatz viele Teile beinhaltet oder ob die Bauanleitung klar und übersichtlich ist. Und dann spielt der Preis eine nicht unerhebliche Rolle. Auch sollte der Bausatz nicht kompliziert sein, denn rasche Baufortschritte erhöhen das Erfolgserlebnis! Wenn der erste Versuch mit einem preiswerten Bausatz danebengehen sollte, ist das nicht weiter schlimm – schließlich ist noch kein Meister vom Himmel gefallen. Wird dagegen der sündhaft teure „Hightech"-Bausatz ruiniert, ist der Ärger eigentlich schon vorprogrammiert …

ZWEI KLEINE BEISPIELE

Zur Verdeutlichung habe ich zwei Bausätze ausgesucht, die auf unterschiedliche Praktiken zurückgreifen. Zum einen ist dies ein klassischer „Klebebausatz", zum anderen ein solcher, der nahezu ohne Klebstoff zusammengefügt werden kann.

Begonnen haben wir mit einem Bausatz aus dem Piko-Hobby-Programm (Art.-Nr. 61830, Landgasthaus Krone). Nachdem Christoph anhand der Bauanleitung die einzelnen Bauteile auf den Spritzrahmen identifiziert hatte, konnte der Zusammenbau beginnen. Dabei hielt er sich genau an die Bau-

Günstige Gebäude bietet Faller in seinem „Hobby"-Sortiment für die Baugrößen H0 und N an. Hier werden Modelle offeriert, die meist schon vor vielen Jahren im regulären Sortiment zu finden waren und nun zu attraktiven Preisen angeboten werden.

Neben einem dünnflüssigen Kunststoffkleber, wie er beispielsweise von Faller, Revell und Vollmer in einem Behältnis mit einer dünnen Kanüle angeboten wird, benötigt man nur noch einen Klebestift für Papier. Allzu viel Werkzeug ist nicht notwendig: Einen Kunststoffseitenschneider (von Faller oder Revell), eine gebogene Pinzette und eine ausgediente Nagelfeile, eine Schere ist meist schon seit dem Kindergarten vorhanden. Als einfache Montagehilfen dienen Gummiringe und Tesafilm.

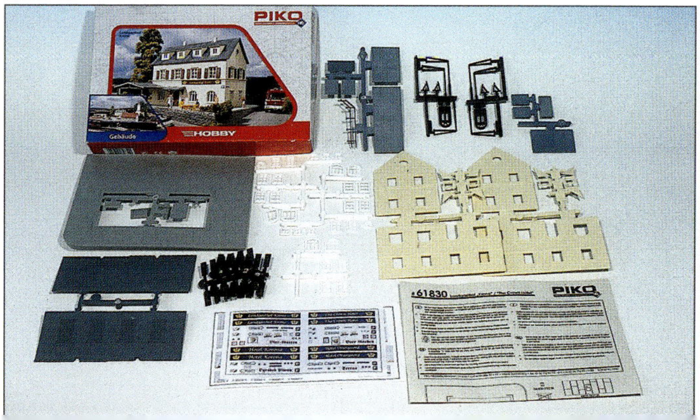

Ein gutes Beispiel für einen einfachen Bausatz mit nur wenigen Teilen, der auch leicht von Kindern bewältigt werden kann, ist das „Landgasthaus Krone" (Art.-Nr. 61830) aus dem Hobby-Programm von Piko.

Nach dem Heraustrennen eines Bauteils aus dem Spritzrahmen mit dem Kunststoffseitenschneider sollte die Schnittstelle mit einer Nagelfeile nachbearbeitet werden.

Die Fensterverglasung besteht aus dünner Folie, die Maße der Fenster werden großzügig übertragen und mit einer Schere ausgeschnitten. Auch die „Gardinen" aus Papier werden so zugeschnitten und mit Kunststoffkleber hinter die Verglasung geklebt.

Zur Montage und genauem Ausrichten von Kleinteilen wie hier für die Fensterläden nimmt man eine gebogene Pinzette.

anleitung – bei nur wenig Modellbauerfahrung ist das immer noch der sicherste Weg. Und dann ging's los! Mit dem Seitenschneider wurden die für eine Wand benötigten Bauteile aus den Spritzrahmen herausgeschnitten, mit der Nagelfeile beigefeilt (ein Kind setzt den Seitenschneider zunächst meist noch nicht präzise an!) und bereitgelegt.

Mit wenig Klebstoff konnten nun die Fenster und Türen eingesetzt werden. Die Fensterverglasung besteht bei diesem Bausatz aus dünner Folie, die passend zugeschnitten werden muss. Dabei habe ich geholfen, die Maße der Fenster auf die Folie zu übertragen. Die einzelnen Stücke schnitt er dann mit einer Schere aus und fixierte sie mit dem Plastikkleber auf den Fensterrahmen. Ähnlich verfuhren wir mit den „Gardinen", die hinter die Verglasung geklebt werden mussten. Zur Montage von Kleinteilen, wie etwa für die Fensterläden, kam die gebogene Pinzette zum Einsatz, die das Ausrichten mit aufgelegter Hand erleichterte.

Die vier fertig bestückten Wandteile fügte Christoph mithilfe der bereitliegenden Gummiringe und etwas Tesafilm auf der Grundplatte provisorisch zusammen; erst danach wurde der Klebstoff innen an die Wandecken geträufelt (auf diese Weise vermeidet man unschöne Kleberflecken auf der Außenwand). Nach dem Aufsetzen des Daches und dem Ansetzen des kleinen Anbaus war das Modell auch schon fertig! Dachrinnen und Fallrohre liegen den Piko-Bausätzen aus dem Hobby-Programm nicht bei, das ist aber halb so schlimm, da diese Teile auch sehr schnell abbrechen können.

Kibri hat schon vor einigen Jahren Bausätze entwickelt, die nahezu ohne Klebstoff montiert werden können. Zapfen und entsprechende Löcher ermöglichen es, die Bauteile mit etwas Druck zusammenzusetzen – eine stabile Lösung, die auch für unsere Kinder geeignet ist.

Nachdem zunächst wieder die Bauanleitung studiert wurde und mit dem Seitenschneider die für eine Wand benötigten Teile aus den Spritzrahmen getrennt wurden, kam der Clou: Die Teile wurden nun geclipst, wobei man darauf achten muss, dass z.B. die Fenster erst durch die aufgelegte Verglasung zum Halten gebracht werden. Recht schnell hatte Christoph so den Rohbau erstellt. Dank der zweifarbig gespritzten Bauteile entfiel das aufwendige Verkleben des Fachwerks mit den Wänden.

Nachdem die komplette Papiermaske in den Rohbau gesetzt worden war, ging es mit der Montage des Dachs weiter. Das Satteldach besteht aus nur einem Teil und wurde ebenfalls aufgeclipst, auch die Dachaufbauten lassen sich so mühelos aufsetzen. Lediglich die Dachrinnen und Fallrohre musste Christoph abschließend mit Kunststoffkleber anbringen; die eingangs erwähnte Pinzette leistete hier wieder gute Dienste. In einem überschaubaren Zeitrahmen entstand so ein Modellgebäude, ohne dass Geduld und Fähigkeiten eines Kindes überstrapaziert wurden.

FAZIT

Es gibt sie, die kindgerechten Modellhäuschen! Mit ein wenig Suchen findet man Bausätze, die neben einem akzeptablen Preis ein ansprechendes Aussehen und eine nur begrenzte Anzahl von Bauteilen enthalten. Pikos Bausatzreihe entspricht allen Kriterien; der Kibri-Bausatz besticht dagegen eher durch seine Technik mit dem weitestgehenden Verzicht auf Klebstoff als durch seinen günstigen Preis.

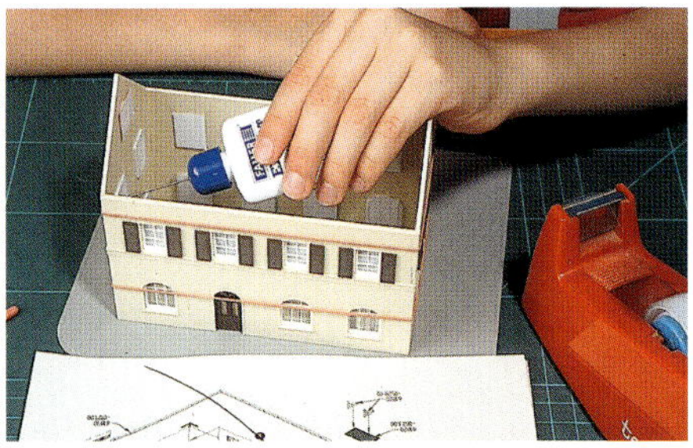

Als Montagehilfe dienen Gummiringe und Klebefilm. Nach dem Ausrichten kann der Klebstoff von innen in die Wandecken geträufelt werden.

Auch bei dem aus einem Teil bestehenden Dach können wiederum viele Anbauten wie die Dachgauben ohne Klebstoff befestigt werden.

Der kleine Anbau wird komplett verklebt, ehe er an das Gebäude gesetzt wird – fertig ist der Gasthof, der auch ohne Regenrinnen und Fallrohre recht gut aussieht. Zudem können diese Kleinteile auch nicht durch eine unbedachte Handbewegung abbrechen …

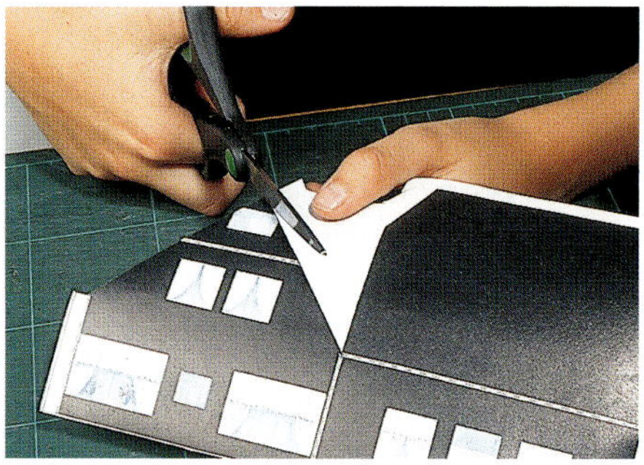

Die dem Bausatz beiliegende Papiermaske wird mit einer Schere zugeschnitten und mit einem Klebestift verklebt.

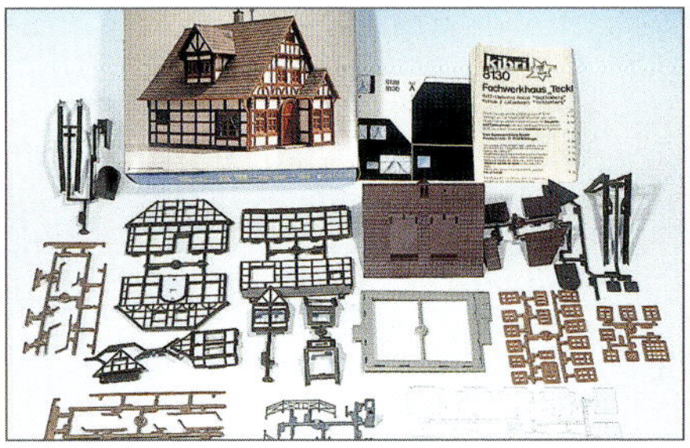

Auch die kleineren Bausätze von Kibri in der „Clips-Technik" können von Kindern bewältigt werden. Hier sind es rund 70 Bauteile – sie strapazieren auch nicht die Geduld.

Nahezu alle Teile werden durch „Clips"-Verbindungen fixiert. Hier und da muss man zwar auch einmal etwas fester drücken, aber die Eltern stehen sicher gerne zur Verfügung – schon nach kurzer Bastelzeit ist der Rohbau fertig!

Für eine Wand werden die benötigten Bauteile entsprechend der übersichtlichen Bauanleitung aus den Spritzrahmen herausgeschnitten, beigefeilt und bereitgelegt. Eine große Erleichterung: Viele Bauteile wie etwa die Fachwerkwände sind in zwei unterschiedlichen Kunststofffarben gespritzt, sodass „pfriemelige" Klebearbeiten nicht anfallen. Die Fensterrahmen werden erst durch die eingesetzten Scheiben fixiert.

Rechts: Stolz präsentiert Christoph das fertige Kibri-Haus, das zu seiner mittlerweile beachtlichen Häusersammlung hinzugekommen ist. Auch wenn noch keine feste Anlage vorhanden ist, kann die Eisenbahn zumindest zeitweise und nach Interesse auf- und abgebaut werden. Für diesen Zweck sollten aber besonders robuste Bausätze ausgesucht werden – allzu feine Details überleben in diesem Fall erfahrungsgemäß nicht sehr lange …

Links und rechts vom Gleis

Diese Schmalspurstrecke kommt mit sehr wenig Zubehör aus. Dennoch ist die Gestaltung vorbildgetreu und realistisch.

Viele für die Eisenbahn typische Elemente sind die Kleinigkeiten neben den Gleisen. Eine Modellbahn fährt natürlich auch ohne Berücksichtigung dieser Details; doch deren Nachgestaltung ist oft „das Salz in der Suppe“ und sollte deshalb keineswegs vernachlässigt werden.

Außer dem Schotterbett mit Entwässerungsgräben, auf das weiter vorne bereits eingegangen wurde, gibt es noch jede Menge Dinge, die der Bahnbetrieb in den unterschiedlichsten Epochen erforderte. Signale, Signaltafeln, Telegrafenleitungen, Weichenantriebe, Bahnsteigkanten und anderes fallen jedem sofort ein, wenn er an eine Eisenbahnstrecke denkt.

Doch dieses „Zubehör“ auch nachzubilden, dazu können sich viele Modellbahner nicht entschließen. Mit den einfachsten Mitteln erzielt man hier aber bereits ansehnliche Ergebnisse. Was der Anlagenbauer dazu braucht, sind genügend Zeit und – wie auch bei anderen Anlässen – ein bisschen Detailverliebtheit.

AUF FREIER STRECKE

Für die freie Strecke, also den Bereich zwischen zwei Bahnhöfen, sind andere Elemente neben dem Gleis kennzeichnend als für das Bahnhofsareal. Diese Eigenheiten sollte der Modellbauer herausarbeiten; der aufmerksame Blick hin zum Vorbild erweist sich hier als außerordentlich nützlich. Beim Nachbilden der Gegebenheiten älterer Epochen ist das Stöbern in Büchern eine absolut notwendige Tätigkeit, bevor man zur Tat schreitet. Oft finden sich auch nahezu ideal zum Nachbau geeignete Motive.

Mit Sand neben den Gleisen lassen sich einfache Brandschutzgräben gestalten. Eine aus Kunststoff selbst zugeschnittene Lehre erzeugt die typische Oberflächenformung des Brandschutzstreifens. Mit verdünntem Holzleim wird der Sand rasch fixiert.

In waldreichen Regionen sind bahnseitig besondere Vorkehrungen vonnöten, damit durch Funkenflug von Dampflokomotiven oder durch aus den Waggonfenstern geworfene Zigaretten kein Waldbrand ausgelöst wird. Aus diesem Grund sind neben den Gleisen beidseitig etwa 2,5 m breite Sandstreifen angelegt, die das In-Brand-Geraten des Walds verhindern sollen. Diese Streifen lassen sich auch im Modell leicht nachbilden. Entsprechend fein gesiebter Sand wird mit verdünntem Holzleim fixiert. Die Sandstreifen legt man direkt nach dem Einschottern an, bevor es an die Gestaltung der umliegenden Landschaft geht.

Ein erfahrener Anlagenbauer achtet darauf, dass weder Wege noch Wasserdurchlässe die Bahntrasse im rechten Winkel kreuzen, denn das würde Monotonie hervorrufen, wo doch – wie immer – Abwechslung gefragt ist!

Mit verdünntem Holzleim wird der Sand rasch fixiert.

TELEGRAFENLEITUNGEN

Das Detail an einer Eisenbahntrasse schlechthin sind Telegrafenmasten, die auch heute noch entlang nicht modernisierter Strecken stehen. Telegrafenleitungen dienen zur Übermittlung von Telefongesprächen zwischen den Fahrdienstleitern an der Bahnlinie sowie zur Steuerung des Streckenblocks, der früher über Kurbel-Induktoren von einem Stellwerk ins andere übertragen wurde. So konnte der entsprechende Abschnitt besetzt oder frei gemeldet werden. Mit jeder Zugfahrt musste der Streckenblock vor und nach Durchfahrt des Zuges wieder frei geblockt werden. Dies geschah und geschieht mit Stromimpulsen über die Freileitungen.

Auch Bahnübergänge mit kleinen Schrankenposten an der freien Strecke sind ein hervorragendes Gestaltungsmittel.

Unten: Kleine Durchlässe bringen in optimaler Weise Abwechslung in lange Streckenabschnitte.

Realistisch dargestellte Telegrafenleitungen wirken auf jeder Modellbahn zweifelsohne als Hingucker.

Aus dünnen Schaschlikspießen lassen sich die Holzmasten im Modell leicht nachbilden.

Mit Sekundenkleber fügt man die Holzstückchen zu Masten zusammen und befestigt sie in feinen Bohrlöchern.

Genügen bei Nebenbahnen einfache Masten, die die wenigen Leitungen tragen, so sind bei Hauptstrecken oft Doppelmasten mit sehr vielen Drähten anzutreffen. Unterschiedliche Formen von Abstützung und Abspannung der Masten machen viele von ihnen zu einem Unikat.

Der Modellbahner stellt sich die feinen Telegrafenmasten aus Schaschlikspießen her, die für die Nenngröße H0 bereits die erforderliche Stärke aufweisen. Mit einer Bastelsäge können die Hölzer in die richtige Länge gebracht und entweder einzeln, als Doppelmast und/oder mit Abstützungen aufgestellt werden.

Matte dunkelbraune Farbe verleiht den Masten ihr vorbildtypisches Aussehen, das zwischen noch relativ frischer Imprägnierung und schon fortschreitender Verwitterung schwankt. Isolatoren gibt es von Kleinserienherstellern, oder man fertigt sie sich selbst aus Draht.

Ein Farbklecks an den Drahtenden deutet den Porzellanisolator an. Feine Gummilitze oder dünner Zwirn imitiert die Drähte gut. Dunkle Farbe, vorzugsweise in grünem Ton, verleiht ihnen das entsprechende Äußere.

Ein dunkelbrauner Farbton der Masten wie beim Vorbild resultiert bereits aus einmaligem Streichen.

GRENZZEICHEN

Neben Weichenlaternen und Antriebsattrappen werden im Modell auch Grenzzeichen dargestellt, die anzeigen, wie weit ein Fahrzeug an die Weiche heranfahren darf, ohne andere zu behindern.

Die heute üblichen Grenzzeichen findet man beim Vorbild an jeder Weiche. Früher hatten Privat- oder Länderbahnen oft eigene Formen, um ihre Weichengrenzen kenntlich zu machen. Auf etlichen Nebenbahnen standen diese Zeichen auch noch in den Epochen IV oder V.

Aus Kunststoffstücken oder Holzleisten lassen sich die Formen der meist recht individuellen Grenzzeichen selbst fertigen. Ihre weiß-rote Farbgebung bekommen sie genauso wie die zahlenmäßig überlegenen „Brüder“ der Staatsbahn. Aber nicht selten waren es auch Provisorien, die beim großen Vorbild als Grenzzeichen dienten. Einfache Holzstücke, entsprechend bemalt und eingeschlagen, oder alte Schienenprofile dienten recht oft als Ersatz für „richtige“ Grenzzeichen. Im Modell klebt man die kleinen Zeichen in feine Bohrungen, bevor die Gleise eingeschottert werden.

Privatbahn-Kilometersteine sind auch heute noch häufig an Nebenbahnen anzutreffen.

Zur Nachbildung der einzelnen Drähte einer Telegrafenleitung eignen sich dünne Gummilitzen oder Zwirn.

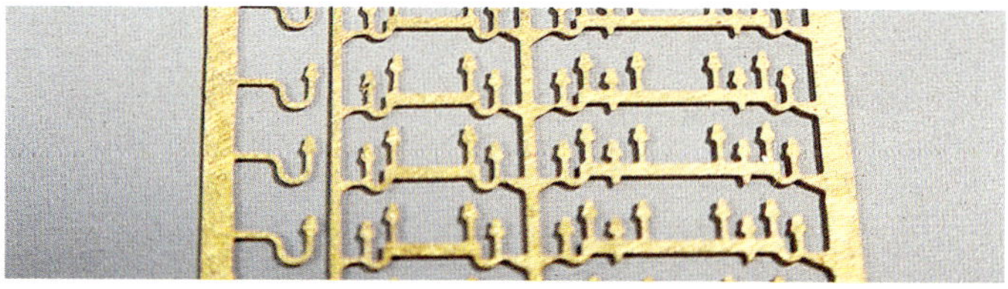

Die Isolatoren können im Modell aus Weißmetall oder wie hier aus Messingblech geätzt sein. Durch kleine Bohrungen kann man die Gummilitzen hindurchführen.

Ein Privatbahn-Grenzzeichen in Form eines gestrichenen Betonquaders, der im Modell aus einem Holzstück gebildet wurde.

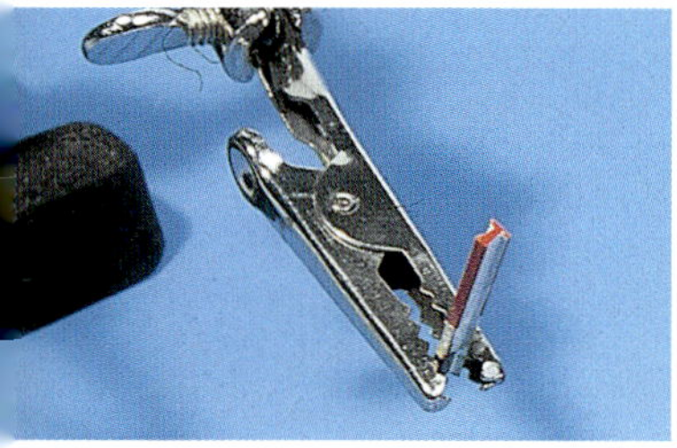

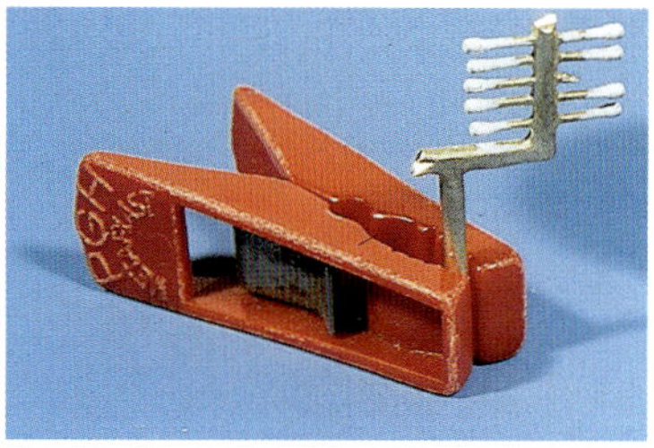

Auch Schienenstücke lassen sich im Modell als Grenzzeichen verwenden. Sie müssen dann nur rot-weiß gestrichen werden (links).
Die normalen Grenzzeichen gibt es von Weinert als Messinggussmodelle (rechts); ihnen fehlt noch die richtige Lackierung.

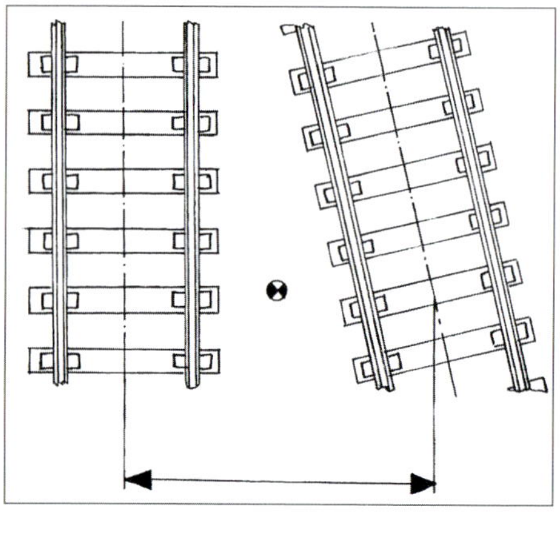

Nach Festlegen der exakten Position werden die Modellnachbildungen in kleine Löcher zwischen den Gleisen geklebt.

KILOMETERANGABEN

Eisenbahnstrecken sind mit einer genauen Kilometrierung versehen. Diese Entfernungsangaben dürfen eigentlich auch auf der Modellbahnanlage nicht fehlen. Bei Nebenstrecken genügt jeden Kilometer eine Angabe, Hauptstrecken sind auf 100 m genau bezeichnet. Früher standen weiß gestrichene Steine mit schwarzen Ziffern an der Bahntrasse, heute sind es weiße Blechtafeln mit schwarzen km-Angaben an Pfählen oder Fahrleitungsmasten. Auf die Details wertlegende Anlagenbauer werden entweder die handelsüblichen Kilometersteine oder Papptafeln aus dem Zubehörhandel verwenden oder sich insbesondere die Kilometersteine von Privatbahnen, die man auch heute noch findet, selbst herstellen.

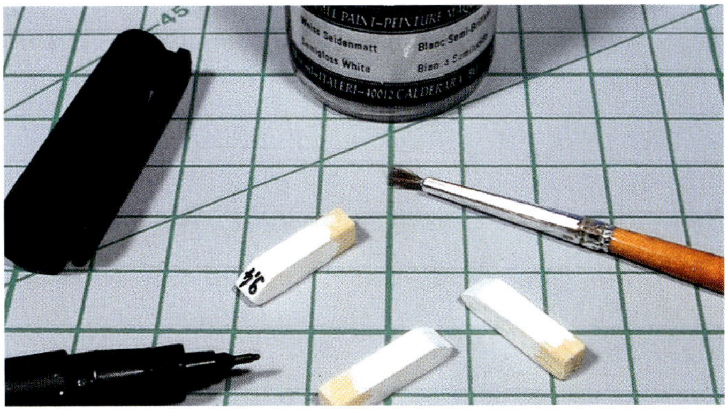

Die speziell geformten Steine aus der Privatbahnzeit fertigt man sich mithilfe von Feile und Säge aus Kanthölzern an.

Reichsbahn-Kilometersteine hat Auhagen im Angebot; sie können mit Aufreibeziffern individuell beschriftet werden.

Die heute üblichen Blechtafeln gibt es als Papierdrucke zum Ausschneiden bei diversen Herstellern. Die Schnittkanten können mit Filzstiften leicht eingefärbt werden.

Eine provisorische Form der Kilometerangabe ist das Aufmalen auf die Schwellen.

Die Montage an Fahrleitungsmasten ist bei elektrifizierten Strecken die übliche Anbringungsart. Auch hier ist das Schild in vorbildlicher Höhe angebracht.

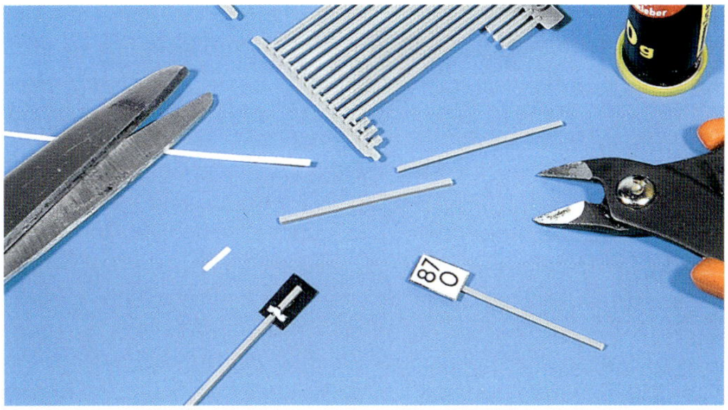

Bei an Pfosten geklebten Tafeln kann man auf der Rückseite mit dünnen Papierstreifen die Befestigungslaschen andeuten.
Die Pfosten müssen so lang sein, dass im Modell die Höhe des Schildmittelpunktes die im Vorbild vorgeschriebenen 2,0 m über Schienenoberkante erreicht (also etwa 2,3 cm in H0).

SIGNALTAFELN

Über Signaltafeln existiert ausreichend Literatur, sodass zu Bedeutung und Positionierung dieser Einrichtungen hier nichts gesagt werden muss. Fehlen Tafeln auf einer Modellbahn, ist das selbstverständlich schon ein größeres Manko. Die Zubehörhersteller bieten geeignetes Material aus Pappe zum Ausschneiden an; am heimischen Rechner lässt sich das Notwendige aber auch selbst anfertigen. Insbesondere, wenn individuelle Schilder benötigt werden, bleibt nur der Eigenbau übrig.

Eine eingleisige Strecke mit Kilometerbezeichnung, Pfeiftafel und Schneepflugtafeln.

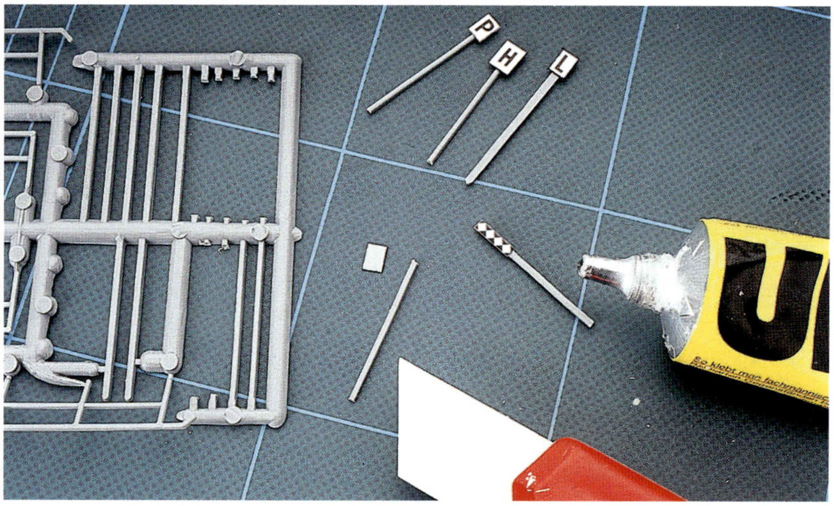

Schilder werden aus Pappnachbildungen ausgeschnitten und danach an Masten festgeklebt.

DRAHTZUGLEITUNGEN

Die Nachbildung von Seilzugattrappen für Weichen- und Signalantriebe wird oft überschätzt. Ihr Vorhandensein neben den Schienen wertet den Gleisraum im Bahnhofsbereich aber zweifellos außerordentlich auf. Durch Selbstbau aus den unterschiedlichsten Materialien kann man eine Menge Geld sparen.

Mechanische Stellwerke benötigen Seilzüge, die die Bewegung vom Stellhebel zum Antrieb der Weiche oder des Signals übertragen. Erst die Einführung von elektrischen und elektronischen Stellwerken löste die mechanischen Antriebe ab. Da die meisten Modellbahnanlagen nicht die moderne Eisenbahn nachbilden und mechanische Stelleinrichtungen auch heute noch vorhanden sind, sind elektrische Antriebsnachbildungen im Modellbereich sicher die Ausnahme. Das Thema der mechanischen Stellwerke wird übrigens in zwei Bänden der MIBA-Report-Reihe vertieft.

Die Seilzüge können offen über so genannte Rollenhalter oder unter abgedeckten Seilzugführungen verlaufen. Die Nachbildung freiliegender Seilzugführungen ist natürlich deutlich aufwendiger als die der Blechabdeckungen, die nur mit der Oberfläche im Gleisbereich zu sehen sind. Je nach Anzahl der vorhandenen Seilzüge variiert die Breite der Blechkanäle.

Für Nebenstrecken-Bahnhöfe genügen Imitationen, erstellt aus dünnen Holzstücken, Schaschlikspießen oder Kunststoffstreifen. Die Abdeckungs-Imitationen der Seilzugführungen klebt man einfach auf die Anlagengrundplatte, bevor die Gleise eingeschottert werden und das Umfeld gestaltet wird. Nach dem Einschottern ist von den Holz- bzw. Kunststoffstückchen nur noch die Oberfläche zu sehen. Die typische, an den Seiten abgerundete Form der Blechführungen kann man im Modell durch Bearbeiten mit einer Feile leicht erreichen. Die aufgeklebten Nachbildungen werden grau oder rostbraun gestrichen. In regelmäßigen Abständen sollten Rollenkästen in Form von quer zu den Röhren stehenden quadratischen Kästen dargestellt werden, die die Führung und Spannung der Seile ermöglichen.

Da die Seilzüge nur über Ablenkungen ihre Richtung ändern können, sind entsprechende Einrichtungen auch im Modell darzustellen. Sie enthalten im Inneren Spannrollen, um die die Seile geführt werden. Von diesen Ablenkvorrichtungen, ebenfalls in unterschiedlichen Größen vorhanden, sieht man von oben meist nur die Abdeckung aus Riffelblech. Auch Weichenantriebe der Bundesbahnbauart weisen Abdeckungen aus solchem Blech auf. Die entsprechenden Ablenkungen und Antriebskästen kann man sich aus Kunststoffstücken selbst anfertigen. Die Riffelblechabdeckung bastelt sich der Modellbauer aus Paketband oder anderen, im Alltag anfallenden Materialien. Auch der Schutzstreifen eines Druckertoners kann dazu dienen. Die Ablenkungen und Antriebskästen werden nach dem Aufkleben ebenfalls angestrichen und anschließend mit eingeschottert.

Seilzugführungen kreuzen die Gleise immer im rechten Winkel zwischen einzelnen Schwellen. Im Modell lassen sie einen Gleisraum sehr authentisch aussehen.

Ablenkungen, Rollen- und Antriebskästen entstehen aus Kunststoff. Mit Feile und Säge bringt man die einzelnen Elemente in die richtige Form.

Schaschlikspieße eignen sich ausgezeichnet zur Imitation der Seilzugführungen. Sie werden mit den entsprechenden Ablenkungen und Antriebskästen zwischen die Gleise geklebt.

Hier werden die Riffelblechabdeckungen unter Zuhilfenahme des Schutzstreifens eines Druckertoners nachgebildet.

Vor dem Einschottern der Gleise erhalten die Nachbildungen einen grauen oder rostbraunen Anstrich.

Spannwerke sind überall dort vorzusehen, wo die Seilzüge zwischen Stellwerk und Weichen oder Signalen über größere Distanzen verlaufen.

Die einfache Bahnsteigkante aus Altschwellen (aus einer Spörle-Form) und die sandige Bahnsteigoberfläche vermitteln Nebenbahn-Atmosphäre.

AM BAHNSTEIG

Egal, was für eine Eisenbahnstrecke man ins Modell umsetzt, Bahnsteige befinden sich überall, auch wenn deren Art, Größe und Ausstattung von den Verkehrsströmen und der nachempfundenen Zeit abhängen. Der Fachhandel hält viele Bahnsteigbausätze aus Kunststoff bereit. Wer auf seiner Anlage freilich ganz individuelle Perrons haben und sie nicht mit Dutzendware ausstatten möchte, kann auf diesem Gebiet durch Eigenbau mit den unterschiedlichsten Materialien viel erreichen.

Eine leicht umzusetzende Möglichkeit, zu preiswerten Bahnsteigen zu gelangen, ist die Verwendung von Kautschukformen aus dem Hause Spörle. Mit ihnen lassen sich Bahnsteigteile aus Gips oder Gießharz herstellen, die anschließend auf die Grundplatte geklebt und entsprechend lackiert werden. Beim Ausgießen der Formen muss der Gips fließfähig sein, sodass keine Luftbläschen entstehen, die nachher sichtbar sein können. Damit die Gipsteile nicht zerbrechen, kann man die Teile mit Silikon auf der Anlagengrundplatte befestigen, was etwas Elastizität verleiht. Sand o.Ä. dient zur Endgestaltung der Bahnsteigoberflächen.

Bahnsteigkanten gibt es im Fachhandel aus Kunststoff; gewiefte Modellbahner stellen sie sich aber selbst aus Holz- oder Polystyrol-Leisten her. Der nachfolgende Farbanstrich verleiht den Kanten ein vorbildnahes Aussehen. Die Zwischenräume werden mit Pflasterstein-Nachbildungen oder Sand aufgefüllt. Die Warnanstriche an den Bahnsteigkanten sowie das übliche Bahnsteig-„Mobiliar“ nicht vergessen!

Die fertig geformten Bahnsteige aus Gips befestigt man am besten mit Silikon, das dank seiner Elastizität dem Brechen des Modells entgegenwirkt. Für die Kanten ist eine matte Farbgebung angezeigt.

Die Spörle-Formen werden mit Gips ausgegossen; der angerührte Gips muss relativ dünnflüssig sein.

Zur Darstellung der Bahnsteigkanten auf der Modellbahn dienen u.a. auch Holzleistchen. Mit einer Säge oder Dreikantfeile lassen sich Plattenfugen oder andere Konturen herausarbeiten.

Der Bereich zwischen einem Empfangsgebäude und der Bahnsteigkante kann stufenlos mit Sand geformt werden. Auch der Übergang zum umliegenden Gelände wird auf diese Weise optimal hergestellt.

Sand eignet sich wie beim Vorbild sehr gut dazu, die Bahnsteigoberflächen abschließend zu gestalten. Die Standfüße von Laternen lassen sich so außerdem gut kaschieren.

Die glatten Oberflächen der Gipsbahnsteige versieht man mit einer Sandschicht, die mit verdünntem Holzleim befestigt und dann farblich nachbehandelt wird.

Die Warnanstriche an der Modell-Bahnsteigkante sind aus weißer Farbe. Ein Abkleben der Bahnsteigfläche erleichtert es, gerade Farbkanten zu erzielen.

Details auf den Bahnsteigen wie die kleinen Haltetafeln für die Züge nicht vergessen!

BAHNHOFSSCHILDER

Am einfachsten ist die Schilderherstellung natürlich am PC zu Hause – für heutige Normschilder völlig unproblematisch, doch bei individuellen Schildern sind in Bezug auf Schriftart oder Ausführung schnell Grenzen erreicht. Handelt es sich um aus Brettern zusammengenagelte Schilder, muss dies auch im Modell so „rübergebracht" werden. Nach dem weißen Anstrich hilft dann nur das Aufmalen der einzelnen Buchstaben oder das Aufreiben von entsprechenden Schriften aus dem Grafikerbedarf.

Andere Möglichkeiten sind, die Schilder aus Fotografien auszuschneiden oder die Fotos einzuscannen und am PC nachzubearbeiten. Die Schilder müssen nahezu rechtwinklig fotografiert werden. Ihre Größe kann man am PC verändern, bzw. man stellt kleinere Abzüge her. Mithilfe eines Kopierers lassen sich die Größenverhältnisse ebenfalls abändern, und zwar mit ansehnlichem Resultat.

Bahnhofsschild aus Brettern und aufgeriebenen Buchstaben.

Die einzelnen Bretter lassen sich mit dünnen Kunststoffstreifen nachbilden.

Buchstaben zum Aufreiben findet man in der richtigen Größe im Grafikerbedarf. Hier gibt es auch ältere Schrifttypen, wie sie in früheren Epochen verbreitet waren.

An die Rückseite kommen die Stellpfosten, sofern das Schild nicht an Hauswänden oder Bahnsteigdächern montiert ist.

Schilder mittels Fotografien herzustellen ist eine beliebte, relativ einfache Möglichkeit.

PREISWERTE BAHNSTEIGLEUCHTEN

Laternen für Bahnsteige und Ladestraßen gehören zu jedem Bahnhof dazu. Beleuchtete Modellbahnen üben zudem auf die Betrachter immer einen ganz besonderen Reiz aus. Neben vielen Fertigmodellen des Fachhandels gibt es bei Conrad-Modellbau Laternenbausätze aus Messing und Kunststoff, die für Bastelspaß sorgen und den Modellbahnetat schonen. Zu den Bausätzen müssen allerdings die winzigen Birnen hinzugekauft werden. Freilich lassen sich mit den Bausätzen auch Attrappen schaffen.

Der Zusammenbau der „echten“ Laternen ist einfach. Nachdem die Messingteile etwas gerichtet worden sind, montiert man die Lampenschirme und fädelt die Drähte der Birnen ein. Nach der Endmontage erhalten die Laternen ihre Farbgebung – und schon sind sie fertig zum Aufstellen auf der Modellbahnanlage.

Nächtliche Modellbahnszenerien haben ihren ganz eigenen Reiz; derartige Nachbildungen lohnen sich immer.

In die Lampenschirme kommen am besten Kabelbirnen, da dann keine Drähte mehr an die winzigen Lampen angelötet werden müssen.

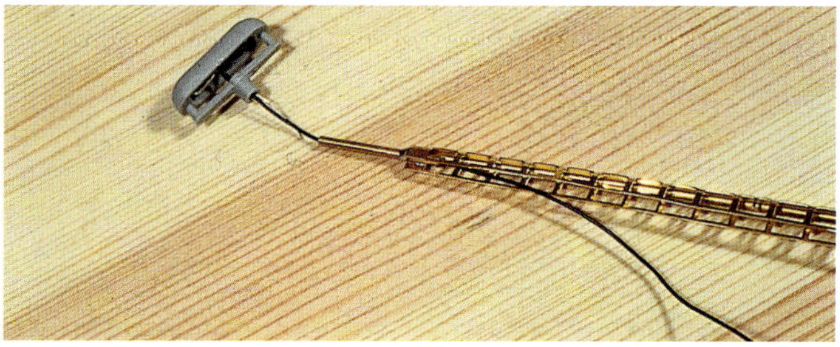

Die Anschlussdrähte der montierten Lampenschirme leitet man durch den Mast.

Nach der Montage erhalten die Lampen ihre Farbe. Bundesbahntypische Signalfarbe gibt es bei Erbert-Modellbau.

Durch kleine Bohrungen im Bahnsteig fädelt man die Anschlussdrähte und befestigt in diesen die Laternenmasten.

Laternen an Ladestraßen können zusätzlich mit kleinen Schutzeinrichtungen gegen unbeabsichtigtes Anfahren versehen werden. Diese lassen sich leicht aus dünnen Kanthölzern fertigen.

Kleine Schwellen- und Schienenstapel sind eine nette Bereicherung des Bahnhofsumfeldes.

SCHWELLEN- UND SCHIENENSTAPEL

Charakteristisch für einen Bahnhofsbereich sind u.a. die vielen dort herumliegenden Gegenstände im Gleisraum oder auf Ladestraßen. Bei Gleisauswechslungen werden die neuen Schienen und danach oft die alten neben dem Gleisbett abgelegt. Das gebrauchte Material kann ja noch anderweitig Verwendung finden. Häufig werden die alten Schienenprofile in etwa gleich lange kurze Stücke zersägt und anschließend im Gleisumfeld gelagert. Auch auf der Modellbahn sollte man nicht vergessen, zwischen den einzelnen Lagen der aufgestapelten Schienenprofile jeweils eine Schwelle oder ein Stück Holz anzudeuten. Schwellenstapel können auf der Modellbahnanlage ebenfalls nachgebildet werden. Entweder benützt man hierzu kleine Holzstückchen, um Schwellen anzudeuten, oder man verwendet herkömmliches Schwellenband, das bei der Gleisverlegung übrig geblieben ist. Dazu werden alle seitlichen Angüsse entfernt. Man wird die Schwellen und Schienenbefestigungen noch mit Farbe nachbearbeiten, bevor sie mit Klebstoff zu Stapeln zusammengefügt werden.

Einzelne Gleise zersägt man dazu in gleich lange Schienenstücke und trennt die Schwellen aus dem Schwellenband heraus.

Die Schienenprofile bekommen einen rostbraunen Anstrich.

Aus Resten gefertigte Bahnsteigausstattungen – preiswerte Alternativen.

FAHRKARTENAUTOMATEN UND FAHRPLANAUSHÄNGE

Kein Bahnhof ohne Bahnsteig, kein Bahnsteig ohne seine Ausstattung und sein ganz eigenes „Mobiliar“. Erst durch die Detaillierung und die Ausgestaltung bekommen Modellbahnhöfe die Ausstrahlung, die auch beim Vorbild von ihnen ausgeht.

Bänke, Abfallbehälter, Wartehäuschen und all die Schilder sind in den Bausätzen von Bahnhofsgebäuden oder Bahnsteigen enthalten; sie gilt es zu lackieren und entsprechend im Bahnhofsumfeld aufzustellen. Vor allem sind es aber die vielen Kleinigkeiten oder Basteleien, die einen Bahnhof im Modell ausmachen. So manche Bausätze enthalten Spritzlinge, Bauteile oder bedruckte Dekorbögen, die beim Zusammenbau nicht benötigt werden. Insbesondere aus den bedruckten Dekors kann man oft noch Nützliches zaubern. Soll ein konkretes Vorbild nachgebildet werden, kommt man in den meisten Fällen allerdings nicht darum herum, die entsprechenden Ausstattungselemente selbst anzufertigen. In fast allen Bahnhofsbausätzen von Kibri finden sich auf den

Kleine aus Kunststoff zurechtgeschnittene Stücke, auf die die bedruckten Dekors geklebt werden.

Aushänge für den Bahnsteig: Natürlich wird man auch sie erst in einer Grundfarbe anmalen, bevor die Papierpläne aufgeklebt werden.

Natürlich erhält unsere Automaten-Miniatur einen Grundanstrich im Design der ausgewählten Verkehrsgesellschaft.

Mit Grafiken beklebt, sind die Fahrplanaushänge ein Blickfang auf dem Bahnsteig.

Zum Schluss befestigt man die Fahne am Mast und platziert diesen wie die Bank daneben auf dem Bahnsteig.

selbstklebenden Dekorbögen nachgebildete Fahrkartenautomaten. Die entsprechenden Kunststoffteile dazu liegen aber nur den modernen Gebäuden bei. Diese fehlenden Teile sind schnell selbst erstellt. Dazu vermisst man den aufgedruckten Automaten und überträgt die Maße auf etwa 2 mm starken Kunststoff. Das fertige Stück sollte jedoch ein wenig größer sein, sodass das bedruckte Papier nicht ganz bis an den Rand reicht. Sodann erhalten die Teile den richtigen Farbanstrich. Man mischt einen Farbton so lange zurecht, bis er dem Druck auf dem Papier entspricht. Nach dem Lackieren folgt das Aufkleben der Papierstücke. Die weißen Schnittkanten werden anschließend gleichfalls überstrichen.

Nicht selten bleiben auch Fahrplanaushänge in diversen Ausführungen übrig. Für sie schneidet man aus Kunststoff oder Pappe ebenfalls entsprechende Stücke zu. Mit entsprechenden Halterungen aus Draht oder Kunststoff versehen, steht der Aufstellung der Fahrpläne nichts mehr entgegen. Glasscheiben vor den Fahrplänen imitiert man mit Tesafilm.

Oft enthalten Bausätze auch Fahrräder oder noch weiteres Zubehör. In solchen Fällen hat es sich bewährt, die einfarbigen Kunststoffmodelle mit zusätzlichen Farben zu supern. Überzeugend realistische Nachbildungen sind das erfreuliche Ergebnis.

EIN FAHNENMAST

Fahnenmasten waren und sind auch heute noch häufig auf Bahnhöfen zu finden – meist für aufgezogene Staats-, Dienst- oder Unternehmensflaggen.

Die Stärke eines in Nenngröße H0 nachgebildeten Fahnenmastes muss etwa 1 mm betragen, um realistisch zu wirken. Ein Stück Klingeldraht ist dafür bestens geeignet und wird in einer kleinen Bohrung im Bahnsteig befestigt. Die seitlichen Masthalterungen unten entstehen aus Pappstücken. Weiße Farbe verleiht dem Mast das korrekte Aussehen. Zur Herstellung einer Fahne kann man normalen Stoff oder ein geeignetes Medaillenband verwenden. Mit einem aus Draht zurechtgebogenen kleinen Bügel wird das Stoffstück am Mast befestigt. Wer seinen Fahnenmast nicht fest einklebt, sondern steckbar ausführt, kann vorbildgerecht und je nach Anlass oder Stimmung seine Fahne in den Wind hängen …

Mast und Fahnenbügel entstehen aus herkömmlichem Klingeldraht, der sich beliebig biegen lässt.

Aus dünnem Stoff werden die Fahnen ausgeschnitten und auf Drahtbügel aufgezogen.

AUTOREN

Folgende Autoren und Fotografen haben für dieses Buch Texte und Bilder zur Verfügung gestellt:

Heinz-Ulrich Grumpe
Geländebau mit Papier und Weißleim - Kapitel 6
Selbstgemachtes Streumaterial - Kapitel 6
Modellgewässer ohne Gießharz - Kapitel 8

Rainer Ippen
Digitale Planungshilfen - Kapitel 3

Rolf Knipper
Baugröße, Maßstab, Spurweite - Kapitel 1
Betriebssysteme und ihre Eigenheiten - Kapitel 1
Die fünf Epochen der Modellbahn - Kapitel 1
Das Anlagenthema - Kapitel 3
Von der Idee zum Gleisplan - Kapitel 3
Theorie und Planung - Kapitel 4
Der Plan kommt auf's Holz - Kapitel 4
Holzbearbeitung - Kapitel 4
Der Unterbau entsteht - Kapitel 4
Gleise verlegen - Kapitel 5
Bettungen, Schotter, Farbe - Kapitel 5
Zweispulenantriebe - Kapitel 5
Stellmotoren - Kapitel 5

Sebastian Koch
Die Anlage wird grün - Kapitel 6
Zwischen Konfektion und Maßarbeit - Kapitel 9
Links und rechts vom Gleis - Kapitel 9

Lutz Kuhl
Einstieg muss nicht teuer sein - Kapitel 6
Felsen im Wechsel der Jahreszeiten - Kapitel 8

Thomas Mauer
Preiswerte Bausätze für Kinderhand - Kapitel 9

Horst Meier
Vom Golfrasen zur Unkrautwiese - Kapitel 6
Felsen aus Hartschaum - Kapitel 8

Burkhard und Stephan Rieche
Geländemodellierung - Kapitel 6
Felder, Wiesen und Auen - Kapitel 6
Büsche und Gestrüpp - Kapitel 7
Bäume von der Stange - Kapitel 7
Laubbäume selbst gemacht - Kapitel 7
Nadelbäume im Eigenbau - Kapitel 7
Wasser ist nicht immer nass - Kapitel 8
Am gurgelnden Bach - Kapitel 8
Felsen aus Gips - Kapitel 8

Burkhard und Stephan Rieche, Uwe Stehr
Halten und Greifen - Kapitel 2
Messen und Markieren - Kapitel 2
Schneiden und Sägen - Kapitel 2
Schleifen und Feilen - Kapitel 2
Klebstoffe - Kapitel 2
Halten, Zwingen, Klemmen - Kapitel 2
Holz sägen - Kapitel 2
Dübeln und Schrauben - Kapitel 2
Holz nachbearbeiten - Kapitel 2
Weich- und Hartlöten - Kapitel 2
Schritt für Schritt zur Werkstatt - Kapitel 2
Werkzeuge richtig aufbewahren - Kapitel 2

BILDER UND ZEICHNUNGEN

Folgende Fotografen und Hersteller haben ihre Fotos und Zeichnungen zur Verfügung gestellt:

Christiane van den Borg: S. 9, S. 25, S. 55, S. 75, S. 121, S. 149, S. 169, S. 193
Ralf Dederich: S. 22
Rolf Ertmer: S. 14 oben
Heinz-Ulrich Grumpe: S. 122-125, S. 147-148, S. 177-179
Martin Knaden: S. 24
Lutz Kuhl: S. 17, S. 23 oben, S. 61, S. 62, S. 64, S. 118, S. 142-144, S. 147 mitte, S. 190-192
Thomas Küstner: S. 182
Dr. Berthold Langer: S. 65
Märklin: S. 19 oben
Thomas Mauer: S. 20, S. 24
Horst Meier: S. 133, S. 188
MIBA-Verlag: S. 10
Noch: S. 60
Stephan Rieche: S. 15 oben
Heinz-Werner Stiller: S. 181
Markus Tiedtke: S. 126 oben, S. 194, S. 204 unten, S. 204 links
Werk: S. 145 oben und unten
Dr. Frank Wittemann: S. 16